U0175956

金属增材制造

从基础技术到火箭喷嘴、医疗植入物和定制珠宝

Additive Manufacturing of Metals

From Fundamental Technology to Rocket Nozzles, Medical Implants, and Custom Jewelry

[美] 约翰·O.米莱夫斯基（John O. Milewski） 著

叶飞　严明 译

清华大学出版社
北京

北京市版权局著作权合同登记号　图字：01-2018-7248

First published in English under the title

Additive Manufacturing of Metals：From Fundamental Technology to Rocket Nozzles，Medical Implants and Custom Jewelry

By John O. Milewski

Copyright © Springer International Publishing AG 2017

This edition has been translated and published under licence from Springer.

版权所有，侵权必究。举报：010-62782989，beiqinquan@tup.tsinghua.edu.cn。

图书在版编目(CIP)数据

　　金属增材制造：从基础技术到火箭喷嘴、医疗植入物和定制珠宝/(美)约翰·O.米莱夫斯基(John O. Milewski)著；叶飞，严明译.—北京：清华大学出版社，2023.11
　　书名原文：Additive Manufacturing of Metals：From Fundamental Technology to Rocket Nozzles，Medical Implants and Custom Jewelry
　　ISBN 978-7-302-63364-8

　　Ⅰ. ①金…　Ⅱ. ①约…②叶…③严…　Ⅲ. ①金属－快速成型技术　Ⅳ. ①TB4

中国国家版本馆 CIP 数据核字(2023)第 064575 号

责任编辑：鲁永芳
封面设计：常雪影
责任校对：欧　洋
责任印制：杨　艳

出版发行：清华大学出版社
　　　　网　　址：https://www.tup.com.cn，https://www.wqxuetang.com
　　　　地　　址：北京清华大学学研大厦 A 座　　邮　　编：100084
　　　　社 总 机：010-83470000　　邮　　购：010-62786544
　　　　投稿与读者服务：010-62776969，c-service@tup.tsinghua.edu.cn
　　　　质量反馈：010-62772015，zhiliang@tup.tsinghua.edu.cn
印 装 者：三河市天利华印刷装订有限公司
经　　销：全国新华书店
开　　本：170mm×240mm　　印　　张：18　　字　　数：359 千字
版　　次：2023 年 11 月第 1 版　　印　　次：2023 年 11 月第 1 次印刷
定　　价：116.00 元

产品编号：079791-01

译者序

现代 3D 打印和增材制造技术,通常被认为起始于 20 世纪 80 年代,与 3D 系统公司创始人 Chuck Hull 的开创性研发活动直接相关——他开发了立体光固化(stereo lithography appearance,SLA)技术并奠定了普适性的 STL 打印文件格式。在那之后,3D 打印技术经历了 30 余年的高速发展,其触角已经日益深入当代生产和生活的诸多方面,尤其是教育业、生命健康产业、航空航天产业、模具制造产业、建筑业、汽车业、珠宝饰品行业,充分展示了其技术生命力与独特性,受到从大众百姓到政策制定者的普遍关注,并且必将呈现更为美好的未来。这些是本译著的两位作者叶飞教授和严明教授译著此书的出发点和最重要原因——将一个重要、先进的制造技术的全貌以深入浅出的方式呈现给读者。

严明教授是本译著的最早提议者。他于 2014 年年初开始从事 3D 打印研究工作,于 2015 年 9 月开始教授相关课程,深知一本优秀的教材或参考书对于教师或者学生来说都是至关重要的。2017 年,John O. Milewski 先生的原著一经出版,就受到了严明博士的注意。他很快邀请了在日本国立材料研究所期间的同事,也是后来成为南方科技大学的同事——叶飞教授,一起承担该书的译著工作。略为遗憾的是,严明教授虽然在学术论文写作方面经验丰富,但他在译著方面的经验略显欠缺。同时他在 2018—2021 年期间教学科研、学生培养等方面诸般事务缠身,2020 年又经历了近一个月的住院就医。他因此曾一度萌生放弃译著该书的想法。幸有叶飞教授的点醒和大量宝贵时间的投入,使得本译著于 2022 年最终问世。本译著的进程落后于最初预想,严明教授既感到欣慰——本译著最终成形,了却了一桩心事,又深感惭愧。

叶飞教授为本译著投入了巨大的精力与心血。叶教授专业基础过硬、学识顶尖、知识广博、治学态度严谨,同时富有专业书籍出版经验。他的参与是本译著最终能够顺利出版的最重要的原因,也是本译著质量的重要保障。

本译著的出版,还要感谢清华大学出版社编辑鲁永芳博士的理解、关心、善意监督及其专业精神。

　　总之，译著艰辛，出版不易。如果本译著能为3D打印领域的同学、同事及企业家们有所正面影响，译者们就心满意足了，不枉费这番辛苦。本书彩图请扫二维码观看。

　　是为序。

严明　叶飞

2022 年 5 月于南方科技大学工学院

施普林格材料科学系列
第 258 卷

系列编辑

Robert Hull,美国特洛伊

Chennupati Jagadish,澳大利亚堪培拉

Yoshiyuki Kawazoe,日本仙台

Richard M. Osgood,美国纽约

Jürgen Parisi,德国奥尔登堡

Tae-Yeon Seong,韩国首尔

Shin-ichi Uchida,日本东京

Zhiming M. Wang,中国成都

丛 书 介 绍

施普林格材料科学系列涵盖了材料物理学的全部知识,包括基本原理、物理性质、材料理论和设计。我们已经认识到材料科学在未来器件技术中日益重要的地位,这个系列的书名反映了在理解和控制所有重要材料类别的结构和性质方面的最新进展。

关于这个系列的更多信息,请访问 http://www.springer.com/series/856。

前言

3D 打印,这个令人兴奋的新领域吸引了创客和艺术家的想象力,他们设想了《星际迷航》式的复制器、有机自由形状设计,以及从食品和玩具到机器人和无人机的各种桌面制作。因为金属在强度、耐用性和持久性上的优势,则这种愿望的自然延伸是利用金属来捕捉思想和梦想。

今天,由于家用个人 3D 打印机的推出、政府对增材和先进制造项目的数百万美元的资助,以及企业对研究和开发中心的投资,3D 打印和增材制造(additive manufacturing,AM)领域已经受到了广泛关注。在一些工业和金融部门,尤其是在年轻人中,这已经产生了热烈的反响,从而在增材制造领域产生了获得丰厚回报的职业的可能性。缓和这种热情而又不失去积极性的最好方法是提供一个平衡的观点,了解这项技术在当下处于什么位置,在未来会向什么方向发展。作为创客,我们如何为这个机遇做好准备?作为企业主,这将如何影响我或竞争对手的底线?该技术的成熟度如何,它可能具有哪些长期战略优势?我们需要在忽略那些夸张的炒作的前提下,对 AM 的成就和挑战进行讨论,指导、激励并形成一批忠实的追随者、学习者和新的领导者,从而激发人们的激情并创造这项技术的未来。

本书是一本入门指南,提供了近净形状的、实体自由形状物体的 3D 金属打印(3D metal printing,3DMP)的学习途径,也就是说制造的物体在使用时几乎不需要精加工,也不依赖于受到当前制造方法限制的设计。增材制造是一个比 3D 金属打印含义更广的术语,包括从 3D 计算机模型开始,结合一种增材制造工艺,最终形成一个功能性金属零件的各种工艺。由于用于制造 3D 金属零件的许多竞争性方法的快速发展,3DMP 和 AM 工艺之间的区别越来越模糊。在本书中,我们将同时使用 3DMP 和 AM 的参考资料,但是更倾向于 AM。

本书全面概述了"3D 打印"金属的基本要素和工艺。本书的结构提供了一个路线图:从哪里开始,学习什么,如何将所有这些结合在一起,以及增材制造如何使你能够超越传统金属加工,从而用金属捕捉你的想法。此外,还提供了案例研究、最新示例和技术应用,以揭示当前的应用和未来的潜力。本书展示了如何以可承受的价格获得 3D 实体建模软件和高质量的 3D 打印服务,使你能够提升学习曲线,探索 3D 金属打印如何为你工作。这种方法使我们无需投资于高成本的专业工程软件或商业增材制造机器就能够开始学习。

使用高能束烧结金属粉末、熔合粉末或金属丝的工艺，或者是结合了增材和减材制造（subtractive manufacturing，SM）方法的混合工艺，可能都属于 AM 的范畴。与 AM 相关的工艺以令人眼花缭乱的速度发展，催生了大量的首字母缩略词和术语，更不用说新公司的诞生、收购和淘汰了。

在本书中，我将尝试使术语在内部保持一致，并在描述上尽量通用，以减少对公司名称和商标的依赖。为了商标所有者的利益，不侵犯商标或为公司背书，我不会在每次出现商标名称后都使用商标符号，而是仅以编辑的方式使用这些名称。我钦佩所有这些公司在过去、现在和未来的努力，并希望他们在这些技术开发和采用的早期阶段取得成功。

我们将共同展望未来，预测 3DMP 和 AM 将如何融入更小、更平坦的世界和全球经济中。我们将把思想与梦想结合起来，通过计算机和信息技术的进步，思考用更好的方法来使用金属并将其转化成能为我们服务的实物，从而帮助我们创造一个持久的未来。

高成本的商业增材制造机器的价格可以从数十万美元到数百万美元，但是这并不意味着我们没有机器就不能开始探索这项技术。机器的价格肯定会下降到中小型企业可以承受的水平，金属打印服务也会随之而来。面向业余爱好者的 3D 塑料打印技术的混合版本和 3D 焊接沉积系统的低成本版本已经在开发中。在这个快速变化的领域，目前的创新势头将在我们准备使用它们的时候，提供负担得起的高品质 3D 金属打印机。在某些情况下，我们已经做到了。本着这种精神，我们可以采用一个比喻：将你，一名创客，比喻为一个搭便车的人，而将商业 3D 金属打印机比喻为制造零件和实现梦想所需的交通工具。

为了实现这一目标，本书首先为读者提供了如何学习和如何应用熔融金属沉积技术制造 3D 打印零件的基础知识。为了理解关键词、短语、技术术语和概念，你需要理解并使用 AM 的语言。这些术语和行话被列举出来，在 AM 加工的背景下进行定义，并且汇总在本书末尾的词汇表中。

使用普通的网络搜索来辨别业余的和专业的观点时，很难将炒作与事实区分开。而使用谷歌学术[①]进行网络搜索可以提供丰富的技术论文和已发表工作的链接，在某些情况下还提供了对技术出版物的开放访问。经过同行评议的技术出版物可供购买，但是刚刚进入这个领域的新人往往需要建立更广泛的知识基础，以便充分受益于最新报道的研究。

被许多人认为是 3D 打印圣经的《沃勒斯报告》[②]等行业报告，每年都会介绍该技术的最新发展情况，但是其并没有提供这些工艺如何运作的技术细节。本书将

---

① 谷歌学术提供各种技术论文、引文和专利的访问。http://scholar.google.com/，设置谷歌或谷歌学术提醒是及时了解技术和市场最新发展的好方法。

② Wohlers，T. 和 Caffrey，T.（2014）. 沃勒斯报告 2014——3D 打印和增材制造行业现状. 沃勒斯联合公司. http://www.wohlersassociates.com/（2015 年 3 月 30 日访问）。

读者引向涵盖增材制造业的在线出版物和杂志上的文章,提供对技术进步的深入报道。

在本书中,我们努力提供物有所值的参考资料、斜体搜索词、网络链接和参考文献,以补充 AM 金属打印工艺的一致的技术描述,使读者能够在这些知识丰富并且适当的资源指导下及时地学习。

AM 是一个庞大而复杂的领域,包括基于模型的设计工程、计算机辅助设计(computer-aided design,CAD)和计算机辅助制造(computer-aided manufacturing,CAM)软件、过程工程和控制、材料科学与工程以及工业实践。迄今为止,还没有一本全面介绍金属 AM 工艺(通常称为 3D 金属打印)"如何做"的书籍。从事 AM 工作的技术专家通常在其中一个或多个领域拥有专业知识,但是很少有人能够对整个技术领域有深刻的理解。相关出版物分布在各式各样的期刊和网络资源中。问题是,没有专门关注"如何使用金属进行 3D 打印"的书籍。这个从单一来源获得入门级信息的需求是本书的另一个写作动机。

那些对增材制造技术有浓厚兴趣的人往往不知道从哪里开始获得应用于金属的这些工艺的高层次结构化视图。这对于初学者和那些考虑"涉足"或探索该技术的人来说可能是令人生畏或困惑的。你不必是一名学生、创客、金属制造商或企业主,就可以看到 AM 的潜力,或者对如何 3D 打印金属感兴趣。AM 非常复杂,那些走上"体验式自学"道路的人经常因为缺乏准备或基础知识而受到阻碍,而这些准备或基础知识是成功完成最初的几个项目,从而评估 AM 技术并获得信心的必要条件。大多数关于"如何 3D 打印"的书都是关于 3D 打印塑料的畅销书,有些书是过度夸大的,或者有些是有着严格意义上的前瞻性。增材制造的教科书往往试图涵盖整个材料范围,并牺牲了重要的设计考虑依据、工艺细节,或对于金属应用的考虑因素。关于 AM"如何做"的书籍是一个很好的开始,但是如果你对金属感兴趣,你应该找到一本专注于这类 AM 材料的书。

供应商提供的操作手册或网络链接推荐使用特定系统和特定材料的"标准条件",但事实是,高端商业系统的大多数所有者和用户也参与了试错开发,也就是所谓的犯了错误才学到。供应商提供的指南要么是非常通用的,要么是严格规定的,并且只是传授了一个配方,但是没有深入理解我们为什么要这样做。供应商通常将标准操作参数作为专有参数加以保护,对机器所有者保密,同时也掩盖了这项技术的工作原理。在关于如何 3D 打印金属方面的技术文献中已经写了很多,但是通常很少提及如何不自行使用金属进行 3D 打印,或者仅呈现部分工作信息而忽略了相关细节。知道什么会出错往往与知道如何做对两者同样重要。

什么是 3D 金属打印?它与使用塑料或其他材料的 3D 打印有什么不同?如何创建复杂的金属物体并超越常规金属加工的限制?如何学习基础知识,并探索选择适合自己的 3D 金属打印工艺?在这本书中,你将了解到:你既不需要工程学位,也不需要百万美元的 3D 金属打印机,就可以到达增材制造的最前沿。

　　本书的另一个目标是帮助你决定需要什么来开始，什么类型的软件、材料和工艺适合你，需要什么额外的知识，以及从哪里获得这些知识。对于那些刚刚起步或正在踏上新的职业道路的人来说，AM有希望成为一个优秀的职业，从生产车间到企业研发(research and development，R&D)实验室，再到可行的商业机会，提供一个有回报的、高收入的职业。增材制造和先进制造业领域的新兴职业如同热门的房地产行业，如果你有意愿，就肯定有办法。如果这本书激励你走上这两条道路，那么我们就成功了两次，而这本书中的一些内容肯定会在你的旅途中留下痕迹。

　　我首先强调对3D金属打印的基本理解，确定构建模块，为什么我们要这样做，以及什么对你这个创客而言是重要的。本书提供了与关键应用相关的，但是经常被忽视的信息，例如航空航天、汽车或医疗领域的信息，以及严格的认证途径。普通的创客可能永远不会建造火箭飞船，也不可能到达星际，更不可能设计和制造拯救生命的独特医疗设备，但是世事难料。本书将向读者介绍这些主题和应用。3D增材制造使我们走向一个更加复杂的、信息更丰富的环境。我们不仅是在创造"一台新机器的灵魂"，我们也在创造它的DNA。这一过程中生成和存储的产品DNA信息将包括设计、制造和使用寿命，是一个从摇篮到坟墓的记录。我们不仅创造了DNA，还制造了实物并使其得到应用。

美国新墨西哥州圣达菲市　约翰·O.米莱夫斯基

致 谢

我要感谢 AWS D20 委员会、ANSI/美国制造 AMSC、ASTM F42 和 EWI AMC 的成员,他们分享了在 AM 金属技术方面的经验和有价值的见解。

此外,我还要感谢 Matt Johnson、Van Baehr、Jim Crain、Dan Schatzman、Ben Zolyomi、Jim、Linda Threadgill、John Hornick 和 Bill Stellwag,感谢他们对本书内容和范围的看法。

我感谢这个领域的所有其他研究人员、企业家和创客的贡献,他们在书中只是顺便提及,有些根本没有提及。如果没有提及,请放心,我也会为你们的努力鼓掌,并祝你们在创造和抓住这一新技术浪潮方面好运。

美国新墨西哥州圣达菲市　　约翰・O. 米莱夫斯基

作者简介

约翰·O.米莱夫斯基(John O. Milewski)在新墨西哥大学获得计算机工程专业学士学位,并在范德堡大学获得电气工程专业硕士学位。他的技术生涯从 5 年的金属制造经历开始,从作为 ASME 规范焊工的重工业生产到轻工业制造和应用研究。他在洛斯阿拉莫斯国家实验室工作了 32 年,担任过焊接技术员、工程师、团队负责人、实验部件制造项目经理和制造能力组组长等职务。他目前已经从实验室退休,以 APEX3D 有限责任公司的名义为 AM 技术中令人兴奋的新应用进行写作和咨询。

他的技术专长包括电弧系统、电子束、激光焊接、机器人技术、传感和控制,以及稀有金属连接。他的工作经验还包括 CAD/CAM/CNC 模型工程、过程建模、模拟,以及包含残余应力测量的验证方法。此外,在 20 世纪 80 年代末,他在 Synthemet 公司担任了两年的副总裁,该公司是一家创业型高科技初创企业,目标是金属 3D 增材制造的开发和商业化。

他是与高能束处理和过程建模相关的众多出版物的作者和共同作者。他获得的奖项包括定向光制造 R&D 100 奖、美国焊接学会(American Welding Society,AWS)会员奖和 AWS Robert L. Peaslee 奖。他是与激光焊接和增材制造相关的多项专利的发明人或共同发明人。

他与大学和受资助的学生进行了广泛的正式合作,成果包括经评审发表的论文和专利。他参与的专业学会包括 AWS 与高能束、电子束和激光束焊接相关的委员会的主席、联合主席和顾问。此外,他目前担任 AWS D20 增材制造委员会的顾问,并为 AWS 和 ASM 国际的技术出版物提供同行评审。

他的国际技术贡献包括国际焊接协会(International Institute of Welding,IIW)高能束焊接委员会的美国代表、IIW 第 58 届年会和国际会议的特邀主讲人,以及 AWS R. D. Thomas 奖获得者,以表彰他为统一国际标准所作的国际贡献和委员会工作。

缩 略 词

3DFEF 3D finite element fabrication 3D 有限元制造

3DMP 3D metal printing 3D 金属打印

3DP 3D printing 3D 打印

AI artificial intelligence 人工智能

AM additive manufacturing 增材制造

AMF additive manufacturing file format 增材制造文件格式

B2B business to business 企业对企业

CAD computer-aided design 计算机辅助设计

CAE computer-aided engineering 计算机辅助工程

CAM computer-aided manufacturing 计算机辅助制造

CFD computational fluid dynamics 计算流体动力学

CMM coordinate measurement machine 坐标测量机

CNC computerized numerical control 计算机数字控制

CSG computed solid geometry 计算实体几何学

CT computed tomography 计算机断层扫描

DED directed energy deposition 定向能量沉积

DED-EB directed energy deposition electron beam 定向能量沉积-电子束
（见 EB-DED）

DED-L directed energy deposition laser 定向能量沉积-激光（见 L-DED）

DED-PA directed energy deposition plasma arc 定向能量沉积-等离子弧
（见 PA-DED）

DLD direct laser deposition 直接激光沉积

DMCA Digital Millennium Copyright act 数字千年版权法

DMD direct metal deposition 直接金属沉积

DMLS direct metal laser sintering 直接金属激光烧结

DRM digital rights management 数字版权管理

DTRM discreet transfer radiation model 离散传递辐射模型

DTSA defend trade secrets act 保护商业秘密法

EB　electron beam　电子束

EB-DED　electron beam directed energy deposition　电子束定向能量沉积（见 DED-EB）

EBAM　electron beam additive manufacturing　电子束增材制造

EBF3　electron beam free form fabrication　电子束自由形状制造

EBM　electron beam melting　电子束熔化

EB-PBF　electron beam powder bed fusion　电子束粉末床熔合（见 PBF-EB）

EBSM　electron beam selective melting　电子束选择性熔化

EBW　electron beam welding　电子束焊接

ECM　electro-chemical milling　电化学铣削

EDM　electrode discharge machining　电极放电加工

ELI　extra low interstitial　超低间隙

ES&H　environment，safety & health　环境、安全与健康

F2F　factory to factory　工厂对工厂

FDM　fused deposition modeling　熔融沉积成型

FEA　finite element analysis　有限元分析

FEF　finite element fabrication　有限元制造

FoF　factory of the future　未来工厂

FZ　fusion zone，in welding　熔合区，焊接中的

GFR　geometric feature representation　几何特征表示法

GMA　gas metal arc　气体保护金属极电弧

GMAW　gas metal arc welding　气体保护金属极电弧焊

GTA　gas tungsten arc　气体保护钨极电弧

GTAW　gas tungsten arc welding　气体保护钨极电弧焊

HAZ　heat affected zone，in welding　热影响区，焊接中的

HCF　high cycle fatigue　高周疲劳

HDH　hydride dehydride　氢化脱氢

HEPA　high-efficiency particulate arrestance　高效微粒捕集器

HIP　hot isostatic pressing　热等静压

HT　heat treatment　热处理

IGES　initial graphics exchange specification　初始图形交换规范

IoT　internet of things　物联网

IP　intellectual property　知识产权

IR　infrared radiation　红外辐射

ISRU　in situ resource utilization　原位资源利用

IT　information technology　信息技术

IV&V   independent verification and validation   独立验证和确认

LB   laser beam   激光束

LBW   laser beam welding   激光束焊接

LCF   low cycle fatigue   低周疲劳

LDT   laser deposition technology，RPM Innovations   激光沉积技术，RPM
创新公司

LENS   laser engineered net shape，Optomec   激光工程净形状，Optomec 公司

LMD   laser metal deposition   激光金属沉积

L-PBF   laser powder bed fusion   激光粉末床熔合(见 PBF-L)

M2M   machine to machine   机器对机器

MAST · math，science and technology   数学、科学和技术

MEB   model based engineering   基于模型的工程

MEMS   micro-electro-mechanical systems   微机电系统

MIG   metal inert gas（welding）   金属极惰性气体保护(焊接)

MRO   maintenance，repair and overhaul   维护、修理和大修

MSDS   material safety data sheet   材料安全数据表

NDT   non-destructive testing   无损检测

NEMS   nano-electro-mechanical systems   纳机电系统

NURBS   non-uniform rational B-spline   非均匀有理 B 样条

OIM   orientation imaging microscopy   取向成像显微技术

OM   optical microscopy   光学显微术

PA   plasma arc   等离子弧

PA-DED   plasma arc directed energy deposition   等离子弧-定向能量沉积
(见 DED-PA)

PAW   plasma arc welding   等离子弧焊接

PBF   powder bed fusion   粉末床熔合

PBF-EB   powder bed fusion electron beam   粉末床熔合-电子束(见 EB-PBF)

PBF-L   powder bed fusion laser   粉末床熔合-激光(见 L-PBF)

PDM   product data management   产品数据管理

PLM   product lifecycle management   产品生命周期管理

PM   powder metallurgy   粉末冶金

ppb   parts per billion   十亿分之几

PPE   personal protective equipment   个人防护装备

ppm   parts per million   百万分之几

PREP   plasma rotating electrode process   等离子旋转电极工艺

PSD   particle size distribution   颗粒尺寸分布

PT　penetrant testing　渗透检测

QA　quality assurance　质量保证

RPD　rapid plasma deposition　快速等离子沉积

RT　radiographic testing　射线照相检测

SEM　scanning electron microscopy　扫描电子显微技术

SLA　stereo lithography appearance　立体光固化

SLM　selected laser melting　选择性激光熔化

SLS　selective laser sintering　选择性激光烧结

SM　subtractive manufacturing　减材制造

STEM　science，technology，engineering and math　科学、技术、工程和数学

STEP　standard for the exchange of product model data　产品模型数据交换标准

STL　standard tessellation language　标准曲面细分语言

TEM　transmission electron microscopy　透射电子显微技术

TIG　tungsten inert gas（welding）　钨极惰性气体保护（焊接）

TPM　technological protection measures　技术保护措施

TRL　technology readiness level　技术就绪水平

UAM　ultrasonic additive manufacturing　超声波增材制造

UC　ultrasonic consolidation　超声波固结

UT　ultrasonic testing　超声波检测

UTS　ultimate tensile strength　极限抗拉强度

UV　ultraviolet　紫外

VR　virtual reality　虚拟现实

WAAM　wire ＋ arc additive manufacturing　"丝＋电弧"增材制造

XRF　X-ray fluorescence　X 射线荧光

AM路线图和"搭便车"指南

在本书中,你将了解:计算机实体模型的强大功能和 3D 打印技术的出现,是如何使作为一名创客的你,能够创造出超越常规金属加工的复杂金属物体的。

第 1 章为我们搭建了一个舞台,带领我们从金属加工的黎明走向 3D 金属打印的黎明。我们现在在哪里? 你想去哪里? 你什么时候迈出第一步? 本章会告诉你。

第 2 章我们将对 3D 金属打印和 AM 领域进行旋风式的考察。为了激发你对这个旅程的兴趣,我们向你展示 AM 金属带来的新颖设计和应用:哪些应用领域是比较热门的? 这些应用是如何超越常规金属加工,并为我们指明未来方向的?

第 3 章提出了你的旅行背包里有什么? 你如何利用这项令人兴奋的新技术? 我们介绍 AM 工艺的类型和 AM 案例的精细概述,并讨论了采用 AM 技术的驱动因素。

第 4 章我们学习说金属的语言,金属是什么? 金属的哪些性质与构建 3D 打印物体相关? 哪些金属的 3D 打印效果最好? 为什么? 你如何选择最合适的金属?

第 5 章是你的 AM 金属知识基础的下一个基石。了解高能热源是熔解金属如何熔化、熔合,然后冷却成固体零件的。你应该使用激光还是电子束? 金属烧结和金属熔合有什么区别? 什么时候使用等离子弧,或者气体保护金属极电弧源是最佳选择? 每种热源的优点和缺点是什么? 本章将介绍 3D 金属打印中使用的热源以及哪种热源最适合制造你需要的产品部件基础知识。

计算机、3D 模型、计算机运动系统和控制是所有 3D 打印机的基本子系统。第 6 章将告诉你 3D 金属打印系统是如何以及为什么使用计算机模型及是怎样控制的,以及使用金属的系统与 3D 打印塑料和聚合物的区别。

第 7 章将介绍许多需要学习的、作为 AM 金属技术基础知识,如 3D 塑料打印、激光焊接熔覆和粉末冶金。理解 AM 与这些基础技术之间的紧密联系将继续促进并产生有利于我们的新想法。

AM 金属打印机有各种形状和尺寸,从能够沉积喷气式战斗机骨架的、价值数百万美元的机器到基于自制运动系统和电弧焊接设备的"3D 形状焊机"。用户需要了解每种方法如何从一个模型开始到最后形成零件的细节。根据材料和应用的不同,最终产品可能会有本质的不同,它们有什么区别? 你为什么需要关心这些原则？从生成模型到创建成品零件，在整个过程中需要哪些技能？第8章将详细描述当前 AM 系统的配置，使用户能够根据零件的设计和最终使用要求选择正确的工艺和服务。

第9章定义了新的设计空间，以便让那些有常规金属制造设计方面经验的人"在盒子外面"进行思考。我们将对比 3D 打印塑料和构建 3D 金属零件所需的设计空间思维。我们以现有的常规金属加工知识为基础，对其进行补充和改造，并有可能将其提升到几十年前我们无法达到的境界。我们还将介绍混合工艺的设计概念，该工艺将常规材料加工与 AM 和成形相结合。

一个常见的误解是，AM 提供了将零件从 3D 打印机中取出、紧固后即可将成品驶离或飞走的能力。其实这种情景很少发生。第10章和第11章介绍如何开发产品工艺、预处理和后处理操作，以及选择设计特征、材料、工艺条件和参数的关键考虑因素。与塑料不同，AM 沉积金属的后处理可能包括高度专业化的设备和昂贵的后处理操作设备。要实现金属零件的全部功能和性能，需要了解这些操作设备。此外，这两章将针对是将 AM 外包给服务提供商，还是购买和开发 AM 的硬件与软件，帮助你作出明智的决定。

在第12章我们从更广阔的视角考察政府、工业、大学和商业系统的发展趋势，以规划未来十年这项技术将产生最大影响的路线。我们探讨全球趋势，信息技术不断提升的作用，以及 AM 如何将其与我们的世界、我们的环境，最终与我们自己联系起来。我们的梦想不需要受到时间、空间或金钱的限制，它们是不可避免地相互联系在一起的。最后，我们还是把 AM 技术的未来场景留给大家去想象。

目　录

第**1**章

概　览

摘要　金属加工在人类文明的发展中起到了关键作用。从石器时代采集物品到最早的金属加工,如黄金加工,这类人造金属物品的出现,标志着金属加工时代的到来。金属物品的形式包括个人装饰品、权力象征和征服的工具。几千年过去了,金属的提取和成型技术的不断发展,逐渐涵盖了青铜等合金和铁等金属。在大发现时代,产生了新金属元素和合金的识别、提炼、精炼和使用,以及制造工艺。计算机时代的到来,使重大的技术进步从过去的动辄以数百年计变为以数十年计。人人都可以获得的信息导致了技术的融合,使个人有能力设计和制造复杂的金属物品。曾经只属于国王、法老、帝国、军队和工业领袖的物品,现在已经触手可及。本章简要介绍了增材金属工艺技术发展的技术里程碑。金属增强了人类的能力,它扩展了我们的视觉,实现了我们的梦想。它在时间和空间上扩展了我们对物体制造的思想力量。金属通常隐藏在自然界中,需要时间、人力和能量才能提炼并制成有用的器皿。因为制造金属物体所需的成本、能力和技术往往是除少数人以外的大多数人所无法企及的,所以金属的这种难以捉摸和神秘的性质是其所有权的吸引力所在。金属和能源,被人类梦想所驾驭,赋予我们把握现在和创造未来的力量。人类进步的史诗是由青铜、铁和钢等金属铸造,并由阳光、火和电力赋予能量。金和银建立了世界的权力,并装饰了我们最珍贵的财产。钢材武装了军队,建造了摩天大楼、桥梁、铁路和石油管道。铜将世界人们的声音连接了起来。但是,世界正在发生变化。在这个新的世纪里,思想被创造、被捕捉,并以数据形式以光速在地球上分享。任何主题的信息都在我们的指尖上,随时随地唾手可得。但是仅有文字和图像是不够的,我们仍然需要拥有、把持和使用物体。当今社会,信息被看作新的权力,比特币作为一种新货币出现,但是这些存在可能一瞬即逝,金属则会永存。那么,这一切是从哪里开始的?

1.1 金属加工的演变

- 新石器时代，公元前 6000—公元前 3000 年，黄金和铜等天然形式的金属被冷加工成物品，如祭祀品、护身符或者个人装饰品（图 1.1）。
- 公元前 3000 年，青铜时代开始，铜与砷或锡制成合金，用于铸造和锻压，从而制造坚固的工具和武器。在古埃及法老的匕首等物品中发现了铁。
- 铁器时代开始，公元前 1400—公元前 1200 年，赫梯人等开始学习冶铁技术并用于制造铁制武器。
- 坩埚钢，例如古印度的 Wootz 钢（约公元前 300 年），是为武器装备而开发

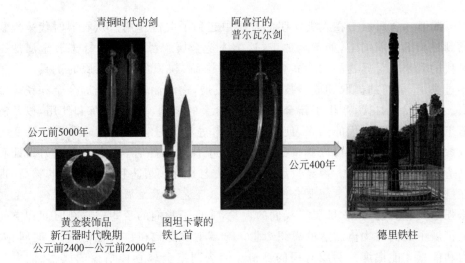

图 1.1　古代金属加工：黄金装饰品①、青铜时代的剑②、图坦卡蒙的铁匕首③、阿富汗的普尔瓦尔剑④、德里铁柱⑤

　　① 来自爱尔兰布莱辛顿的金弧影，新石器时代晚期/青铜时代早期，约公元前 2400 年至公元前 2000 年，古典组. Johnbod, CC-SA-3. 0. https://en. wikipedia. org/wiki/Gold_lunula#/media/File：Blessingon_lunulaDSCF6555. jpg。

　　② 青铜时代的剑，来自罗马尼亚的 Apa 剑. Dbachman, 根据 CC-SA-3. 0 授权. https://commons. wikimedia. org/wiki/File：Apa_Schwerter. jpg。

　　③ Comelli, D., D'orazio, M., Folco, L., El-Halwagy, M., Frizzi, T., Alberti, R., Capogrosso, V., Elnaggar, A., Hassan, H., Nevin, A., Porcelli, F., Rashed, M. G. 和 Valentini, G. (2016). 图坦卡蒙的铁匕首的陨石来源. 陨石与行星科学, 51：1301-1309. 10. 1111/maps. 12664, 版权归 John Wiley and Sons 公司所有。

　　④ 阿富汗普尔瓦尔剑. ©Worldantiques, 自有作品, 根据 CC-SA-3. 0 授权. https:// commons. wikimedia. org/wiki/File：Afghanistan_pulwar_sword. jpg。

　　⑤ 德里铁柱. Mark A. Wilson（伍斯特学院地质系）拍摄, 公共领域. https://commons. wikimedia. org/wiki/File：QtubIronPillar. JPG。

的,后来的大马士革钢武器因其强度和耐久性而闻名。一些结构,如约公元 400 年的德里铁柱,至今仍是古代冶金学家和工匠技能的证明。

- 17 世纪中期至 19 世纪末期发现了一些重要新金属,如钛、钨、钴和铝等。从原矿中提炼金属的新工艺被开发出来。技术者们为国王和沙皇制造了铝制品。1885 年,一个由稀有金属铝制成的顶石金字塔被放置在华盛顿纪念碑的顶部,以示献礼(图 1.2)。
- 19 世纪 50 年代中期,开发了用于工业规模生产钢铁的贝塞默工艺。
- 在 1889 年巴黎世界博览会前,被誉为技术天才、工程师和冶金学家的埃菲尔(Gustav Eiffel)的梦想及时实现,他用 250 万个铆钉建起了埃菲尔铁塔。
- 19 世纪末,开发了用于焊接金属的碳弧工艺。
- 20 世纪 10—50 年代,舰船建造和飞机制造等军事应用推动了钢、铝和钛合金焊接加工的发展。20 世纪 40 年代,开发了气体保护钨极电弧焊和气体保护金属极电弧焊。
- 20 世纪 50 年代末,发明了电子束焊接。激光器于 1960 年首次获得展示。空间和核应用推动了钽、铌和锆等难熔和活性金属材料连接的发展。

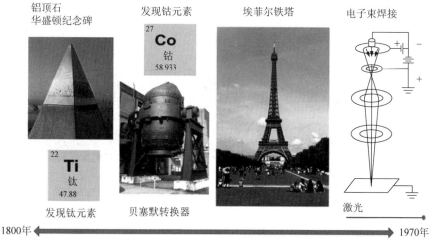

图 1.2　金属的发现和大规模生产:铝顶石[6]、贝塞默转换器[7]、埃菲尔铁塔[8]、电子束焊接和激光的发明

⑥　华盛顿纪念碑铝顶石. 公共领域. http://loc. gov/pictures/resource/thc. 5a48088/,复制号:LC-H824-T-M04-045,国会图书馆,华盛顿特区,美国。

⑦　版权归 Dave Pickersgill 所有,根据 CC-SA 2.0 1 获得重新使用授权. https://upload. wikimedia. org/wikipedia/commons/thumb/6/64/Bessemer_Convertor_-_geograph. org. uk_-_892582. jpg/450px-Bessemer_Convertor_-_geograph. org. uk_-_892582. jpg。

⑧　埃菲尔铁塔,从巴黎马尔斯广场仰视。© Waithamai 自有作品,根据 CC-SA-3.0 授权. https://commons. wikimedia. org/wiki/File:Eiffel_Tower_Paris_01. JPG。

- 20 世纪 60—70 年代,采用穿孔带的计算机数字控制(CNC)车床彻底改变了加工行业。1968 年,采用 85% 钛合金制成的 SR-71 侦察机完成了首飞。设计师 Clarence "Kelly" Johnston 创造了许多设计的创新概念。

1.2　计算机的出现

- 20 世纪 50 年代,开发了用于控制机器的早期计算机(图 1.3)。
- 20 世纪 70 年代,开发了基于微处理器芯片的计算机。
- 1975 年 1 月出版的《大众电子》封面上刊登了 Altair 8800 计算机。位于新墨西哥州阿尔伯克基市的 MITS 公司的总裁兼首席工程师 Ed Roberts 开发了一款计算机,诱发了一场技术革命[⑨]。
- 20 世纪 80 年代,台式个人计算机(PC)得到了广泛使用。基于微处理器的机器控制器在复杂程度上不断发展。
- 计算机图形和 3D 计算机辅助设计(computer-aided design,CAD)软件在20 世纪 70 年代至 90 年代随硬件的发展而不断发展。基于特征的参数化实体模型在航空航天、汽车和其他高端制造行业得到应用。

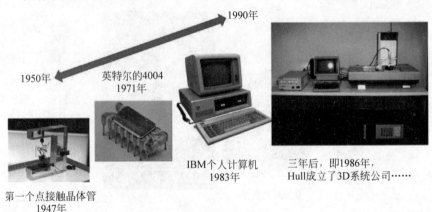

图 1.3　信息时代的曙光:第一个点接触晶体管[⑩]、英特尔的 4004[⑪]、IBM PC[⑫]、1986 年发明的 3D 打印[⑬]

---

⑨　启动科技革命的工具包. Forrest M. Mims. 制造:第 42 卷,2014 年 12 月/2015 年 1 月。

⑩　https://commons. wikimedia. org/w/index. php? curid=24483832,由 Unitronic 根据 CC BY-SA 3.0 提供:https://creativecommons. org/licenses/by-sa/3.0/。

⑪　英特尔的 4004. https://commons. wikimedia. org/w/index. php? curid=3338895,由英特尔公司根据 CC BY-SA 3.0 提供:https://creativecommons. org/licenses/by-sa/3.0/。

⑫　IBM PC. https://commons. wikimedia. org/w/index. php? curid=9561543.4,由 Rubin de Rijcke 根据 CC BY-SA 3.0 提供。

⑬　由 3D 系统公司提供,经许可转载。

- 20 世纪 80 年代至 21 世纪初,计算机辅助的、基于模型的工程和网络将设计过程与从成型和加工到检验的制造过程联系在一起。

1.3　3D 打印的发明

- 1984 年,3D 系统公司创始人 Chuck Hull 开发了利用紫外(ultraviolet,UV)激光将光敏聚合物固化成 3D 形状的立体光固化技术。该技术利用计算机实体模型切片产生的机器指令,指导使用聚合物制造 3D 形状。本书后续章节还将介绍其他早期的增材制造工艺,这些工艺用于制造实体自由形状物体,便于观察形状和测试配适度。
- 20 世纪 80 年代和 90 年代,人们开发了适用于金属材料的 AM 工艺。大学、国家实验室和工业研发实验室的科研活动开始了技术合作。

增材制造为任何拥有计算机、能够获得 3D 模型和 AM 打印服务的人带来创建复杂、自由形状金属物体的能力。在信息技术的推动下,AM 绕过了传统金属加工所需的许多繁杂步骤、昂贵设备和技能,现在只需敲击一下键盘,就可以将自由形状设计转化为现实的金属物体。最近,由于各种材料的 3D 打印技术的出现,引发了媒体的夸大宣传,有的甚至是错误的,如预期在不久的将来,任何材料都将可以被 3D 打印机快速打印成任何尺寸和形状。目前的情况并非如此,在很多情况下可能永远也不会实现,但是该技术正在朝着这个方向发展。无论在金属打印机的制造方面,还是在技术的示范和应用方面,企业正在大规模的投资,已形成了一个非常活跃的市场。

1.4　关键点

- 早期的金属加工经历了数千年的发展,从天然形成的金属,如用于珠宝的黄金,发展到简单的合金,如用于武器的青铜和用于工具的铁,最终发展到钢。
- 在大发现时代确认了许多新的金属元素,以及用于大规模生产的工艺。在几百年的时间里,工业时代见证了金属加工的快速发展。
- 随着计算机和微电子技术的出现,信息时代拉开了序幕。几十年来,数字信息和控制技术的获取迅速发展,现在几乎触及技术的所有方面。
- 3D 打印、快速原型制作和增材制造是在信息与材料加工技术的交叉点上发展起来的,目前这些技术正在被快速地采用,而且每年都会出现重大进展。

第2章

增材制造金属，无限可能的艺术

摘要 AM 新颖的应用和设计展示了 3D 打印和金属 AM 的力量和潜力。本章确定了 AM 正在进入并产生最大影响的细分市场。AM 金属技术的发展势头在历史上是由面向工程应用的快速原型制作推动的，但是情况正在迅速变化，并朝着生产由先进材料制成的高价值部件的方向发展。应用实例包括一些关键产品，如被认证用于航空航天和医疗硬件的关键产品。此外，定制的艺术设计和个性化的产品正在被按需创造。昨天才想到的独特设计和功能今天就可以被整合到零件中。在工具和模具行业中使用的复杂冷却通道，在能源、石油和天然气行业中使用的高性能热交换器和耐磨涂层，这些应用都证明了 AM 金属技术具有改变行业、降低成本和节约能源的潜力。本章介绍了 AM 金属技术中最热门的应用方向的部件和产品示例，介绍了这一无限可能的艺术。

2.1 AM 的目标：新颖的应用与设计

那么，AM 今天的情况如何？金属 AM 技术的发展和应用现状如何？这些应用有什么独特之处而使人们对 AM 有如此吸引力？虽然最好的技术很可能是存在于企业研究实验室或最前沿的制造车间，但是我们仍希望展示一些应用案例（图 2.1）。其中一些例子是技术示范、前瞻性营销范例，或者是真正的功能原型，但是它们都在 AM 路线图上留下了自己的痕迹。

在这里提供许多跳出传统思维的和新颖设计的例子。这些例子可能仅是灵感的载体，也可能是直接实现的目标。什么是"杀手级"的应用？如何实现这一目标？真正独特的应用每天都在涌现。其中一些注定成为生产线和安静的赚钱机器，另一些则可能成为发明的思想发射台和超越当今思维的思想。

图 2.2 可能是最广为人知的 AM 零件，通用电气（GE）航空公司的 LEAP 燃料喷嘴，采用钴铬合金和其他材料制成。它将 18 个部件组合成一个零件，具有复杂的通道和尖端的设计，从而提供了更高的耐用性和工作效率。根据每台发动机有

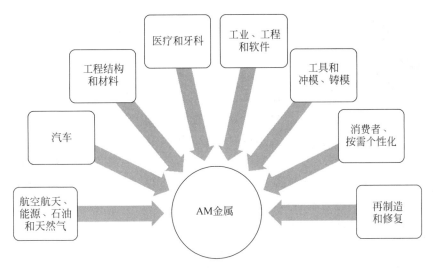

图 2.1　AM 金属技术的应用

19 个喷嘴和未来每年 1700 台发动机的生产能力，GE
航空公司设定了每年打印 32000 个喷嘴的满负荷生产
目标，到 2020 年将达到 100000 个零件。GE 已经投资
35 亿美元用于生产喷嘴的新工厂。这些喷嘴已经在
飞行测试。

在另一个例子中，GE 航空公司已经完成了先进
涡轮螺旋桨(advanced turboprop，ATP)飞机的技术示
范发动机测试，该发动机将为全新的 Cessna Denali 单
引擎飞机提供动力。该发动机的 35% 是增材制造的，
其特点是验证了增材制造零件的无纸化设计，在质量
减轻了 5% 的同时，比燃料消耗率(specific fuel
consumption，SFC)提高 1%[2]。在另一个增材测试项

图 2.2　GE 航空公司的 LEAP
燃料喷嘴[1]

目中，CT7-2E1 示范发动机的设计、制造和测试耗时 18 个月，将原本 900 多个减材
制造的零件数量减少到 16 个 AM 零件。

2.2　艺术

金属 3D 打印的艺术应用正在引领全新的设计、形状和工艺的探索。其中一些

---

① 由 GE 航空公司提供，经许可转载。

② GE 航空公司新闻稿. 2016 年 10 月 31 日. GE 测试先进涡轮螺旋桨飞机的增材制造示范发动机.
http://www.geaviation.com/press/business_general/bus_20161031a.html(2017 年 1 月 20 日访问)。

图 2.3   3D 打印的金属雕塑③

设计体现了自由形状和情感设计的精髓。Bathsheba Sculpture 有限责任公司④的一个设计作品就是一个例子，如图 2.3 所示。

　　随着软件和材料变得越来越便宜，艺术性地使用实体自由形状设计工具将进一步扩展情感设计的世界。音乐、色彩、视频和其他形式的动态视听 2D 艺术可以唤起情感反应或鼓舞人心的体验，3D 虚拟现实（virtual reality，VR）耳机和 3D VR 体验也将如此。AM 能够捕捉 3D VR 的瞬间，将其带回现实世界。这将包括在当地使用环境中随时间变化的动态艺术品和零件。

　　专为贵金属设计的 3D 打印机⑤采用了专为珠宝商和制表行业开发的粉末管理流程，确保有效地使用贵金属粉末，并通过一个基于粉盒的系统提供快速的金属转换。与用于打印汽车和航空航天零件的机器相比，用于制作珠宝的 3D 金属打印机器体积更小，价格相对更低。艺术品和珠宝不需要有航空航天、汽车和医疗设备所需的认证和控制水平，因此珠宝成为增材加工的一个有吸引力的市场。AM 使那些通过任何其他方法都无法用金属制作的艺术设计成为可能，同时它使用更少的材料并便于顾客定制产品。带有内部支撑的中空结构允许制造出具有所需强度但没有相应实心件的重量或成本的较大零件。如图 2.4(a) 所示的 AM 系统具有较小的构建体积，非常适合快速制造珠宝等小物件，同时最大限度地减少贵金属粉末的库存体积。如图 2.4(b) 和 (c) 所示，它们使用较小的激光焦点，提供出色的高分辨率，可以创建精细的特征和结构的产品。

(a)   (b)   (c)

图 2.4   (a) 用于珠宝的直接金属激光烧结机：M080 直接贵金属 3D 打印系统⑥；(b) 用黄金打印的雕塑设计⑦；(c) 3D 打印的黄金表壳⑧

---

③　由 Bathsheba Grossman 公司提供，经许可转载。

④　Bathsheba Sculpture 有限责任公司网站. http://bathsheba.com/(2015 年 4 月 6 日访问)。

⑤　Cooksongold 公司网站. http://www.cooksongold-emanufacturing.com/products-precious-m080. php(2015 年 8 月 13 日访问)。

⑥　由 Cooksongold 公司和 EOS 公司提供，经许可转载。

⑦　由 Cooksongold 公司制造和设计，经许可转载。

⑧　由 Cooksongold 公司制造，Bathsheba Grossman 设计，经许可转载。

2.3 个性化

Renishaw 公司与 Empire Cycle 公司联手打造了钛合金自行车的首款设计。《工程和技术》杂志发表了 Alex Kalinauckas 的文章"第一款 3D 打印自行车进入记录册"对此进行了描述⑨。图 2.5 显示了 AM 分段制造的车架部件。图 2.6 显示了带有车轮和其他自行车部件的组装后的车架。诸如此类的技术示范突出了使用钛等特殊和轻质材料进行个性化设计的能力。具有轻质内部强化结构的复杂形状和流动的有机形态，使工程与艺术特征完美结合，产生独一无二的个性化物品。

图 2.5　使用 AM 构建的钛自行车框架⑩　　图 2.6　组装后的钛自行车框架⑪

现在常用 3D 扫描和打印技术制造定制化的助听器和其他此类的个人设备。尽管目前助听器是由聚合物制成的，但是这个案例显示了 3D 扫描和打印的潜力可能会打破市场的平静，彻底改变定制产品的市场。批量生产的产品具有低成本的吸引力，但是在某些情况下，专门为你量身定制的产品将带来最大的价值。随着我们身体的扫描和数字定义变得越来越普遍，每个人对物的接口都具有定制的潜力。例如，移动应用程序⑫可用于订购个性化的珠宝。带有爱人姓名首字母的个性化戒指可以用各种贵金属打印出来，如图 2.7 所示。定制和个性化的物品，如高尔夫球杆头⑬，正在由 Ping 公司生产。尽管这类物品超出了许多人所能承受的价格范围，但是这些类型的物品对于那些酷爱顶级装备的狂热爱好者而言，可以很好地展现出个人品位和对这项运动的热情，以及其社会地位(图 2.8)。任何具有高端市

⑨ 《工程与技术》杂志的文章. 第一款 3D 打印自行车进入记录册. 2015 年 3 月 18 日. Alex Kalinuckas. http://eandt. theiet. org/news/2015/mar/3d-bikeframe. cfm(2015 年 3 月 26 日访问)。

⑩ 由 Renishaw 公司提供，经许可转载。

⑪ 由 Renishaw 公司提供，经许可转载。

⑫ "我的爱"网站和应用程序. http://love. by. me/(2015 年 8 月 13 日访问)。

⑬ 3DPrint. com 文章. http://3dprint. com/46036/golf-equipment-manufacturer-ping-introduces-golfs-first-3d-printed-putter/(2015 年 8 月 13 日访问)。

场的运动用品、个人物品或家用设备都可以成为使用 AM 金属实现创新和独特设计的目标。

图 2.7　个性化珠宝⑭

图 2.8　定制的高尔夫球杆头⑮

2.4　医疗

AM 的"颠覆性"应用开始出现在制造业的主流中。其中一个应用是牙科器材，小型定制牙冠和牙科植入物正在颠覆制造这些部件的历史方法。图 2.9 显示了通过直接金属激光烧结（direct metal laser sintering，DMLS）生产的牙冠和牙桥。例如⑯，EOS M100 DMLS 打印机使用经过认证的合格工艺熔合医用钴铬 SP2 合金。这些小批量、高精度和高价值的产品正在被广泛采用。

图 2.9　增材制造牙科材料⑰

另一个即将广泛实现的应用是金属医疗植入物，欧盟（European Union，EU）和美国正在批准人体使用的医疗认证。仅电子束熔化（electron beam melting，EBM）增材制造工艺就为医疗行业生产了超过 50000 个医疗植入物⑱。AM 提供的益处是快速生产能够直接使用的个性化定制物品，如植入物，或者是二次应用，如使用患者自己的医疗成像创建的 3D 模型，以及与解剖结构匹配的钻孔引导器和固定装置。直接 AM 零件的精度足以满足这些应用，而表面光洁度或多孔结构为骨长入提供了优势。这些复杂的工程表面经过清洁和消毒，可以提供一种生物固定结构，以取代聚乙烯吡咯烷酮的固定结构，从而优化植入物-宿主界面。图

---

⑭　由 Skimlab 公司的 Jweel 应用软件提供，经许可转载。

⑮　由 Ping 公司提供，经许可转载。

⑯　EOS 公司的牙冠应用. http://www.eos.info/eos_at_ids_additive-manufacturing（2015 年 8 月 13 日访问）。

⑰　由 EOS 公司提供，经许可转载。

⑱　Arcam 白皮书. 优化航空航天部件用 EBM 合金 718 材料. Francisco Medina，Brian Baughman，Don Godfrey，Nanu Menon. http://www.arcam.com/company/resources/white-papers/（2017 年 1 月 20 日访问）。

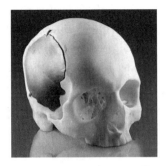

图 2.10 钛颅骨植入物[19]

2.10 显示了 3D 打印头骨模型上的 3D 打印钛颅骨植入物。

在另一个例子中，Stryker 公司已经获得了关于其 Tritanium PL 后腰椎钛笼的美国食品和药物管理局（FDA）的 510（k）许可，该装置用于退行性椎间盘疾病患者的脊柱植入[20]。该装置是通过 3D 增材制造工艺制造，使用了他们专有的 Tritanium 技术，这是一种专为骨长入和生物固定而设计的一种新型多孔钛材料。

为获取公众反馈，FDA[21] 的 3D 打印医疗应用网站提供了更多的信息，以及关于增材制造器材技术注意事项的指南草案的链接。在最终确定并生效之后，该指南将向利用 3D 打印技术开发和生产器械的制造商提供建议，包括器材设计、制造和测试建议。

医疗器材的材料可提供足够的强度和生物相容性，如钴铬合金和钛合金，它们可以很容易应用 AM 技术。钽等特种金属也可以在 AM 生产的器材或 AM 沉积表面中得到更广泛的应用。这类医疗器材价格昂贵，而且与粉末床熔合工艺的构建体积很相配。

2.5　航空航天

Lockheed Martin 公司和 Sciaky 公司已经展示了 AM 的应用，采用电子束增材制造（EBAM）工艺制造了钛推进罐，如图 2.11 所示。在这种情况下，EBAM 工艺用于创建一个粗糙的毛坯形状，该形状随后被加工成所需形状，否则就需要通过获得商业钛板，将其冲压成型，然后加工而成。而冲压需要一个成型冲头和冲模，以及一台大型液压机。所使用的各种尺寸的容器，每种形状都需要昂贵的冲头和冲模[23]。

图 2.11　钛推进罐[22]

由 Lockheed Martin 公司提供。这里显示的钛推进罐直径为 16 英寸。实际零件的直径可以达到 50 英寸

---

[19]　由 3T RPD 公司提供，经许可转载。

[20]　Stryker 公司新闻稿. http://www. stryker. com/en-us/corporate/AboutUs/Newsroom/Product Bulletins/169618（2017 年 1 月 20 日访问）。

[21]　FDA 网站. 3D 打印的医疗应用. http://www. fda. gov/MedicalDevices/ProductsandMedicalProcedures/ 3DPrintingofMedicalDevices/ucm500539. htm（2017 年 1 月 20 日访问）。

[22]　由 Lockheed Martin 公司提供，经许可转载。

[23]　Sciaky 公司新闻稿详述了图 2.11 中的示例. http://www. sciaky. com/news_and_ events. html （2015 年 3 月 26 日访问）。

图 2.12 显示了美国国家航空航天局（NASA）用铜 3D 打印的全尺寸火箭发动机零件[24]。该增材制造的零件设计用于在极端温度和压力下运行，展示了 NASA 正在评估用于制造火星任务零件的先进技术之一。在另一项应用中，Aerojet Rocketdyne 公司制造并展示了使用 AM 沉积铜合金制成的火箭发动机推力室的热火测试[25]。图 2.13 显示了使用 AM 技术制造的液氧/气态氢火箭喷射器组件，该组件正在 NASA 格伦研究中心进行热火测试。AM 技术可减少产品制造周期和降低成本的潜在能力，为评估 AM 技术提供了强有力的证据。空间和航空航天应用对工艺和部件有严格的程序和认证。通过减少认证零件和工艺的数量可以实现大幅度的节约。质量的减轻可以在逃离地球重力阱并进入太空的过程中显著节省燃料，或者在商用飞机飞行期间节省燃油。在制造昂贵的镍基合金或钛等特种材料的过程中，减少材料浪费也是使用增材制造技术的一个重要因素。在 2015 年的 AIAA 推进与能源论坛[26]中，"推进与能源技术的开发和趋势"专题讨论会上介绍了使用常规方法无法制造的、具有复杂形状和特征的硬件设计的好处。此外，增材制造技术还可实现系统效率及噪声和排放等环境因素方面的额外益处。

图 2.12　铜火箭喷嘴[27]

图 2.13　增材制造火箭喷嘴的测试[28]

在一项商业案例研究中，空中客车集团（EADS）创新工厂对应于标准空客 A320 的机舱铰链支架进行了生态评估分析，如图 2.14 所示，并努力涵盖了整个生命周期的各个细节：从金属粉末原料供应商，到设备制造商 EOS，再到最终用户，

　　[24]　NASA 3D 打印了世界上第一个全尺寸铜火箭发动机零件. Tracy McMahan，2015 年 4 月 21 日. http://www. nasa. gov/marshall/news/nasa-3-D-prints-first-full-scale-copper-rocket-engine-part. html（2016 年 5 月 15 日访问）。

　　[25]　NASA 和 Aerojet Rocketdyne 公司使用铜合金增材制造技术成功测试了推力室组件. http://globenewswire. com/news-release/2015/03/16/715514/10124872/en/Aerojet-Rocketdyne-Hot-Fire-Tests-Additive-Manufactured-Components-for-the-AR1-Engine-to-Maintain-2019-Delivery. html♯sthash. UU5Yuc9e. dpuf（2016 年 5 月 14 日访问）。

　　[26]　推进和能源的技术发展和趋势. 2015 年 AIAA 推进和能源论坛上的一个专题. http://www. aiaa-propulsionenergy. org/Notebook. aspx? id＝29179（2015 年 8 月 13 日访问）。

　　[27]　由 NASA 提供。

　　[28]　由 NASA 格伦研究中心提供。

即空客集团创新中心。全生命周期评估对比了从摇篮到坟墓的整个制造链中每种方法的成本和节约，表明全生命周期的成本节约主要是由于质量减轻（钛对比钢，轻量化设计）。未来将与更广泛的选项进行比较，如环氧树脂复合材料，确定环境影响的成本，这将为所有 AM/SM 选项的潜在成本或收益提供更多的信息。

图 2.14　满足轻量化要求的增材制造设计[29]

EOS 和空中客车集团创新团队[30]（现为 EADS 创新工厂）引用了另一项与 AM 设计的减重效益相关的研究。在全生命周期内，与常规铸钢飞机支架相比，使用直接金属激光烧结制造的并且优化后具有拓扑结构的钛支架，后者能源消耗和二氧化碳排放量减少近 40%。同时，由于减少了钛废料，因此节省了 25% 的成本，每架飞机可能减重 10 kg。

2.6　汽车

一级方程式赛车设计团队受益于设计自由度和快速原型/测试，加快了制造周期，从而在赛道外获得了竞争优势。在这些情况下，成本是次要考虑因素，而减重和设计自由度是最重要的。而这些由塑料、金属或复合材料制成的关键应用部件不受与商业人工评定部件相同测试和认证的限制，因此为这些部件提供了高性能的测试平台。正如人们认为的，比赛能改进赛车类型，这个道理也适用于材料、设计、方法和机器制造。这些应用为 AM 技术提供了一个试验场，尽管成功的案例和详细方法将作为公司的机密信息而严格保密。图 2.15 给出了由 DMLS 制造的赛车转向节零件。另外两个例子包括轻型双壁驱动轴和制动盘，它们的重量减轻了 25%，冷却效果更好。图 2.16 显示了用于汽车应用的 3D 打印活塞。尽管汽车零件 AM 金属加工的最大吸引力仍然是功能测试零件的快速原型制作，但是正在积极寻求生产特殊的和难以找到的零件，如用于老式汽车修复的零件。汽车零件的大规模生产是当前直接金属 AM 工艺无法实现的，但是

---

　[29]　由空中客车集团创新工厂和 EOS 公司提供，经许可转载。

　[30]　新闻稿，2014 年 2 月 14 日. EOS 公司和空中客车集团创新团队关于工业 3D 打印的航空航天可持续性研究. http://www.eos.info/eos_airbusgroupinnovation team_aerospace_sustainability_study（2016 年 5 月 14 日访问）。

从 CAD 模型开始，通过制作砂模或塑料模样而生产金属零件的 AM 方法正在获得更广泛的认可。

图 2.15　DMLS 制备的赛车转向节③

图 2.16　AM 制造的汽车活塞②

大型复杂零件的铸造可以通过直接 3D 打印砂模，然后再浇铸金属零件来实现，这样可以节省开发时间，并允许在原型设计周期中进行多次设计迭代。图 2.17 显示了使用铝合金 A356 铸造一级方程式赛车变速器外壳时所用的硅砂铸造模具。ExOne 公司提供了一个研究案例③，其中五个铸件一批的生产成本为每件 1500 欧元，而使用常规模样、工具和消失模铸造方法的成本为 15000～20000 欧元。这表明 3D 打印技术对于某些小批量的铸造应用是有意义的。

图 2.17　BinderJet 生产的硅砂模具，用于铸造一级方程式赛车的铝制变速器外壳④

2.7　工业应用模具和工具

模具嵌件可以受益于复杂的保形冷却通道，以加快成型过程并提高零件质量。图 2.18 给出了一个模型零件的图片，显示了通过 3D 打印实现的复杂冷却通道（图 2.18(a)），以及通过 DMLS 工艺生产并进行精加工和抛光的零件外表面（图 2.18(b)）。图 2.19 取自于 GPI 原型和制造服务公司的案例研究。实际零件的应用显示，在 190000 次注塑后仍在使用，从而使生产率提高了 48%。诸如此类的应用更依赖于对潜在设计的计算机辅助工程的分析，以充分优化 AM 加工的益处。除了保形冷却以外，AM 金属加工还可用于修复或修改现有工具，延长现有零件的使用寿命或提高其性能。

---

　　③　由 EOS 公司和斯图加特大学(www. Rennteam-Stuttgart. de)提供，经许可转载。

　　②　由 Beam IT 公司提供，经许可转载。

　　③　ExOne 公司案例研究. http://www. exone. com/Portals/0/ResourceCenter/CaseStudies/X1_CaseStudies_All%206.pdf(2015 年 8 月 13 日访问)。

　　④　由 ExOne 公司提供，经许可转载。

工具—图2
DMLS加工产品：39h
DMLS产品总成本：$3300
替代产品成本：无
总产量：190000+（仍在运行）
生产率提高：周期减少48%
交付时间：6天

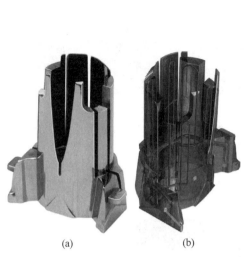

(a)　　　　　　(b)

图 2.18　显示内部保形冷却通道的 DMLS 制造　图 2.19　在役实际零件的案例
的零件和模型⑤ 研究⑥

2.8　再制造和修复

直接能量沉积可为原始零件施加涂层或进行修复，有益于维护、维修或大修应用。DM3D 技术公司的 Bhaskar Dutta 博士于 2013 年 8 月 20 日撰写"使用直接金属沉积（direct metal deposition，DMD）延长部件和工具寿命"⑦的文章中描述了这样一个例子。

图 2.20 显示了这样一个例子，其中用于连杆的锻造工具采用 DMD 工艺涂覆，该工艺也称为定向能量沉积（directed energy deposition，DED）。为了克服锻造过程中的热裂和磨损，该工具采用低成本钢材制造，并在易热裂区域使用高温 Co 基合金。与化学气相沉积（chemical vapor deposition，CVD）、物理气相沉积（physical vapor deposition，PVD）、热喷涂涂层的机械结合相比，DMD 材料与基体钢结合在一起，能够承受锻造过程中的热负荷和疲劳载荷，而不会导致涂层材料的剥落。DMD 制造的硬面材料厚约 6 mm，可承受很高的锻造压力，并允许对工具

---

⑤　由伊利诺伊州 Lake Bluff 市 GPI 原型和制造服务公司提供，经许可转载。

⑥　由伊利诺伊州 Lake Bluff 市 GPI 原型和制造服务公司提供，经许可转载。

⑦　MTadditive.com 网站。使用直接金属沉积（Direct Metal Deposition，DMD）延长部件和工具寿命. Bhaskar Dutta 博士，DM3D 技术，2013 年 8 月 20 日. http://www. mtadditive. com/index. cfm/trends-in-additive/component-and-tool-life-extension-using-direct-metal-deposition-dmd/（2015 年 4 月 6 日访问）。

进行多次加工。应用 DMD 的工具的使用寿命是常规工具的四倍，在减少停机时间的同时，也大大节省了成本。在另一个例子中⑧，Optomec 公司展示了使用激光束定向能量沉积修复的叶轮叶片（图 2.21）。

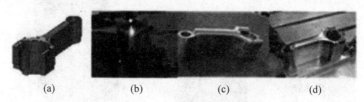

(a)　　　　　(b)　　　　　(c)　　　　　(d)

图 2.20　DM3D 技术公司的案例研究——连杆锻压工具的 DMD 熔覆，采用 DMD 工艺对锻压工具进行钴基合金涂层改性⑨
(a) 显示工具基体和 DMD 涂层的 CAD 模型；(b) 正在进行的 DMD 工艺；(c) DMD 沉积的工具；(d) 完成加工的工具

图 2.21　叶轮泵的定向能量沉积修复⑩
在这个定向能量沉积工艺中，用激光器沉积金属层以修复一个叶轮泵；照片由 Optomec 公司提供，Albuquerque. 新墨西哥州

2.9　扫描和逆向工程

扫描技术可以使用激光或照片捕捉物体的形状，并使用逆向工程软件重建物体的模型。该模型可用于 3D 打印塑料模型或直接用于金属零件的砂模。3D 系统公司旗下的 Geomagic 公司⑪提供硬件和软件解决方案，允许在原创和逆向工程应用中进行 3D 扫描并创建 3D 模型⑫。图 2.22 中的示例，展示了摩托车发动机零件并将点云数据处理成模型，该模型可以作为特征并组装成 3D 模型，进而可用于塑

---

⑧　叶轮维修的文章，制造商. http://www. thefabricator. com/article/metalsmaterials/fabricating-the-future-layer-by-layer(2015 年 8 月 13 日访问)。
⑨　由 MTAdditive 公司和 DM3D 技术公司提供，经许可转载。
⑩　照片由 Optomec 公司提供（经许可转载）；LENS 是桑迪亚国家实验室的商标。
⑪　Geomagic 公司网站. http://www. geomagic. com/en/(2015 年 3 月 26 日访问)。
⑫　Geomagic 公司案例研究. http://www. geomagic. com/en/community/case-studies/rebuilding-a-classic-car-with-3d-scanning-and-reverse-engineerin/(2015 年 3 月 26 日访问)。

料或金属部件的 3D 打印。该类软件可与专业级的计算机辅助设计（computer-aided design，CAD）软件对接，如 Catia、Solidworks 等。

图 2.22　扫描零件得到 CAD 模型的示例[43]

2.10　软件

用于创建复杂设计的软件是由顶尖的公司开发的，如 WithinLab 公司（现为 Autodesk Within）。该软件用于辅助复杂内部结构、重复结构、变密度结构和复杂形状的设计过程，根据需要帮助实现 AM 设计，如图 2.23 所示的复杂铜热交换器。Autodesk Within 公司的 Siavash Mahdavi 有一个 TED 演讲[44]，公司的网站也提供了视频[45]，解释了可以创建和优化点阵结构和表面结构的技术。该软件增加了额外的文件加密层，增强了知识产权的安全性。

图 2.23　使用铜 3D 打印的复杂热交换器[46]

---

[43]　由 3D 系统公司提供，经许可转载。

[44]　Siavash Mahdavi 的 TED 演讲，发布于 2012 年 3 月 13 日．http://tedxtalks.ted.com/video/TEDxSalzburg-Siavash-Mahdavi-St；Featured-Talks（2015 年 4 月 6 日访问）。

[45]　在网站上提供医疗植入物设计视频和软件．http://withinlab.com/ overview/（2015 年 4 月 6 日访问）。

[46]　由 3T RPD 公司提供，经许可转载。

2.11　工程结构

复杂的内部特征，例如增加冷却通道中热传导的涡流器，与模具和模具嵌件中的保形冷却通道相结合，使设计师在优化零件的热功能或机械功能时拥有前所未有的自由度，同时缩短了生产周期。具有层流设计的空气管道、具有重复子元件的复杂热交换器和其他复杂结构正在得到验证。复杂内部结构符合对这些结构的精度或表面光洁度的要求。一个有趣的应用与过滤技术有关[47]，如图 2.24 所示。AM 金属技术被用于创建复杂的过滤器部件，提高了流速和更高的效率，并降低了运营成本。在另一个例子中，高精度的工程表面改善了 AM 生产的钛硬件和碳纤维结构件之间的涂层界面附着力。图 2.25 显示了一个气体排放靶的复杂内部结构的剖视图，显示了使用 AM 设计和制造的可能性。一些新行业出版物，如《金属增材制造》[48]，每天都在报道新的应用和复杂的形状，展示了该技术和使用者不断扩展的能力。

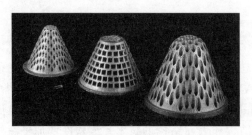

图 2.24　AM 制备的复杂过滤器结构[49]　　　图 2.25　使用 LaserCUSING® 制造的具有复杂内部结构的气体排放靶的剖视图[50]

2.12　功能梯度结构和金属间化合物材料

大学和政府的研究实验室正在进行的研究表明，AM 金属加工能够利用 AM 可用的大范围加工参数，局部地影响并潜在地控制 AM 沉积金属的微观结构。电子束增材制造（EBAM）已被证明能够对 AM 金属沉积物内的微观结构进行定点控

---

[47]　增材制造——你需要知道的. Filtration ＋ Separation. com 文章. 2014 年 2 月 20 日. http://www.filtsep. com/view/37036/additive-manufacturing-what-you-need-to-know/（2015 年 3 月 28 日访问）。

[48]　金属增材制造. 2015 年春，第 1 卷，第 1 期。

[49]　由 Croft 增材制造公司提供，经许可转载。

[50]　由概念激光有限公司、RSC 工程有限公司提供，经许可转载。

制[51]，从而为工程上设计具有局部区域的金属性质和零件特征提供了可能。金属增材制造的冶金和加工科学是一个活跃的研究领域[52]。深入了解 AM 金属工艺以及这些工艺产生的化学和冶金特征，结合对冶金学和物理学的初步认识，可以为 AM 生产零件的预测和设计，以及控制和构建零件的最终性质和性能提供模拟工具。虽然对 AM 生产零件中微观结构的局部控制仍处于研究阶段，但是 AM 可以在非常小的范围内局部控制材料层的结构，并可用于制备功能梯度材料，例如通过添加涂层或不同材料的附加层。对材料层的结构进行梯度化或改变，可以局部地改变零件的功能，例如在医疗植入物内部可以使其中一个承重构件变成促进骨长入的区域。图 2.26(a)和(b)分别显示了使用 PBF-EB 工艺制造的钛假体胸骨和胸腔，它被植入一名 54 岁癌症患者的胸部，该患者因切除一个大肿瘤而失去胸骨和四根肋骨。澳大利亚墨尔本 Anatomics 公司的工程师使用患者自己的 CT 扫描结果来设计定制的医疗器材。穿孔胸骨部分提供刚性强度，而四根细杆设计成在呼吸时可以弯曲。

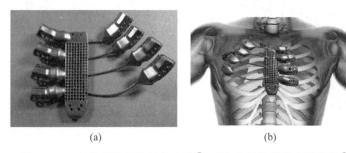

(a)　　　　　　　　　　　(b)

图 2.26　(a) 定制胸骨胸部植入物[53]；(b) 胸骨胸部植入示意图[54]

在喷气推进实验室(Jet Propulsion Laboratory，JPL)与宾夕法尼亚州立大学(Penn. State University，PSU)、NASA 和加州理工大学帕萨迪纳分校(Cal. Tech. Pasadena，CTP)的合作中，JPL 的 Peter Dillon 使用 A286、304L、Invar36 合金等材料，展示了使用 DED 激光系统的一个最前沿的案例。GE 航空公司的 Avio Aero 部门正致力于在涡轮叶片中使用 TiAl，这是一种具有独特性能的金属间化合物材料，JPL 公司则使用该材料和电子束熔化(EBM)工艺制造功能梯度管道[55]。

---

[51]　R. R. Dehoff, M. M. Kirka, W. J. Sames, H. Bilheux, A. S. Tremsin, L. E. Lowe 和 S. S. Babu. 通过电子束增材制造对晶粒取向的位置特定控制. 材料科学与技术，2015,31,(8),931-938。

[52]　W. J. Sames, F. A. List, S. Pannala, R. R. Dehoff 和 S. S. Babu(2016). 金属增材制造的冶金和加工科学. 国际材料评论. http://dx.doi.org/10.1080/09506608.2015.1116649(2016 年 5 月 14 日访问)。

[53]　由澳大利亚墨尔本 Anatomics Pty 有限责任公司设计，经许可转载。

[54]　由澳大利亚墨尔本 Anatomics Pty 有限责任公司设计，经许可转载。

[55]　《金属增材制造》文章. 2014 年 8 月 20 日. http://www.metal-am.com/news/002896.html(2015 年 3 月 26 日访问)。

2.13　技术示范

位于亚琛的 Fraunhofer ILT 的一个研究团队已经展示了采用 SLM 工艺沉积带有内部冷却通道的铜模具嵌件[56]，如图 2.27 所示。在由德国联邦经济和技术部资助的 InnoSurface 项目中，该团队通过将功率从 200 W 增加到 1000 W，并调整激光束焦距，改变惰性气体控制系统和机械设备，成功地改进了 SLM 工艺，改善了激光耦合性和熔化性，以适应铜的高反射率和导热性。据报道，沉积密度接近 100%。

在图 2.28 所示的技术示范中[57]，使用金属 3D 打印了一个能正常工作的 1911 设计款枪械，并进行了试射，以证明 SLM 工艺的可实践性。固体概念公司生产了其他类型的手枪，并作为特别纪念品出售给消费者。

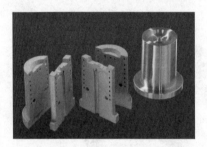

图 2.27　带有内部冷却结构的模具嵌件，使用 SLM 工艺和 Hovadur K220 合金制成[58]　　图 2.28　由固体概念公司 3D 打印的 1911 设计款手枪[59]

2.14　混合增材/减材系统

AM 加工与先进的减材加工（如铣削或车削）的集成是技术开发的另一个领域，未来有望充分发挥两者各自的优势。在同一个构建平台上将两个或多个工艺的结合开辟新的设计世界，允许基于各个工艺的优势进行混合设计。

在精密加工平台内集成激光定向能量沉积（DED-L）的商业系统已经进入市场。它们能够将复杂的特征或表面添加到简单的基础形状中，或者添加到已经由

[56]　《今日原型》文章. http://www. prototypetoday. com/fraunhofer/components-made-from-copper-powder-open-up-new-opportunities(2015 年 3 月 28 日访问)。

[57]　固体概念公司的博客. https://blog. solidconcepts. com/industry-highlights/1911-3d-printed-guns-will-sell-lucky-100/(2015 年 8 月 13 日访问)。

[58]　©德国亚琛 Fraunhofer ILT，经许可转载。

[59]　由固体概念公司根据 CC BY-SA 4.0 提供：https://creativecommons. org/licenses/by-sa/4.0/deed. en。

CNC 加工形成的复杂形状中。DED-L 非常适合于这种应用场合，因为激光送粉头可以小到足以适应这些系统的最小限度。这些混合系统正在作为一种工艺解决方案被营销推广，用于将难加工材料制成具有复杂特征的小零件，或者需要有较高的原料去除体积的大型工件。DMG Mori 公司制造的 LASERTEC AM/SM 系统就是这样一种混合机器[60]，它允许在同一个装置中进行 AM 特征沉积和常规的铣削加工。

与混合系统相竞争的另一种方法是将多转塔铣削平台合并到 PBF-L 系统中，对 PBF-L 沉积的表面和轮廓进行铣削加工，从而在构建零件的同时获得所需的精度。其他一些系统已经展示了通过机器人控制工具，将激光熔覆与五轴加工、过程中测量、抛光、退火和清洁全部整合到一个系统设置中。

混合制造技术网站上有一段视频[61]，显示了在一台机器上进行机加工、激光熔覆、机上测量和后加工操作顺序的整合，这种技术适用于修复涡轮叶片。这是英国RECLAIM 项目的一部分。

MC 机械系统公司与松浦机械公司合作推出了 Lumex Advance-25 金属激光烧结混合铣床[62]，将金属激光烧结(3D SLS)技术与高速铣削技术相结合，实现了复杂模具和零件的单机、单工序制造。

2.15 关键点

- 3D 打印和增材制造金属原型现在已经被广泛采用，并且新的应用在各类工业部门得到展示。
- 定制的、按需的、独一无二的个人物品，如珠宝等消费品，现在正通过商业化的 3D 打印技术生产。
- 医疗器材、手术辅助工具和植入物正在被批准使用，并且可以与人体解剖结构相匹配。独特的表面和点阵结构有利于骨长入和生物融合。
- 小批量、高精度和高价值的牙科器材正在被广泛采用。
- AM 设计的航空航天部件具有复杂的内部结构、冷却通道、精细点阵和蜂窝特征，已经展现出显著节能的潜力，以及轻质坚固结构的优势。多个常规生产的部件可以组合成单个 AM 零件，从而可大幅度减少零件的数量，同时通过提高昂贵的先进材料的买-飞比而实现成本节约。

---

[60] DMG Mori LASERTEC 公司的网站链接. http://us.dmgmori.com/products/lasertec/lasertec-additivemanufacturing(2016 年 12 月 18 日访问).

[61] 混合制造技术公司的网站和视频. http://www.hybridmanutech.com/(2015 年 4 月 8 日访问).

[62] MC 机械系统公司. http://www.mcmachinery.com/whats-new/Matsuura-Lumex-Avance-25/(2015 年 4 月 8 日访问).

- 工业工具和模具为常规生产线提供了改良的机遇，而维修和再制造应用正在改善和延长旧有系统的使用寿命。
- 高成本、小批量部件的生产主要集中在成本高或难以用常规方法加工的材料上。
- 混合机器正在引领着将 AM 功能的机器集成到数字工厂。

第**3**章

在前往AM的道路上

摘要　AM 的优势惠及众多行业、职业和潜在用户。本章描述了艺术家、学生、发明家、企业主、工程师或技术经理的各种应用场景。描述了 AM 如何与他们的技能、能力和兴趣相结合，以帮助读者将自己置身于这项新技术的环境中。本章对当前 AM 系统的类型和功能作了大致概述，这些系统能够充分满足你的应用。对市场和技术驱动因素的讨论提出了一些关键问题，帮助读者弄清他的需求实现的可能性，以及了解 AM 技术的优势或局限性，以确定是否采用 AM 技术的决定。这些问题的提出是为了解决材料成本、能源和时间效率等方面的一些考虑，以及说明哪些传统驱动因素可能会阻碍读者们采用 AM。金属 AM 存在于多种不同技术的交汇处，其术语借用了每种涉及的技术。本章详细地介绍了一些术语，帮助读者了解 AM 金属加工的基本技术和材料。

3.1　你在这里

如果你是一名艺术家，你可能从事珠宝行业，你可能直接使用计算机模型创作自由形状的雕塑，那么你的灵感可能源于自然、感知、情感，或者是受到其他人的启发。你可以创作单件作品或者小批量系列，或者迎合工艺品市场的产品。你或许已经听说，3D 打印可以通过直销或者委托业务而服务于全球网络覆盖的专业市场。按需 3D 打印可以减少你的作品库存；对于贵金属，3D 打印可以最大限度地减少材料的使用和储存。在低成本的 3D 建模软件和台式计算机触手可及的情况下，基于计算机模型的艺术品将允许你缩放和修改现有的设计。各种专业 3D 打印服务提供商为你提供广泛的选择，让你的打印加工对象包括塑料、蜡和砂模，甚至是铂和金在内的材料直接金属。

如果你是对技术感兴趣的学生，你会非常清楚科学和工程前沿激动人心的进展，包括令人兴奋的新计算机应用程序、游戏、机器人、无人机、物联网、人工智能和 3D 打印。你的灵感不仅来源于破解和融合最新的技术，也来源于参加那些好玩、有趣的课程。你可以自由地、远远地跳出思维的束缚，进入虚拟世界，进入未来。越来越多的学校、教育机构、学院和大学正在进行设施升级和教师招聘，帮助你创造未来，更不用说未来的就业了。

如果你是一名发明家或喜欢自己动手的人，你会感受到 3D 打印和金属增材制造带来的可能性所赋予的力量。对制造基础设施依赖程度的降低，使那些无法使用各种常规金属资源和金属加工设施的人们能够设计和制造复杂的金属零件。在某些情况下，这些零件是无法以任何其他方式制造的，并且能够以前所未有的速度配送到你的家门口。用于建模、扫描的低成本软件和获取 3D 打印服务的普及，为你设计个人独有的个性化物品提供了可能。

如果你是生产或制造金属部件或者服务于金属市场的企业主，你应该已经听说过使用金属的 AM 和快速原型制作。那么它是如何工作的？哪些金属可以用于 3D 打印？最好的应用和市场发展方向是什么？你的竞争对手在做什么？金属 AM 能为我的业务带来哪些优势？开始需要什么，我从哪里可以了解到这些？我可以获得哪些资源，需要多少费用才能够找到？

如果你是一位正在采用或正在探索使用金属部件 AM 的技术公司的工程师，那么你的职业道路有哪些机会？你的技能是什么？这些技能如何与 AM 的多学科交叉领域相结合？你在计算机、软件、设计、冶金或金属制造方面的专业知识如何适应 AM 的大背景？一支由不同技术领域的专家组成的强大团队如何团结一致，充满活力，并创造一个新的未来？AM 面临的技术挑战是什么？如何管理这个快速变化的技术世界？

上述的例子很精彩，那么你的背包里面应该有什么？与 AM 相关的现有能力、精力和技能以及你的具体需求是什么？鉴于你的 AM 需求，你的机构有否这类能力？建立 AM 的成本是多少？外包服务的成本是多少？在评估你目前在采用 AM 方面的能力时，请考虑以下几点：

- 建模、设计、软件和工程能力与技能；
- 非金属 3D 打印或快速原型制作的经验；
- 常规金属制造的技能和能力；
- 相关的材料或冶金学经验；
- 确定了相关的 AM 和 CAD 设计资源的使用；
- 深入了解相关的 AM 目标市场；
- 场地面积和设施配置；
- 资本投资资源。

接下来，本书将介绍和总结 AM 工艺的范围，它可以作为带你到达第一个 AM 目的地的"交通工具"，并引导你了解本书后面提供的更多细节。

3.2　AM 金属机器，带你去目的地的"交通工具"

本节简要介绍 AM 金属工艺的类型，AM 是如何工作的，是用于什么的，以及有何优势(图 3.1)。这些细致的概述，帮助读者理解本书后面的工艺细节，并将重点放在最适合你应用的工艺上。

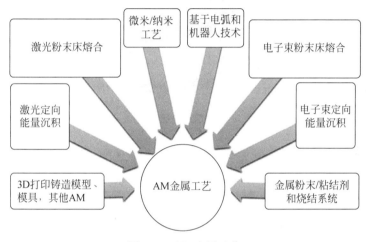

图 3.1　AM 金属工艺

　　激光束粉末床熔合(laser beam powder bead fusion,PBF-L)应用最广泛，并且可能是发展最快的 AM 金属技术。有一系列金属合金可供使用，但是通常仅限于那些为粉末床熔合而优化的工程金属合金。粉末的高成本是目前限制其应用的一个因素。当前的几何表面模型表示法(下文称为"STL 模型")简化并加速了 PBF-L 的采用。基于 3D 打印技术，表面模型被切割成多个平面层，用于界定激光束的扫描路径，激光束扫描将每一层形状熔合到粉末床中。再加上一层，逐层地熔合，然后形成零部件。设计时，必须添加额外的支撑结构，以便能够打印悬垂和向下表面，这样就增加了加工设计的难度。目前的构建体积尺寸是有限的，约为 400 mm× 400 mm×800 mm,沉积速率为 5～20 cm³/h,但是工艺的进步正在不断提高构建体的容量和构建速率。沉积表面的质量是目前所有 AM 金属系统中最好的，并且与粉末颗粒尺寸相关，通常为 10～60 μm。高纯度氩气惰性环境允许加工诸如钛之类的活性材料，而氮气发生器可以为某些材料提供更低成本的选择。一些供应商提供开放式架构，允许更多地访问工艺参数和机器接口，协助开发经过认证的、合格的工艺程序。变形和残余应力可能是一些材料的通病，可能需要后处理以充分适合产品所需的性能，如热处理(HT)和热等静压(hot isostatic press,HIP)处理。根据尺寸、激光功率和可选功能(如粉末回收或系统诊断),系统的价格从数十万美元到数百万美元。不考虑后处理设备，建立一套 PBF-L 制造设施预计将花费一百万美元甚至更多。概念激光有限责任公司开发了 LaserCUSING® 系统，这是一种 PBF-L 型工艺，其设备如图 3.2 所示。PBF 和定向能量沉积（DED）AM 系统的主要供应商及其工艺名称见表 3.1。

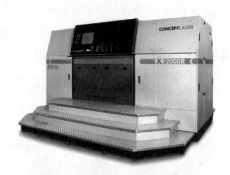

图 3.2　概念激光 X2000①

表 3.1　PBF 和 DED AM 金属系统的主要供应商和工艺名称

制　造　商	工　艺	工　艺　全　称	ASTM 标准
EOS	DMLS	direct metal laser sintering，直接金属激光烧结	PBF 激光
概念激光	LaserCUSING®	LaserCUSING	PBF 激光
SLM 解决方案	SLM	selective laser melting，选择性激光烧结	PBF 激光
Renishaw			PBF 激光
实现者			PBF 激光
Arcam	EBM®	electron beam melting，电子束熔化	PBF 电子束
DM3D	DMD®	direct metal deposition，直接金属沉积	DED 激光
Optomec	LENS®	laser engineered net shape，激光工程净形状	DED 激光
RPM 创新	LDT	laser deposition technology，激光沉积技术	DED 激光
Sciaky	EBAM™	electron beam additive manufacturing，电子束增材制造	DED 电子束

　　电子束粉末床熔合（electron beam powder bed fusion，PBF-EB）是一种粉末床工艺，使用电子束（EB）热源来熔合粉末。有多种金属合金可供选择，但是仅限于为 AM PBF-EB 应用而优化的粉末。该工艺的优点是有较高温度的沉积环境，粉末通常加热至约 700 ℃，从而有利于降低残余应力和减轻变形。该工艺在真空环境中进行，这对于在关键应用中使用的钛和钴铬合金等材料有利。材料必须具有导电性，这限制了对材料的选择。与 PBF-L 一样，PBF-EB 同样存在对 STL 文件

---

　　①　由概念激光有限责任公司提供，经许可转载。

格式的依赖,但是由于周围的粉末被轻微烧结,帮助形成支撑,从而减少了支撑结构的设计和使用。这种预烧结特征减少了对大量支撑结构的需求,还可以简化单个构建体积和构建周期内多个部件的装载和堆叠,从而最大限度地提高系统生产效率。PBF-EB 构建体积尺寸约为 350 mm×350 mm×380 mm,构建速度最高为 80 cm^3/h,因而限制了较大零件的构建。该工艺依赖于较大尺寸粉末的使用,为 45～105 μm;与 PBF-L 相比,最终产生更粗糙的表面。与 PBF-L 相比,电子光学系统可以更快速地控制电子束光栅和聚焦条件,新的电子束(EB)枪的开发扩大了束流控制能力和束流功率。与激光粉末床系统一样,根据尺寸、电子束功率和可选功能,如粉末回收或系统诊断,它们的价格从数十万美元到一百万美元以上不等。Arcam 公司已开发了相应设备,并且目前仍是电子束熔化工艺的唯一供应商。其电子束熔化机器如图 3.3 所示。

图 3.3　电子束熔化机器[②]

　　激光束定向能量沉积(laser beam directed energy deposition,DED-L)作为激光熔覆和 CNC 运动技术的产物,在过去 20 年中稳步发展。有许多激光/粉末沉积头可供使用,并可与各种激光器和专用系统连接。它可用于内部管孔的熔覆头或用于升级或重新利用现有 CNC 机器系统的模块化系统。CNC 机床和 DED-L 混合机器已经得到验证,目前正在商业销售。与 PBF 系统相比,其优势包括复杂 3D 表面的熔覆和涂覆,可用于修复和特定位置的涂覆。其尺寸为 1500 mm×900 mm×900 mm 的较宽构建范围允许加工更大的零件,同时沉积速率可达到 500 cm^3/h。因为对粉末颗粒尺寸和形状要求不如 PBF 系统严格,所以 DED-L 可以使用更多种类的金属粉末合金,从而降低了成本;可以进行多种粉末的进料或按顺序进料,从而沉积功能梯度沉积物;可以采用大气环境或高纯度惰性气体腔室;逐层沉积(也称为 2½D)是基于 STL 文件输入,其具有与 PBF-L 相同的优点和限制;完全支持 CAD/CAM/CNC 软件,可以提供从设计到工具的完全参数化路径。供应商提供开放式架构,允许更多地访问工艺参数和机器接口,协助开发经过认证的、合格的工艺程序。变形和残余应力对于某些材料可能是一个问题,可能需要进行后处理,包括热处理和 HIP 处理,以充分适应所需产品的性能。根据尺寸、激光功率和可选功能(如粉末回收器或系统诊断),系统的价格从数十万美元(用于重新利用或改造 CNC 系统)到 100 多万美元(用于建立功能齐全的 DED 实验室)。Optomec 公司的 LENS 850R DED-L 机器如图 3.4 所示。

---

　② ©Arcam,经许可转载。

图 3.4　LENS 850 R[③]

电子束定向能量沉积（electron beam directed energy deposition,DED-EB）是一种 AM 工艺,其作为电子束焊接和焊接熔覆技术的衍生物,在过去的 20 年中得到了稳步的发展。该技术的最大优势在于其巨大的构建范围,约为 1854 mm×1194 mm×826 mm,沉积速率为 $700\sim4100$ cm^3/h。此外,高真空腔室和高束流功率允许加工活性、难熔和高熔点合金。该工艺使用商用焊丝形状,可以用于更广泛的合金类型,并允许在一个构建周期中进给两种不同的材料。沉积通常限于 $2\frac{1}{2}$D 沉积形状,由 CAD/CAM 和 CNC 控制软件提供从设计到工具路径的全参数化路径。该工艺具有较大的熔池和焊珠状沉积物,因此需要对沉积的近净形状沉积物进行额外的机加工和精加工。变形和残余应力是常见的,需要进行后处理,包括应力消除或其他热处理,以完全达到产品所需的性能。若不包括后处理能力,预计将花费超过一百万美元建立一个功能齐全的 DED-EB 设备。Sciaky 公司的 EBAM[TM] 机器如图 3.5 所示。EBAM 具有闭环控制系统层间实时成像和传感系统（interlayer real time imaging and sensing system,IRSS[®]）。

图 3.5　Sciaky 公司的电子束增材制造（EBAM[TM]）110 系统[④]

气体保护金属极电弧焊定向能量沉积和等离子弧定向能量沉积（gas metal arc weld directed energy deposition,DED-GMA；plasma arc directed energy deposition,DED-PA）以及其他基于电弧的系统通常用于熔覆和修复,或者用于成型焊接沉积物的堆积。并可用于多种焊丝合金。该工艺的特点是能大量累积热量,通常需要大型的惰性气体保护室来加工高活性或难熔合金。控制系统和机器人技术的最新发展将该工艺与 CAD/CAM 控制系统完全集成,以生产大型、复杂、

[③]　照片由 Optomec 公司提供（经许可转载）；LENS 是桑迪亚国家实验室的商标。
[④]　照片由 Sciaky 公司提供,经许可转载。

近净形状的部件,例如可用于类似高沉积速率和大构建 DED-EB 的部件。机器人可以实现复杂的沉积和全 3D 运动的路径。与 DED-EB 一样,该技术具有较大的熔池和焊珠状沉积物,通常可对沉积的近净形状熔覆层进行 100% 的机加工和精加工。沉积物具有较大的变形和残余应力的特点,可能需要后处理,包括应力消除和热处理,以达到所需的性能。根据材料和自动化水平,电弧系统价格从数万美元到数十万美元,甚至更高。

粘结剂喷射技术创建的复合结构,使金属的优点更多、性能更好。在使用塑料或聚合物基体材料时,性能通常超过其他 3D 打印复合材料。例如,使用熔点较低的基体金属(如青铜)来粘接不锈钢、铁和钨。虽然材料的选择的种类有限,但是应用于其他金属的工艺开发仍在进行中。一个最大的好处是砂铸模的直接粘合,并且已经在大型金属铸件上得到了验证。精度可以达到 PBF 方法的水平,但是构建范围要大得多。优点包括可以加工不易于熔化的材料。青铜渗透烧结金属的性能与锻造合金的性能还不能相比,但是在某些情况下,热等静压可以使多种工程合金致密化而无需渗透步骤。ExOne 公司的粘结剂喷射技术机器如图 3.6 所示。

图 3.6 ExOne 公司粘结剂喷射技术机器[5]

蜡或聚合物的 CAD 铸造金属可使 3D 打印技术实现完整的金属形状。这些工艺使用了塑料、聚合物或蜡 3D 打印,由 3D CAD 模型生成模型。然后,该模型可用于制作金属铸造所需的砂模或熔模。其优点是比 PBF 或 DED 金属系统的成本低,但是缺点是由铸造工艺带来的在材料选择和零件设计方面的限制。它对珠宝等小型部件和大于典型 PBF 构建体积的部件是有吸引力的。可能无法实现 PBF 可以达到的复杂设计和结构的优势。将一台简单的铸铝设备与低成本的蜡打印机结合,就可以配置成本低于 5000 美元的设备。

金属超声波固结和薄板层压是一种固态连接工艺,通常使用超声波将金属或者其他复合材料的薄板或薄带层粘结形成一个固结的形状。为了获得最终的零件,需要进行铣削或加工其他,将零件从基板上移除,并去除该实体区域周围的未熔合层。目前已经实现了铝和钛的粘接,但是并不是所有的金属都可以使用这种工艺。这些工艺可以将异种金属进行固态粘接,从而有效地使零件在性能上实现

---

⑤ 由 ExOne 公司提供,经许可转载。

功能梯度化。几何形状和零件尺寸受到限制，但是不能通过熔化工艺加工的材料可能会受益于该工艺。冷喷射成形是另一种固态粘接工艺，其中颗粒被高速沉积，逐层喷射成型和堆积材料。

微米和纳米水平的方法和应用是高度专业化的，还处于研究和开发阶段。由于近期工业界对 AM 兴趣的影响，AM 可能会得到更为广泛的采纳和应用。使用纳米水平的涂层金属颗粒形成金属部件的 3D 打印技术正在开发中。

在 AM 金属加工的整个范围内，从 3D 设计到制造，都可由 AM 服务商来进行。这些服务是有吸引力的，可以在作出承诺和投资建立 AM 之前，可以给出多个候选的 AM 技术。针对冶金工程或计算机编程等 AM 技术学科的培训和咨询服务已经建立，现有的 AM 人才库正在扩大。

3.3　市场和技术驱动因素

这里我们介绍 AM 技术的驱动因素：是什么促使用户采用 AM 技术？是什么让 AM 有如此吸引力？是什么促使用户不使用 AM 技术，或者是还要耐心观望？哪些市场从 AM 中受益最大？AM 可以应用哪些潜在的材料或成本节约？在整个价值链中，哪些效率优化可以节约成本？需要多少投资？哪些传统驱动因素会阻碍或减缓 AM 的采用？什么样的设计思想可以帮助你实现目标？

在本书中，随着我们对该技术和每个工艺研究的深入，这些驱动因素将与材料和工艺联系在一起。我们将详细阐述这些驱动因素并扩展这些主题，因为这些问题的答案将取决于应用、材料和具体的 AM 工艺。其中的一些答案将推动人们作出关于是否采用 AM 的决定，无论是积极的还是消极的。

主要的 AM 市场驱动因素：

（1）第 2 章描述了在产品、材料、工艺和应用方面对 AM 最具吸引力的市场。还有哪些市场存在？

（2）目前使用哪些常规制造工艺为该市场服务？哪些常规工艺容易，哪些困难、昂贵或耗时？

（3）谁是市场的客户？他们的主要需求是什么？市场成熟度如何？

（4）哪些市场可以从定制化或个性化中受益最大？

（5）哪些市场依赖于高价值部件的小批量制造？

（6）哪些市场依赖于使用专用工具的大规模生产，而这些工具可以通过 AM 进行优化？

（7）哪些特种金属部件的市场正在迅速变化，并具有扩张潜力？

（8）市场中个性化的潜力是什么？

（9）在价值流中哪里可以投资？哪里将实现投资回报？何时实现？

（10）采用 AM 对现有价值链的上游或下游会产生什么影响？

主要的材料、成本和效率驱动因素：

（1）AM 金属有哪些材料性质和性能数据？这些数据对于工程设计或认证部件的制造是否足够？

（2）目前用于难加工金属的工艺有哪些，这些有什么制约？AM 能克服这些常规的制约吗？

（3）哪些材料在常规加工流中难以回收？AM 能够减少常规加工的废料和废物流吗？

（4）以美元每千克计的 AM 零件成本是否能带来收益？材料节省与 AM 材料成本增加的平衡点在哪里？

（5）在成本和可用性方面，AM 材料的类型（粉末和丝形式）有哪些限制？

（6）复杂的 AM 设计和零件在节能方面有哪些潜力？是否可以节省燃料或能源，改善热管理或流动特性？

（7）优化设计和原型制作周期内存在多少价值？

（8）能否使用 AM 材料和工艺来优化某个设计的力学性能，如强度、硬度或磨损特性？与 AM 相关的设计能否产生长寿命的部件，尤其是那些在恶劣环境中服役的部件？

（9）与快速更换、按需生产的 AM 部件相比，停机成本有多大？备件采购有多困难，需要多长时间？替换零件供应的潜在需求有多远，例如在海上航行的船上？

（10）有什么机会可以将多个零件或零件功能组合成一个部件？可以实现多大的价值？

主要的传统驱动因素：

（1）AM 零件如何有效地与传统系统的设计限制对接？

（2）现有部件的故障模式有哪些？能否通过 AM 维修或再制造来生产性能更好的零件？

（3）AM 方法与逆向工程相结合，能否替换老化的基础设施中传统的或过时的零件？

（4）对传统部件进行逆向工程或再造工程的成本如何？

（5）现有部件或工艺有哪些已有知识？是否可以轻松地将其转换为基于模型的数据，并存储在云端，以便检索并允许按需进行零部件的 AM 再制造？

（6）传统知识、现有产品定义或设计定义的遗失是否会妨碍档案访问？

（7）哪些旧零件或零件生产商不能再被获取？

（8）AM 能否为进入生命周期末期的产品提供市场末端服务？

（9）在升级到 AM 技能时，你如何管理已有劳动力技能的不匹配？

（10）跳出固有思维管理以实现 AM，你如何克制传统思维？

主要的设计驱动因素：

（1）增加 AM 设计自由度或复杂性的优缺点是什么？

（2）实现这些复杂的设计需要哪些软件升级、技能和成本？这些软件平台成熟度如何？

（3）通过组合、添加或改进每个零件特征的功能，可以实现哪些改进？

（4）在制造、精加工或检查 AM 零件时，需要哪些额外的 AM 特定功能的帮助？

（5）如果可以使用体积更小的高性能材料，你愿意再设计吗？

（6）AM 制造或后处理可以达到什么样的材料表面光洁度？

（7）AM 加工会导致哪些零件变形或内应力改变？如何控制它？

（8）下游的生产规模有什么考虑因素？

（9）AM 零件在符合认证标准或法规方面的现状如何？

（10）CNC 加工、热处理和表面精加工等二次加工的要求如何影响 AM 的设计决策？

主要的 AM 工艺驱动因素：

（1）各种 AM 工艺的内在制约因素是什么？

（2）各种 AM 系统的尺寸、速度和容量的最大允许度是多少？

（3）可以预期的最佳内部或外部零件表面光洁度是多少？

（4）哪些设计因素可以改变材料的表面状态？

（5）需要哪些二次加工和后处理操作？

（6）哪些检验方法最适合 AM 生产的零件？有哪些限制？

（7）每种工艺的沉积速率是多少？哪种更快，哪种更精确？

（8）从零件到零件，从机器到机器，各种 AM 工艺的精度和可重复性如何？

（9）AM 加工车间的设施要求和安全原则是什么？

（10）对运营成本和维护有哪些因素要考虑？

在阅读本书并跟踪书中提供的最新发展的链接后，你新获得的 AM 知识将使你能够调查最新的 AM 系统硬件、软件解决方案，后处理能力，应用领域和所需技能，以确定你在多大程度上能够最佳地应用 AM 加工。通过将你的市场和设计与可用的材料和现有的 AM 平台相联系，同时考虑你现有的能力和技能，并对选项进行排序，这将有助于构建你的决策过程。

3.4　袖珍翻译器：AM 语言

进入 AM 世界的障碍之一是该技术的多学科性质。设计师、计算机建模师、激光焊接师、运动控制技术专家和冶金学家等都会聚在 AM 金属的广阔领域中。他们都带来了自己的技术术语、定义、首字母缩略词和技术俚语，并尽最大努力进行交流。这种"字母汤"（图 3.7）对于新来者来说可能是望而生畏的，而随着该技术的快速发展，有更多的新来者。鉴于此，本书特别注意用斜体标示出新术语，在初次使用时说明首字母缩略词,并提供详细的索引供参考。鼓励读者阅读本书开头给出的缩略词,并在本书后面找到词汇表和索引部分,因为你将在学习过程中需要一直参考它们。

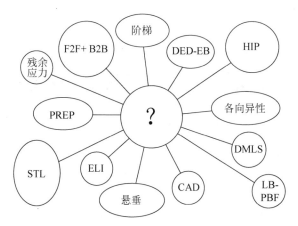

图 3.7 AM 金属借用了多个技术领域的术语

3.5 关键点

- 确定哪种 AM 最适合你的最佳方法,是从你的需求、技能和兴趣的高层次角度出发,并将其与 AM 工艺和材料相匹配,从而确定哪种 AM 适合于你。
- 研究目前可用于生产金属零件的 AM 技术和机器,将有助于你了解自己的需求,以及你现在可以获得哪些新的 AM 机会。
- 对采用 AM 的市场和技术驱动因素的评论将帮助读者提出最相关的问题,澄清 AM 提供的目标技术,它们提供的产品,潜在用户目前在哪里,并选择最佳的前进道路。
- AM 金属加工借用了从计算机建模到冶金学,再到机器控制等一系列技术的术语。本书提供了用户所需的术语、行话和首字母缩略词的详尽列表作为参考,以便在技术上进行交流,并进一步研究这一高速发展的技术。

第4章

了解用于增材制造的金属

摘要　金属 AM 是一系列先进技术的融合,包括计算机实体模型设计、计算机驱动机器到材料的高能束加工。许多有着不同背景的技术专家正在被吸引到 AM 领域中,但是他们在金属方面的知识或经验却很有限。本章将快速回顾金属的知识模块,包括晶体结构、微观结构和特定的金属合金的化学成分,以及将其制成有用形状的工艺;用简单的例子说明金属在铸造和轧制等操作中所能形成的更加多样的形状和结构,并与 AM 方法加工的金属进行比较;介绍对冶金学家以外的专家而言较不常见的金属形式,如金属粉末、丝和电极等,以及通过烧结和凝固形成的微观结构;介绍了不常见的材料,如复合材料、金属间化合物和金属玻璃等,因为这些先进材料的潜在用途和应用正随着 AM 的采用而增加。

金属：它是什么？它有哪些与构建 3D 打印物体相关的性质？哪些金属最适合 AM？为什么？你从哪里开始,选择哪种金属最适合你的应用？本章是你了解并成功进行金属 AM 的一个重要基石。

许多没有工程背景的人对金属方面的知识知之甚少,仅限于常见的用途和名称,如钢铁、铝、铜、铬和黄金。为了成功地应用 AM 金属打印工艺,用户需要对金属,尤其是金属合金如何产生日常用品中的性质和性能有一个基本了解,尽管这些性质和性能被我们认为是理所当然的。本章介绍金属的"语言",是在金属 AM 的背景下,用简单的描述性术语使读者了解哪些金属最适用于 AM,以及为什么。我们将讨论 AM 如何影响金属的性质和零件的性能,并与常规金属加工方法相比较。如果需要更多的信息、特定的术语或资料,可参见本章提供的参考文献和网络链接,这些都是学习的途径。本章将为读者理解书籍、供应商资料、技术文献和网络资源中金属的技术术语和描述奠定基础。基于网络进行学习的一个例子是伊利诺伊大学香槟分校材料科学与工程学系制作的网页"材料科学与技术(materials science and technology,MAST)教师讲习班"[①]。

---

① 材料科学与技术教师讲习班. 金属模块网页. http://matse1. matse. illinois. edu/metals/metals. html (2015 年 3 月 17 日访问)。

为了阐明这些知识,我们将从所有金属共有的一些性质开始,并给出一些与AM相关的例子。对这些知识的基本了解将帮助你理解金属是如何熔化、熔合或烧结的。我们还将触及金属粉末和一些不太常见的合金。在后文中,我们将说明金属如何响应每个主要 AM 工艺的其他细节,以及为什么你应该关心这些细节。但是现在,让我们先讨论基础知识。

4.1　结构

4.1.1　固体、液体、气体,有时还有等离子体

大多数人认为金属是坚硬、坚固、沉重、耐用的固体材料。他们会将颜色与之联系起来,并且知道它可以熔化,就像他们看过的电影一样,死亡射线将谢尔曼坦克分解成一个发光的圆球,或者是一个奇怪的、可以变形的外星人(想想电影《终结者》)变成了一种闪亮的液态金属,然后又变回人形。其实,技术人员和冶金学家们都知道,相关知识远不止这些。

我们都知道物质有三种状态或相:固态、液态和气态。例如,水的三种相分别是冰、水和水蒸气。金属也有这三种相。因为这些相对金属 3D 打印很重要,所以了解更多的相关知识非常重要。物质还有第四种相——等离子体,它鲜为人知,但是很有趣,而且也与 AM 相关。激光和电子束等高能量源可以产生等离子体,阻挡或吸收 AM 工艺中材料利用的能量。我们在后文中将回到这一点,而现在我们给出 Andrew Zimmerman Jones 提供的定义[2]:

等离子体是物质的一种独特的相,与传统的固态、液态和气态截然不同。它是带电粒子的集合,类似气体的云或离子束的形式,会对电磁场产生强烈的集体响应。因为等离子体中的粒子是带电的(通常是被剥夺了电子),所以它经常被描述为"电离气体"。

他接着说,

奇怪的是,等离子体实际上是物质最常见的相,而它竟然是最后被发现的相。火焰、闪电、星际星云、恒星,甚至空旷无垠的太空,都是物质的等离子态。

现在你可以向研究等离子体物理的人复述一些知识了,他们会尝试用更高级的知识给你留下深刻印象。对于我们这些"凝聚态物质"类型的人来说,我们将首先从亚原子粒子以及"是什么把原子聚集在一起"开始,建立对金属的基本认识。

---

[2]　Andrew Zimmerman Jones. 等离子体的定义. http://physics. about. com/od/glossary/g/plasma. htm(2015 年 3 月 8 日访问)。

4.1.2 元素和晶体

我们在自然界中看到和感受到的一切都是由原子组成的。我们通过能量与物质的相互作用来感知能量。物质由元素组成，每一种元素是由原子组成，其中每个原子的原子核中含有相同数量的质子，也含有中子和电子。金属元素有光泽，能够导热和导电，并且可以形成一定的形状。金属键可以被定义为金属元素间通过共享电子而产生的强作用力。

金属键合使金属坚固、可以延展、可以导电，并且有光泽（金属光泽）。这种牢固的键也是大多数金属具有如此高的沸点和熔点的原因[3]。

晶体是由原子以及由原子结合形成的分子在三维空间中按照一定图案重复排列组成的固体。一个简单的排列是立方结构，原子或分子位于立方体的八个角上。更复杂的排列是在立方体的中心或立方体的每个面中心有一个额外的原子，如图4.1所示。在这个例子中，这两种不同的晶体结构分别被称为"体心立方"和"面心立方"，它们对应于合金钢中常见的两种相，分别被称为铁素体和奥氏体。如果一种元素的一个或多个原子与另一种纯金属元素结合，我们可以得到一种新的化学成分，称为合金。当额外的分子以相同的基本取向附着在一个基础晶体结构上，形成一个更大的有序晶体群时，就会形成晶粒结构。金属中的晶粒生长是指在金属物体内具有不同晶体结构和不同取向的多个晶粒的自发形成或形核。当金属熔化、冷却并凝固时，晶粒会自发形成并一起生长，形成块体材料。通常情况下，当金属液缓慢冷却和凝固时，晶粒则有更多的时间长得更大。

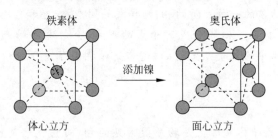

图4.1   不锈钢中两个晶体相的单胞[4]

不同的金属加工工艺使材料产生不同的晶粒结构，如模铸、锤锻、轧制、拉伸或压缩形成不同的形状。AM金属零件有其自身的特征晶粒结构，并且也取决于熔化、冷却或成型过程。这些晶粒可以大到肉眼可见，但是更常见的是需要在显微镜下观察。晶粒的集合、大小和取向称为金属的*微观结构*。图4.2中显示了具有大

---

③ "化学教师"网页. 金属键的定义. http://chemteacher. chemeddl. org/services/chemteacher/index. php? option＝com_content&view＝article&id＝36(2015 年 3 月 8 日访问)。

④ 由 IMOA 提供，经许可转载。

晶粒结构的镍基合金的铸态微观结构。这些晶粒颜色深浅不同,尺寸约 $100~\mu m$,大约是人类一根头发的直径。金属加工工艺,例如将钢轧制成薄板,可以将这些晶粒变形,形成又长又扁的形状,如图 4.3 所示。用于轧制板材的一些能量被锁定在冷加工形成的微观结构中,通常使其比铸态的刚度、强度和硬度更高。了解了上述的轧制工艺,我们就可知道,任何金属加工工艺都会改变材料的结构,从而改变材料的性质。

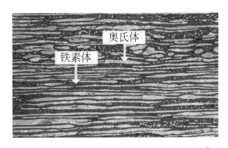

图 4.2 铸造镍基合金的微观结构[5]   图 4.3 不锈钢轧制形成的微观结构[6]

值得注意的是,这些晶体和晶粒并不完美。它们含有瑕疵和杂质,可以改变或中断微观结构的长程有序。在金属中,晶体结构中的杂质也可能因成型和加工而改变。固体杂质,如碳元素,可以在金属矿的提取或精炼过程中保留下来,或者是人为添加以提高金属强度。气体杂质,如氢,可以在加工和使用过程中进入晶体结构,称其为间隙元素。在凝固过程中,这些杂质可能会发生偏析或局部集中,并使这些区域弱化,如晶界,进而导致零件在服役中失效。例如,在部件失效调查中,人们会问它的制备方法是铸造、锻造、轧制、切割、焊接,还是 3D 金属打印。通过设计可以有意地添加额外的元素,因而被称其为合金添加剂。

可以添加其他元素以改变块体材料的性质,或者在成型以后添加以产生局部化学成分变化,如进行表面处理。所有这些都很重要,在后文中我们将返回到这些与 AM 金属加工相关的概念。了解金属的化学成分、合金纯度以及加工方法将有助于了解形成的金属性质和最终的零件性能。

4.2 物理性质

物理性质是指那些使我们能够区分一种材料和另一种材料的特性。对我们大多数人来说,颜色通常是由视觉确定的,密度是通过计算物体重量与大小的比例确定的,强度和硬度是通过尝试弯曲或划伤物体确定的。热学性质和力学性质可以随着合金类型的不同而有很大的变化,并且由于其与 AM 金属零件相关的知识非

⑤ 来源:N. El-Bagoury, M. Waly, A. Nofal. 各种热处理条件对铸造多晶 IN738LC 合金微观结构的影响. 材料科学与工程:A 卷 vol 487,2008,第 152-161 页,经许可转载。

⑥ 由 IMOA 提供,经许可转载。

常有限而显得额外重要。在过去的 100 年中，人们为外层空间、航空航天、汽车、医疗、石油和天然气行业编制了大量的常规金属材料性质和性能的大型数据库。对于 AM 金属加工，人们还没有大量的历史知识，但是目前正在编制中。

4.2.1　热学性质

在加热时，金属和金属合金将达到一个温度，使其从固体转变为液体。这个转变可以发生在一个特定的温度下，称为熔点，或者对于金属合金是一个温度范围，称为熔化范围。各种金属的熔点或熔化范围可以有很大差异。例如，纯铅在 328℃熔化，而钨在 3370℃ 熔化。其他常见金属的熔点可以在网上找到，如下面的这个链接⑦。继续加热液态金属可以达到其沸点或气化点（或范围）。例如，铅在 1750℃气化，钨在 5930℃ 气化。大多数情况下 AM 金属零件的固结往往需要使用激光、电子束或电弧对金属进行局部加热，使温度达到或超过熔化温度，从而熔合或烧结材料。金属经常在热源撞击熔池或粉末床的位置气化。在后文中将详细描述熔化和气化对 AM 工艺控制的影响。

当金属被加热（尺寸增大）或冷却（尺寸缩小）时，会发生热膨胀或收缩。所以在 AM 工艺中，对正在制造的零件局部加热，会产生热量变化或热梯度，从而导致整个零件中的温度差异。零件的一个位置在加热时膨胀，而零件的其他位置在冷却时收缩。这样的温度差异会导致零件的变形或弯曲，在某些情况下会导致金属的撕裂或开裂。

热导率与热能在金属零件内消散或传导的速度有关。在 AM 中，需要根据材料的热导率调整能量源，以确保材料正确地熔合。还需要考虑 AM 零件设计的限制，如最小壁厚，也必须考虑到不同的金属具有不同热导率。热辐射与零件在构建周期中和之后的冷却速度有关，例如在封闭的惰性气体室、真空室或开放的空气环境中冷却速度是不同的。正如我们将在后文中讨论的那样，在设计 AM 加工条件时，对热学性质的基本理解是非常有用的。

粘度与熔化金属的流动性以及熔池是否容易控制有关。表面张力是综合了温度、化学、冶金和物理作用的一种复合的力，它使熔池的上表面呈珠状，并使液滴倾向于形成球形。表面张力可以直接影响 AM 沉积材料的形状和质量。我们将在后文讨论粉末和填充材料的化学变化时再次提到这一点。

4.2.2　力学性质

金属的强度是衡量其承受载荷的能力，如压缩（推）或拉伸（拉）载荷。金属是有弹性的，因为它可以被拉长并回弹到原来的形状，直到它被拉伸至超过其弹性极

---

⑦　"工程工具箱"网页. 熔化和沸腾温度. http://www. engineeringtoolbox. com/melting-boiling-temperatures-d_392. html(2015 年 3 月 8 日访问)。

限或屈服强度。一个金属试样被拉伸直至断裂可以描述为已经超过了其极限抗拉强度(ultimate tensile strength, UTS)。通常认为钢的强度高,而铝则较弱(例如挤压铝罐与钢罐的对比)。

延展性是金属弯曲或变形的能力,相对地,缺乏延展性的金属可以被认为是脆性的。例如,铸铁的延展性比低碳钢低,在冲击载荷作用下可能发生断裂而不是弯曲。在弹簧钢中很容易看到弹性或回弹,这个性质在所有金属中都存在,并对复杂结构有微妙的影响。伸长率是一个测量值,它与金属被拉伸至超过弹性极限直至断裂的能力有关,通常是基于标准样品尺寸进行测量。韧性或硬度是金属在使用中吸收能量、经受冲击、承受摩擦或磨损的能力的度量。例如,制造操作中用于锤击或锻造的冲头和冲模需要具有高韧性,而切削或钻孔工具钢则要求高硬度。正如后文中更详细讨论的那样,AM材料和工艺的正确选择将影响到所需材料性质的实现、重复或优化的程度,以满足特定的应用。

金属疲劳是零件在服役期间反复或循环加载和卸载的结果,可以导致结构的弱化。根据服役环境,一个部件会经历低周或高周疲劳。疲劳可以使晶粒结构或晶界发生变化,并且产生微裂纹,使应力累积达到大裂纹萌生和扩展的程度,从而导致部件失效。载荷集中可能受到表面状态的影响,如粗糙度、缺口,或者受到几何特征的影响,如尖锐的内角。AM零件的表面粗糙度、分层微观结构或构建方向可能对疲劳损伤敏感,因此需要额外的精加工操作,如热处理、机加工或抛光。然而,AM设计的自由度可以允许通过避免尖角或者选择构建方向来避免几何应力集中,从而在某些情况下降低疲劳的风险。

AM加工也可能影响其他力学性质。断裂韧性是指材料抵抗开裂的能力,而高温蠕变是指某些材料在高机械载荷下或高工作温度下长时间缓慢渐进的变形。如后文所述,高温合金的高温蠕变性质可能会受到AM加工过程中或AM使用的原料中引入的污染物的影响。

除了上述的化学和物理性质以外,金属的冶金响应也与AM工艺有关。正如我们稍后将在书中讨论的那样,与“金属零件如何打印”有关的AM工艺条件都将发挥作用。对金属所有性质的详细描述以及AM加工如何改变它们,其内容超出了本书的范围,而且事实上还不太清楚,但是应该说与常规加工材料相比一定会有差异。因此,必须针对特定的材料和工艺表征这些差异。需要提醒的是,所有常规的金属加工操作都有各自的缺点和不足,我们需要知道它们的实质,如何绕过这些限制,以及如何使优点被最大程度地优化。

4.2.3 电学、磁学和光学性质

电导率和电阻率与电子在金属内部或沿金属表面的运动或迁移有关,光学反射率和吸收率也是如此。反射率等光学性质也与金属的颜色或金属光泽有关。越来越多的AM应用,如3D打印电机,正开始利用这些特性来创建功能混合的零

件，如后文所述。

　　除了零件性能以外，这些光学和电学性质对 AM 工艺本身的表现也很重要。例如，激光束、电子束或电弧的耦合或反射，即被金属粉末或金属熔池吸收的程度，与金属的电学和光学性质有关。我们将在本书与工艺相关的章节中更详细地讨论这一点。

4.3　化学和冶金学

　　与常规加工一样，在金属 AM 工艺中会发生复杂的化学反应，有些反应快，有些反应慢。这些反应的速度是由它们的反应动力学决定的。生物相容性就是缓慢反应的一个例子，例如在体内植入金属零件。另一个缓慢化学过程的例子是生锈或腐蚀。快速反应的常见例子是在熔化过程中熔渣的形成，或者是在冷却过程中由空气氧化导致的变色。正如我们将在后文讨论的那样，细金属粉末的爆炸性燃烧是一种与 AM 加工有关的快速化学反应。理解和控制化学反应很快就会变得很复杂，但是作为一个介绍的例子，你需要知道它们的存在，并且它们会随着金属和加工条件的变化而有所不同。

　　金属合金的活性通常随温度升高和熔化而增加。金属与氧、氢、氮和水分的反应是 AM 过程中可能发生的一些不良化学反应。相反，有益的表面反应，如氮化，可以很容易地整合到一些 AM 构建序列中。

　　熔池需要惰性气体保护的程度，以及成品对这些化学反应的耐受程度，将决定加工过程中所需的控制。例如，钛比钢的活性要强得多，因此在构建周期后的冷却过程中，需要对熔池和零件进行更大程度的惰性气体保护。例如，在某些情况下，利用惰性气体喷嘴提供的局部保护可能就足够了（如对于某些钢的保护），而在其他情况下可能需要焊接级纯度的惰性气体室。如果你正在加工高活性合金，如铌或锆合金，只有在高纯度的真空环境中才足以进行保护。与活性相关的其他危险还包括自燃反应。细颗粒粉末，如镁或铝，会发生放热反应，引发火灾或造成爆炸危险。

　　某些金属和金属化合物可能有毒、致癌，从而形成有害的表面氧化物，或者作为加工的副产物产生有害的金属蒸气，如在焊接不锈钢时形成的六价铬蒸气。了解与你将要使用的材料相关的所有危害是非常重要的。我们将在附录 A 的安全性部分中更多地提到这一点。

4.3.1　物理冶金学

　　纯金属很少被用于金属零件的制造，一方面是由于杂质的存在，另一方面是因为合金添加剂几乎总是能带来优化的性质或成本效益。许多铝合金是在纯铝中添加了额外的元素，从而改变了材料的性质和性能。此外，这些合金中还含有微量杂质，也会对这些性质产生有利的或不利的影响。钢、不锈钢、钛等合金也是如此，每类材料通常有几十种合金。这些合金将主要的金属类型(铝、铁、钛等)和少量的金属和非金属元素组合,通过改变合金的化学成分而获得强度、韧性、硬度和耐腐蚀性等特定的性质。为了更全面地了解,这里推荐一部很受欢迎的工程著作(Boyer,1994),该书专门介绍钛合金,提供了 1176 页的材料性质、物理冶金和工艺的数据,涉及 50 多种合金和工艺细节,全方位覆盖了从铸造到成型、机加工、热处理和焊接等一系列常规和专门的工艺。值得注意的是,这部比较新的优秀著作没有提到我们现在所说的 AM 工艺。虽然与 AM 冶金学最相关的历史数据是为焊接加工提供的,但是最近的一些出版物仍很好地概述了 AM 钛(Dutta et al. ,2015)和其他常见的 AM 加工工程合金(Frazier,2014;Herzog et al. ,2016;Murr et al. ,2012;Sames et al. ,2015)的最新冶金性质。

细微的化学成分变化对材料的整体性质和性能也会有显著的影响。在金属加工的历史上,合金的发展与加工方法密切相关。许多合金虽然已经被开发出来,但是或者是由于成本的原因而没有使用,或者是由于市场的变化,以及引入了更好的材料而被废弃。例如,有多种铝合金是专为铸造而开发的,还有一些是为锻造加工而开发的。随着 AM 加工得到更加广泛的应用,为提高性能和适应特定制造工艺而定制和优化的合金无疑将经历同样的演变。

时间/温度转变的知识描述了在一个特定的时间间隔内,加热和冷却循环后微观结构的演变,这些知识对控制金属的结构和性质至关重要。AM 开辟了一个全新的材料设计和研究领域,并且其研究工作正在大学层面上积极地开展。

各种金属和合金的可焊性存在显著差异,这是衡量哪种金属最适合 AM 的一个很好的指标。因此,为了选择正确的工艺和测试程序,则在 AM 设计阶段你就应该知道打算沉积哪种金属合金这是非常重要的。需要注意的是,大多数完全致密的 AM 零件通常是通过熔化和熔合形成的,其称为烧结金属,在物理冶金学方面与激光焊接加工的金属最为相似。在参考文献中给出了两本很好的书籍(Easterling,1983;Evans et al. ,1997),对焊接材料的物理冶金学进行了工程层面的描述。

4.3.2　易于制造

钢合金通常被选择用于常规应用,这是由于它们在强度、可用性、成本和易于制造等方面的优点,换句话说就是易于切割、弯曲、钻孔、成形、机加工等。铝合金也很受欢迎,因为它们重量轻、易于加工,并且成本相对较低。此外,钛的重量轻、强度高、耐腐蚀,但是更难加工,成本更高,回收成本效益更低,因此限制了其使用。然而,正如后文将更详细讨论的那样,制造复杂金属零件时,AM 可以改变制造难度与成本效益之间的关系。所以钛是最受欢迎的,是易于 3D 打印的 AM 金属之一。尽管 AM 钛粉的成本很高,但是在制造复杂、大型或高价值的零件时,AM 工艺可以显著降低成本,而常规加工方法会产生大量的废品和废料。买-飞比是航空航天领域中使用的一个术语,用于比较原材料的体积与成品零件中材料的体积。

例如，大型复杂航空零件的加工，用常规工艺时买-飞比可以达到 40∶1，与之相比 AM 工艺的买-飞比仅仅是 4∶1。与钛相比，铝合金零件的 AM 制造难度更大，其买-飞比的下降也不是那么有吸引力，而钢制零件 AM 与常规加工方法相比则可能没有成本效益差距。

4.3.3   冶金工艺学

大多数人都听说过或读到过回火钢、锻钢或表面硬化钢等名词，因为这些名词印在了他们的刀片或月牙形扳手的侧面。他们也知道铸造工艺，因为历史博物馆中的铸铁大门就是用这种工艺制做的，而熟铁看起来是经过锤打或加工的。他们可能还知道，焊接可以用来建造建筑物的钢框架，而焊缝在地震期间可能会断裂，但是这些金属物体制造工艺产生的有用性质就是他们所知道的全部。

为了介绍一些参考资料并强调材料的加工方式将如何影响零件的性能，有必要详细说明一些金属加工的示例。加工工艺推动冶金学变化，冶金学推动材料性质变化，材料性质将影响零件的性能。然而，正如在后文中会看到的一样，一些 AM 加工的倡导者希望扭转这一局面：在构建零件的同时，实时地改变工艺来推动冶金学变化。他们问，为什么零件只有一部分需要热处理时，却要对整个零件进行热处理？为什么零件只有在一些特定区域需要表面硬化时，却对整个零件进行表面硬化？为什么不在特定的情况下使用不同的材料，例如在必要的位置沉积耐磨材料？在许多情况下，答案是，对于常规方法而言这样太复杂了，成本效益不高。在某些情况下，AM 金属工艺能够适应这种额外增加的复杂性，但是在其他情况下则不能。跳出思维定式的思考比商业化要容易得多。然而，在某些情况下，十年前才开始在大学里谈论和研究的 AM 技术，如今已经发展成为可行的商业模式。现在，让我们建立一个基础，并围绕着基础知识学习。

冶金学的基础入门课程或者优秀的冶金学书籍(Boyer et al.，1985)介绍了这个主题的大部分知识，但是我们将提到几个与 AM 相关的示例。涉及激光、电子束或电弧焊接的冶金工艺学的书籍的内容是最相关的，因为这些工艺使用与 AM 相同类型的高能量源进行熔化(Lienert et al.，2011；O'Brien et al.，2007)。公开的文献资料可以提供来自最新学术资源的优秀信息：使用本书提供的检索词搜索网络资源，使用参考书目中提供的参考文献，以获取更多的开源信息。这里以一篇优秀的博士论文作为示例(Gong，2013)，该论文比较了激光熔化、电子束熔化制造的金属零件的缺陷和检测工艺对力学性能的影响。另一个优秀的开源工作的链接是国际自由实体制造学术研讨会⑧，其每年由自由形状制造实验室和得克萨斯大学奥斯汀分校主办。

---

⑧   自由形状制造实验室和得克萨斯大学奥斯汀分校的档案. http://sffsymposium.engr.utexas.edu/archive(2015 年 3 月 15 日访问)。

AM 金属工艺中烧结与凝固的微观结构之间的区别非常重要。在 20 世纪 90 年代末开始的快速原型技术发展初期，一些用于形成金属零件的技术未能完全熔化金属，而是通过烧结工艺做成了强度较低的零件。

4.3.4 烧结微观结构

什么是金属烧结？研究者经常会遇到关于烧结金属形状和激光烧结工艺的问题。在经典的定义中，金属烧结涉及在没有完全熔化、合并或凝固的情况下进行连接，这称为部分熔合。在烧结过程中，分子键合主要是通过扩散实现。金属中的扩散是一个固态过程，其中原子和分子可以移动，在烧结时通过在高温下和较长的时间内形成金属键，从而生长在一起。

烧结的微观结构并不总是 100% 致密，可能需要热等静压（HIP）处理，使材料充分固结。为了获得接近 100% 完全致密的沉积物，许多应用于金属激光烧结（selective laser sintering, SLS）工艺，已经发展成激光熔化（selective laser melting, SLM）工艺。我们将在后文中对此进行详细讨论。

烧结是一种材料固结工艺，通常应用于陶瓷和金属材料，利用热并经常伴随着加压和部分熔化，破坏表面氧化物，并使粉末颗粒接近到足以允许扩散和晶粒生长，从而形成颗粒之间的结合。常规的粉末冶金工艺经过几个世纪的发展，已经成为一种可行且具有成本效益的方法，可以在不完全熔化的情况下形成功能性形状。这些工艺在某些应用中具有成本效益，同时有其局限性和优势。图 4.4 显示了粉末烧结的三个阶段，具体取决于材料、温度升高，以及压力和时间的增加。从左到右的三个阶段显示了材料致密度的增加，以及颗粒之间空隙体积或未烧结空间的减少。

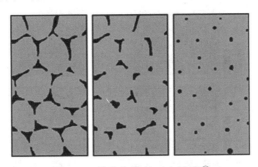

图 4.4 粉末烧结的三个阶段[⑨]

常规的粉末冶金工艺通常依靠在粉末上涂覆粘结剂，利用模具和压力形成坯形。粘结剂在加热炉中被烧除，剩下的金属粉末经过高温烧结，通过扩散将颗粒连接成最终的生坯形状，以获得功能金属的性质。早期的快速原型方法不需要用模具形成坯件，而是采用塑料成型设备构建 3D 形状，涂覆金属粉末，然后将塑料烧除并通过额外的加热和钎焊步骤进行渗透。这种渗透适用于熔点较低的金属，如铜

---

⑨ ⓒEPMA. www.epma.com，经许可转载。

或青铜，将其熔化并吸入多孔零件，凝固形成固态复合金属物体。与之相比，目前的粉末床熔合工艺仅依靠烧结，不需要粘结剂或渗透步骤，就可以产生具有较高密度的沉积物，实现表面功能特性。

　　使用烧结金属加工的一大优势是能够使用不易熔化和熔合的金属制造功能性物体。粉末金属固结适用于硬质高碳合金钢齿轮或其他硬质金属零件，通常使用非球形粉末颗粒辅助冷压和机械结合。通常，高压和高温循环可压实并提高最终产品的致密度。HIP 就是这样一种工艺，但也依赖于高度专业化、昂贵的设备。尽管进行了 HIP 处理，但是界面仍然可能存在微孔和部分熔合颗粒，对性质产生不利影响，这种界面，如青铜衬套这样的多孔结构可用润滑油和润滑剂来弥补。对烧结 AM 沉积物进行 HIP 处理可以达到完全致密，但是并非在所有情况下都能阻止断裂延伸率的下降或者达到最佳的块体性质。

　　AM 烧结分为固相烧结和液相烧结。固相烧结主要是依靠加热和扩散到颗粒的"颈部"，从而将颗粒连接在一起，通常会形成多孔结构；而液相烧结则是将金属加热到一个温度点，使某些合金成分熔化来进一步辅助结合过程。AM 烧结金属可以使致密度达到 94%～99%。

　　选择性金属激光烧结技术利用了粉末床熔合技术，已经发展到能够使许多材料获得接近 100% 致密的沉积物。这项技术模糊了传统烧结仅依靠扩散通常不能达到完全致密的微观结构的界面，通过熔池移动使零件显示出充分演化的凝固微观结构、晶粒取向和相变。

　　图 4.5 显示了在不同的扫描速度和填充间距条件下形成的激光沉积材料，由

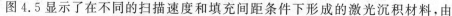

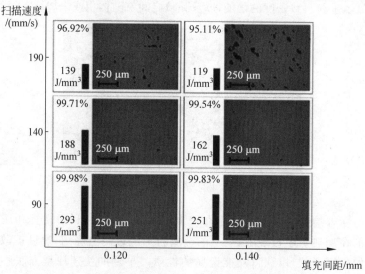

图 4.5　在不同能量密度参数条件下 AM 金属沉积形成的孔隙[⑩]

　　⑩　来源：Ben Vandenbroucke，Jean-Pierre Kruth. 生物相容性金属的选择型激光熔化用于医疗零件快速制造. SFF 研讨会论文集，D. L. Bourell 等编. Austin TX（2006），第 148-159 页。经许可转载。

于加工参数范围不同,导致不同程度的渗透,从而导致不同程度的孔隙率。在抛光状态下拍摄了 6 个沉积样品的横截面放大视图,显示出由熔化条件而产生的不同程度的孔隙率。这些结果包括从含有空洞和孔隙的烧结微观结构,到接近完全致密的熔化微观结构(Vandenbroucke et al.,2007)。

4.3.5　凝固微观结构

什么是熔化和熔合?金属的熔合伴随着熔化发生,任何状态的表面,都可熔化和熔合允许合并和混合,进而冷却并凝固。如果材料表面足够干净,分子结构足够接近,那么金属之间也可以形成固态分子键合,但是熔化会使这个过程更容易。在后文中我们将在讨论扩散和超声波固结时再次讨论固态键合。然而,大多数 AM 金属工艺依赖熔合。熔化、合并和凝固有利于形成 100% 致密的沉积物和连续演变的微观结构,从而有利于提高材料的力学性质和性能。铸造是一种金属熔合工艺,但是它需要模具,因此被认为不是一种 AM 工艺。

熔化和熔合产生的 AM 金属微观结构,其与多道焊接微观结构以及与其他一些由激光和电子束焊接加工金属获得的微观结构最为相近。图 4.6 是一个铸钢件的微观结构示意图,其中粗大的柱状晶沿着凝固路径向内指向中心的等轴晶区域。可以将铸态微观结构与 304 不锈钢中由单道熔化激光焊接形成的微观结构进行比较,如图 4.7 所示的焊缝横截面。熔透的焊缝形状称为焊缝熔合区。还应注意,熔合区(fusion zonc,FZ)微观结构中晶粒尺寸较小,这与基体金属呈现出的较大晶粒尺寸明显不同。因为沉积态的 AM 材料本质上就是由焊接微观结构构成的,所以这种晶粒尺寸的差异对 AM 金属零件很重要,我们将在后文中进一步讨论这一点。图 4.8(Fulcher et al.,2014)为一种铝合金 AM 微观结构的横截面,显示了用于形成该零件的连续沉积路径的多重堆积,明亮的颜色是电解腐蚀后在偏光显微镜下观察样品的结果。图 4.9 还显示了 SLM 沉积铝中的多个熔化路径和多层结构,请注意当激光沿着沉积形状的外缘扫描时,沉积的熔化路径和沉积图案的变化如图右侧所示。

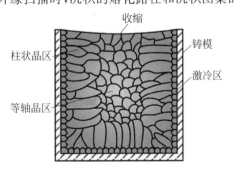

图 4.6　铸锭的宏观结构示意图,"铸锭结晶结构"[①]

---

① 由 Christophe Dang Ngoc Chan 根据 CC BY-SA 3.0 提供. https://creativecommons.org/licenses/by-sa/3.0/,https://commons.wikimedia.org/wiki/File:Structure_cristalline_lingot.svg。

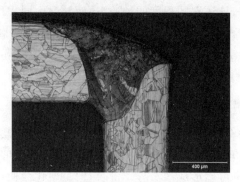

图 4.7   激光焊接横截面显示细化的熔合区微观结构

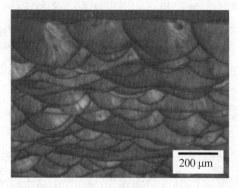

图 4.8   构建态 AlSi10Mg 的横截面电解腐蚀后的光学显微图像[12]

SLM铝立方体4-11，#3，边缘2，50×

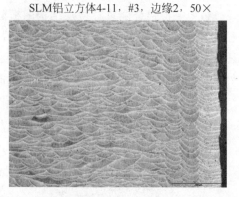

图 4.9   SLM 沉积铝的光学显微图像，显示了沿着沉积层右侧边缘的扫描图案变化[13]

⑫ 来源：Benjamin A. Fulcher，David K. Leigh，Trevor J. Watt. 通过 DMLS 处理的 AlSi10Mg 和 Al 6061 的比较. SFF 研讨会论文集，D. L. Bourell 等编. Austin TX (2014)，第 404-419 页。经许可转载。

⑬ 由 SLM Solutions N. A. 公司提供，经许可转载。

　　AM 沉积物严格重复的顺序可以对块体材料产生可重复的方向依赖性影响。速率为 $10^3 \sim 10^5 °C/s$ 的快速凝固可以产生高度细化的微观结构,抑制扩散控制的固态相变,并形成非平衡相或亚稳相。请注意,图 4.9 所示的微观结构只是一个例子,供应商已经开发了复杂的加工方法,可以利用各种沉积或扫描路径和加工方案,形成重复的或定制的微观结构。

　　微观结构的演变与峰值温度、保温时间和冷却速率密切相关,杂质也能起一定作用。冷却速率对晶粒大小、合金成分偏析和相组成的作用对块体沉积物的性质产生极大的影响。反应动力学,即化学或冶金反应发生的速率,也是晶体相结构和由此产生的性质的影响因素。我们熟悉的一个例子是某些钢合金可以淬火,如剑的淬火,通过促进较硬的马氏体相的生长和保留,而不是其他更软的相,可以使其更坚硬也更坚固。AM 沉积物中产生的许多凝固微观结构类似于激光或电子束焊接,或者多层激光熔覆的结构。研究与高能束焊接相关的冶金学可以为探索新的 AM 工艺和材料的潜在应用提供相关的知识体系。

　　外延生长描述了从现有的单晶晶体结构上的延续,或者是在现有择优取向的晶粒上形成的具有类似取向的不同结构。在 AM 加工中,沉积到前一层上的焊道熔体可以凝固并延续前一层的晶粒取向,而且优先扩展已有结构的性质。这可能是有益的,但也可能是有害的。许多 AM 工艺过程随机化或改变沉积路径以及由此产生的凝固条件,以避免这种性质上的优先偏向,从而最大限度地减少块体沉积物中的应力集中、翘曲或其他各向异性性质。另外,研究人员正在试图预测或利用这种微观结构水平的控制,这通常称为微观结构工程(Murr et al.,2012)。

　　微观结构缺陷,如杂质偏析、热裂纹、反常晶粒长大或不良相形成,可以在 AM 加工特有的热-力条件下产生。激光沉积金属的快速冷却、缓慢冷却,或者是在高温下和部分不纯净气氛中的长时间停留,都可能导致各种各样的情况。此外,由热源引起的蒸发所导致的合金元素损失只是这些新的并不断发展的 AM 技术中少数已知的独特条件。

　　锻造是利用压力和变形产生形状的一种工艺,这是由于加工硬化形成的微观结构强度更高。在某些情况下,由 AM 产生的近净形状物体可以用作锻造预制体,利用锻造作为后处理步骤,以获得所需的微观结构、加工硬化性质和最终形状。

　　除了金属成型工艺以外,还可以应用退火、固溶、均匀化、再结晶或沉淀硬化等热处理(heat treatment,HT),使 AM 金属部件实现所需的或必要的性质。热处理是在熔点以下保持一段时间的高温加热循环,使晶粒长大、软化、应力松弛,或者形成均匀的微观结构。热处理可以在高纯度惰性气氛或真空室中进行。持续时间可能需要数小时,使整个零件达到所需的温度,并在该温度下保持足够长的时间(保温时间),以允许发生所需的冶金学变化。在对 AM 零件进行热处理时,可能需要修改典型的热处理方案,以适应复杂的零件几何结构,或者是由逐层制造方法产生的高度细化或带状 AM 微观结构的特征。

　　热等静压(HIP)是一种特殊的工艺,需要专门的设备,通过高温、高压并保持一段时间来固结粉末、封闭孔隙或修复材料内部的缺陷。3D金属零件的后处理经常使用HIP改变沉积态的AM微观结构,以获得所需的金属性质和最终的零件性能。HIP后处理可以减少或消除AM沉积材料各向异性性质的方向依赖性,从而在某些情况下得到与锻造材料相当或更优的块体性质。HIP设备和加工成本高昂,并对部件尺寸有限制。对于诸如AM医疗零件之类的小尺寸零件,允许批量HIP加工,从而可以具有成本效益。本书后文将介绍关于AM零件HIP处理的更多细节。

　　回火是一种用于降低硬度并提高韧性的热处理。淬火硬化是通过快速冷却金属,在晶体结构中固定或者保留所需的相而使金属硬化。这些工艺通常是用来改变加工后金属零件的微观结构,以达到更均匀或更理想的性质。表面硬化是一种热处理工艺,通常是通过添加碳或氮(如渗碳或渗氮)来改变金属外层的表面化学成分。虽然这几种工艺在AM中并没有普遍应用,但这些都是金属加工技术的典型方法,能够赋予3D打印零件实现所需性质。

　　值得指出的是,对于各种各样的工程合金和新材料,与3D金属打印相关的许多冶金效应的控制和优化仍然有待深入理解。AM加工的自由度和灵活性允许在构建过程中访问和修改零件中的所有位置,但是实现特定位置性质的所有材料和工艺组合的复杂性远远超出了当前的工程能力。在大多数情况下,通过遵循供应商提供的材料和工序制定的指南和程序,可以达到最佳的沉积质量。我们将在后文讨论这些问题并提供参考文献。

　　还有其他完全不需要熔化的方法可以达到100％的致密度。压力和变形经常与加热结合,可以使表面紧密接触,并破坏表面杂质层,获得锻造部件。超声波固结是另一种不需要熔化的AM工艺。在后文描述AM的混合方法时,将介绍常规的金属铸造,该方法利用3D打印创建蜡模样或模具,然后用常规的铸造形成金属零件。提醒一下,虽然本书也提到了使用3D打印制造金属零件的其他工艺,但是本书将重点介绍使用熔化或烧结工艺和局部热源的熔合金属沉积。

4.3.6　块体性质

　　作为对那些坚持阅读到本章的读者的奖励,我要提醒你们,从特定的固体材料测量得到的特定性质一般称为块体性质。也就是说,这些性质在整个物体的大部分都是均匀的,与零件的尺寸或形状无关。具有均质材料或结构的零件通常在各个位置会呈现一致的性质。例如,零件会表现出均匀的密度和硬度,仅在孤立的瑕疵位置出现偏差。基于逐层沉积的AM工艺可以显示出各向异性的性质,这取决于零件相对于构建方向的位向和AM构建参数。垂直于构建方向上的性质,如强度或延展性,在沿着某一层平面上的另一个方向上可能不同。对于存在孔隙或空洞的不完全致密的物体,其块体性质将偏离标准测试样品。我们将在后文中详细讨论这一点,而现在需要了解的信息是AM块体性质的定义和确定其可能不同于其他普通工程材料,对于沉积态和热处理或 HIP 条件下处理后的 AM 加工材料,需要仔细地与常规加工的材料进行比较。

均匀并且可重复的块体性质是 AM 沉积金属面临的最大挑战之一。需要注意的是,所有的金属都存在这些挑战,但是常规的合金和工艺已经有数据库可供参考。为了完全理解这个差异,可以参阅《MMPDS 手册》《金属材料性质开发和标准化手册》⑭及其前身 MIL-HDBK-5,它们是航空航天部件设计的重要参考资料。MMPDS 是政府机构和行业之间的一个独特的、具有成本效益的协作,为航空航天金属材料及紧固件确立了允许的性质。企业研究实验室正在大力为 AM 材料开发材料性质数据库。

4.4　金属的形状

4.4.1　商业形状

金属有多种形状,其中最常见的是商业形状以及制造或生产的产品。我们都熟悉的商业金属形状如带、板、管、筒、角钢、建筑用工字钢等,也熟悉从厨房产品到汽车发动机等各种商业金属制品。钢和铝等制成的普通金属和形状的大规模生产已将这些产品的成本降到最低。普通金属可以获得多种商业形状和厚度,而稀有金属的形状较为有限。AM 金属依赖于特种金属的粉末和丝,而对于特种合金可能是难以获得的。下面介绍一些比较常见的金属类型和应用。这些合金中一些有限的类型正在被优化成为 AM 加工的粉末,而其他一些合金已经有丝材存在。

铝是一种轻质的常用工程金属,具有良好的电导率、力学和热性质,成本相对较低,易于加工或焊接。铝合金可以进行热处理和均匀化,以获得均匀的性质。它用于原型制作、航空航天、汽车、消费品,以及一些短期生产应用。

马氏体时效钢和工具钢(马氏体时效硬化钢)用于注塑和压铸的模具和工具,以及生产坚固耐用的零件,用于长期生产应用。保形冷却可以集成在模具中,以改善成型工艺性能。对模具进行机加工、电极放电加工(EDM)、热处理和抛光等后处理,可以生产出高质量的耐用表面。

不锈钢合金具备一定的强度、化学性质,以及耐腐蚀性质,而成本低于钴-铬(Co-Cr)等高温合金。它们用途广泛,如医疗器械、食品加工、制药、航空航天、海洋产品等领域。它们具有良好的加工性,并且很容易使用 AM 方法沉积。例如17-4PH 合金可以进行沉淀硬化,可以用于短期生产的工具。

镍基合金,如 Inconel 625 和 718 镍铬高温合金,在高温下表现出良好的蠕变强度和拉伸强度,可以长期使用。它们广泛应用于航空航天领域,如航空发动机和燃烧室。耐腐蚀性使其成为一种引人注目的熔覆材料,用于海洋或其他恶劣环境中,如石

⑭　金属材料开发和标准化手册. http://projects. battelle. org/mmpds/(2015 年 4 月 10 日访问)。

油、天然气和化学工业等。它们也可用于原型制作,并提供良好的加工性和焊接性。

钛合金具有优异的强度、耐腐蚀性、生物相容性,以及低热膨胀和重量轻等优点。最常见的钛合金 Ti-6-4(即 Ti6Al4V)将纯钛与 6% 的铝和 4% 的钒结合在一起。其超低间隙(extra low interstitial,ELI)为关键性能应用规定了更高的纯度。它经常应用于航空航天和医疗植入,这时相对于使用性能或生物相容性,成本是次要的。它们可以进行机加工和焊接,虽然其可加工性不如铝合金。这些特种粉末的高成本限制了其在消费品中的应用,但是随着利用率的提高和废品率的降低,钛合金的 AM 加工对制造更大的航空航天部件会具有吸引力。

钴-铬合金是高强度的高温合金,具有优异的高温性能、韧性和耐腐蚀性。它们具有生物相容性,可用于医疗,牙科是首先应用的。在高温下的力学强度和硬度使其在航空航天应用中具备吸引力。为了达到所需的性质,可能需要对其进行热处理,如应力消除或热等静压处理。与其他金属相比,这种合金不易加工,而经常被铸造成各种形状,使其成为高价值 AM 零件的理想候选材料。

钨、钼、铼、铌和钽等难熔金属具有极端温度下的结构性能和很高的密度。使用轧制、机加工或焊接等常规工艺很难将其加工成复杂形状,因此 AM 制造的形状可以极大地扩展它们的应用范围。先进的应用是可能的,如反应堆和加热炉硬件,而光束准直器和抗散射网格已在使用钨的无铅医疗成像中得到应用。如后文所述,如果不要求沉积物完全致密,则可以使用粘结剂喷射技术进行 3D 打印,形成难以制造的金属形状而不需要熔化[15]。

其他商业粉末,例如铜合金(如青铜)、贵金属(如金和铂)以及其他材料,也被用来制造 AM 金属制品。低熔点金属很容易用常规方法铸造,例如在珠宝中的应用。在这些情况下,3D 打印可以简单地用于制作蜡模样或模具,以便于使用常规铸造获得最终的金属形状。硬质材料,如碳化钨(WC)、碳化钛(TiC)或氮化钛(TiN)常被用作熔覆层,并采用吹粉法进行涂覆。镍钛(NiTi)合金是在美国海军武器实验室研制的特殊合金,也称为镍钛诺合金(NiTiNOL),这是一种形状记忆合金(shape-memory alloy,SMA),其具有与温度相关的大变形能力,并且能够随着时间和温度的变化而完全回复原来的形状。镍钛诺合金还具有生物相容性,可应用于医疗器械等领域。与其他特种材料一样,它难以加工,例如熔化和机加工,这就限制了它的商业应用。在加工过程中,必须仔细控制形状设置、热处理并保持纯度。AM 加工为重新评估这些特种材料的使用提供了一个机会,从而在某些情况下找到新的商业上可行的最终产品和高性能部件。

其他特种材料正在为 AM 应用的粉末形状而进行优化,但是目前只能作为特殊订单提供有限的数量。

---

[15]　HC Starck 公司网站. 关于难熔材料. http://www.hcstarck.com/additive_manufacturing_w_mo_ta_nb_re/(2015 年 3 月 21 日访问).

4.4.2 金属粉末

粉末冶金技术本身就是一个领域,多年来已经成功地应用于加工不适于铸造或锻造加工的金属。对于大批量制造较简单的小尺寸零件,它也具有成本效益。齿轮就是一个典型应用,坚硬耐用的金属可以压制和烧结成耐用的商业形状。根据不同的金属或合金,市售的粉末有许多尺寸和形状,并采用多种工艺生产。

用于熔合或烧结沉积的金属粉末已广泛应用于熔覆、火焰或等离子喷涂中。然而,AM 对金属粉末的要求更为严格,这是因为尺寸、形状和化学成分对于成功且可重复的工艺至关重要。常规的金属粉末,如由水雾化产生的粉末,可能是有棱角的、不规则的或团聚的(图 4.10),尺寸范围从亚微米到超过 100 μm 不等。这些粉末形状不适合于 AM 的 PBF 工艺。目前用于 AM 的粉末尺寸范围通常在

图 4.10 铁基合金的水雾化粉末[16]

$10\sim105~\mu m$,一般呈球形,从而允许使用粉床机均匀地铺展很薄的粉末层,并使用送粉系统平稳地利用惰性气体供给粉末流,而不会堵塞喷嘴。氢化-脱氢(hydride-dehydride,HDH)工艺是利用与氢气反应形成和提取金属氢化物,该化合物随后通过反应回到金属态。图 4.11(a)所示为 HDH Ti64 粉末,该粉末需要额外的等离子熔化工艺才能产生球形颗粒。

用于 AM 加工的钛合金 Ti-6-4 粉末可以用 HDH、气体雾化、等离子雾化、等离子旋转电极等工艺制备,如图 4.11(a)~(d)所示[17]。这些球形金属粉末的扫描电子显微镜(SEM)图像显示了颗粒尺寸分布(particle size distribution,PSD)的差异,PSD 是指一批粉末中颗粒尺寸的范围。

每种工艺和合金的粉末尺寸、形状和化学纯度都不同,并且可以针对激光和电子束工艺、粉末床或输送气流进行优化。为了确保粉末尺寸的最佳范围,并去除不规则的颈缩、连接或卫星粉末颗粒,可能需要进行粉末筛分。并非所有的商业金属粉末都适用于 AM,尽管有些系统对粉末的形状、尺寸和纯度比其他系统更为宽容。LPW 技术公司为粉末生产的技术信息提供了一个网络链接[18],其中用图片说明了每种工艺。图 4.12 中显示了与粉末特性相关的各种性质。

---

⑯ 来源:Zhang H Z,Zhang L,Dong G Q. et al. 退火对铁基 PM 合金高速压实行为和力学性能的影响. 粉末技术,2016,288:435-440,DOI:10.1016/j. powtec. 2015.10.040. 经许可转载.

⑰ 来源:Jason Dawes,Robert Bowerman,Ross Trepleton,Johnson Matthey. 增材制造粉末冶金供应链简介. 技术评论,2015,59,(3):243. http://www. technology. matthey. com/article/59/3/243-256(2016 年 4 月 19 日访问)。

⑱ LPW 技术公司提供了一个粉末生产技术信息的网络链接,用图片说明了每种工艺. http://www. lpwtechnology. com/technical-information/powder-production/(2015 年 3 月 13 日访问)。

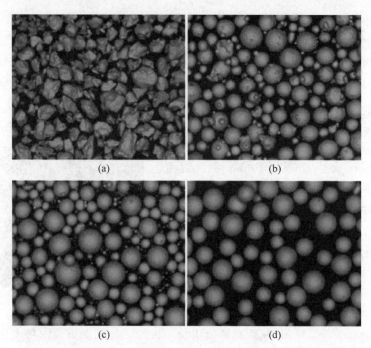

图 4.11   用于 AM 加工的粉末，制备工艺包括(a) HDH；(b) 气体
雾化；(c) 等离子雾化；(d) 等离子旋转电极

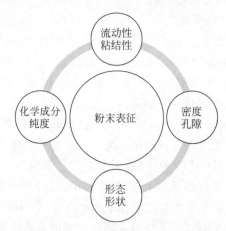

图 4.12   与粉末特性相关的性质

　　这些方法在很宽的成本范围内，生产各种各样粉末的形状和纯度。每种方法都有最适合的特定材料、AM 工艺和应用。图 4.13 显示了一个典型的气体雾化工艺，其中金属合金通过感应加热或者加热炉熔化，并用气流（通常是氩气）雾化，然后收集并筛选得到所需的尺寸范围。气体雾化工艺可以产生高纯度的球形粉末，但是额外的代价是，在雾化粉末中包埋形成的气孔可能是一个问题，在某些情况

下，这被认为是沉积态 AM 材料中气孔的来源。其他杂质，如铁，可以在粉末制备过程中被吸收，在某些应用中被认为是不受欢迎的。等离子雾化可以产生非常均匀的球形粉末，但是需要用丝型原料，因此增加了成本，减少了粉末类型的范围。图 4.14 显示了先进粉末和涂料（AP&C）公司的先进等离子体雾化工艺（Advanced Plasma Atomization™，APA），该工艺将金属丝送入雾化室，用等离子热源熔化，产生高度球形的粉末。图 4.15 显示了应用该工艺生产的直径为 106 μm 以内的钛粉。

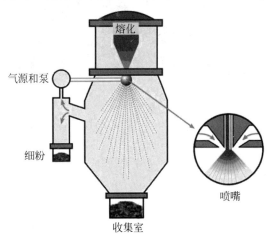

图 4.13　气体雾化工艺[19]

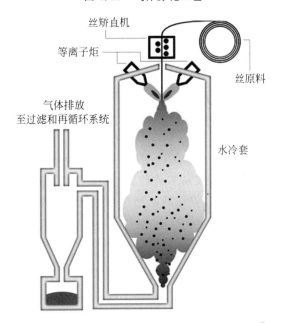

图 4.14　AP&C 公司的先进等离子雾化工艺[20]

---

[19]　由 LPW 技术公司提供，经许可转载。
[20]　由 AP&C 公司提供，经许可转载。

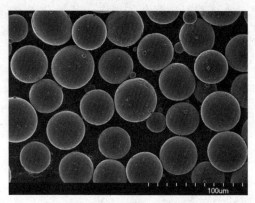

图 4.15　APA 工艺生产的钛粉[21]

　　商业设备供应商为其机器提供专用金属粉末，他们承诺这些粉末适用于他们的 AM 机器，但是成本溢价较高。目前可用于 AM 工艺的商业粉末将随着市场需求的增加和应用范围的扩大而提高质量并降低成本。我们将在后文中讨论这个问题的更多细节。

　　需要对 AM 的粉末进行优化，以解决当前存在的一些限制因素。如上所述，低成本、清洁且均匀的粉末必须易于从商业来源获得。必须调整流动特性、尺寸和颗粒形状（如球形粉末），以加强粉末的输送。通过沉淀或破碎制备的商业粉末可能需要再加工，以获得所需的特性，例如通过重熔和筛分以获得合适的尺寸和形状。可能需要改变粉末的化学成分和合金成分，以适应加工过程中任何的选择性蒸发或损失，确保加工过程中能够保持合金组分的浓度不变。目前正在开展研究工作，努力理解和开发表征 AM 粉末性质的方法，以便于改进测试程序，进而制定 AM 粉末和由这些粉末生产的零件的标准[22]。正在进行的研究工作仍在寻找成本更低、更加环境友好的方法来提炼金属并为 AM 生产高质量的粉末[23]。

4.4.3　丝和电极

　　金属丝在市场上有多种形式和多种合金可供选择，尽管许多金属丝尚未优化用于焊接或熔化应用，如 AM。焊丝的制造需要严格控制化学成分、杂质和尺寸。用于商业电弧焊接的合金填充丝的应用范围很广，在过去的半个世纪里，人们针对特定的材料和特定的参数范围，如电流和行进速度，进行了开发和优化。填充丝包

　　㉑　由 AP&C 公司提供，经许可转载。

　　㉒　April L，Cooke，John A，Slotwinski. 增材制造用金属粉末的性质：金属粉末性质测试的最新进展综述. NIST 机构间/内部报告（NISTIR）7873. http://www. nist. gov/manuscript-publication-search. cfm? pub_id=911339(2015 年 3 月 13 日访问)。

　　㉓　Metalysis 公司提供了一个这样的例子。Rotherham UK 正在与 Sheffield Mercury 中心共同发展了一种廉价的粉末制备方法，这个方法利用电解而不是 Kroll 工艺生产的 AM 钛粉和钽粉可以便宜 75%. http://www. metalysis. com/(2015 年 3 月 13 日访问)。

括各种各样的直线或卷轴形式。"有芯"填充丝将助焊剂或合金粉末包裹在金属鞘中,为调整最终焊接沉积物的化学成分提供了一种经济的手段,但是至今尚未在AM加工中得到应用。这些材料在成本、形式和质量上有很大不同,直径和杂质含量也有很大的差别。它们已被认证可用于激光和电子束焊接,并且通常被指定为正式标准焊接程序或规范的一部分。填料经常以卷轴形式提供,并直接送入熔池中熔化。随着 AM 应用的增加和材料性质数据库的完善,用于 AM 的商业焊丝合金可能需要额外的化学成分调整,以适应新的 AM 热源或沉积方案,以及 AM 工艺中零件的时间/温度历史等典型构建条件。

作为焊接电弧电路的一部分,焊接自耗电极负载焊接电流,同时起到电极和填料的作用。丝电极熔化成液态金属,穿过电弧进入熔池中。不同的卷轴尺寸和电极直径可以适应不同的沉积速率和有效焊珠尺寸。丝和电极填充金属产品的制造商通过几代技术更新,发展和改进这些材料,以满足对新工艺和焊接沉积物性质的需求。焊接耗材行业可能会再用几十年时间来关注 AM 工艺的发展趋势并开发新的合金。焊接设备和耗材供应商的网页是获取更多关于焊接填料和丝电极信息的好地方。在本书的最后"AM 机器和服务资源链接"中"焊接设备和耗材供应商"部分列出了一些主要的供应商。

这些填充材料已用于焊接熔覆和构建堆焊形状,并且目前已经在 AM 金属系统中得到了验证。可用的合金范围广泛,现有的应用知识基础和性能数据基础使这些材料比在 AM 应用中被认证的关键用途的有限粉末合金更具优势。使用丝填料的缺点是需要较大的熔池熔化金属丝,这会降低沉积精度,增加热量输入,并可能导致变形的增加,但是有利于提高沉积速率。与粉末处理相比,丝填料的一个优点是易于使用。不是专门为焊接应用而制造的特种金属丝也可以用于 AM 加工,但是在考虑 AM 应用时应认真评估。这一点将在后文中更详细地讨论。

4.4.4　梯度材料

3D 金属打印可以改变材料或材料性质,这取决于零件内部的位置。无论是有意的,还是由工艺干扰引起的材料化学成分或沉积参数变化,都会使沉积材料的性质发生变化。AM 可以给我们一个机会去改变、梯度化或调整零件内部的性质,生成功能混合部件。通过改变材料、设计或加工参数,有可能对上述的任何块体性质进行梯度化。我们将在后文更详细地讨论这一点。冶金学家熟知与焊接熔覆或表面处理相关的梯度金属成分。诸如基体金属稀释、不完全混合和合金成分偏析之类术语也为冶金学家所熟知,并被认为是在不同基体金属之间进行功能梯度熔覆或产生过渡连接的方法。AM 提供了更高程度的空间和时间/温度控制,有助于使梯度材料加工提升到一个新的水平。

梯度功能性质可以扩展到其他领域。形状记忆合金也称为智能金属、记忆金属或记忆合金,通常是铜铝、铜镍或镍钛合金。它们可以在加热和冷却过程中改变相和形状，目前正在研究其用于 AM 加工的独特优势（Hamilton et al. ，2015）。

双金属组合可以制作启动开关，而具有不同热学性质的梯度材料可以将材料强度相关的特征与为材料热传导或低热膨胀优化的特征整合。AM 组合不同材料和功能特性的可能性为此类设计开辟了一个全新的世界。

4.4.5　复合材料、金属间化合物和金属玻璃

偏离传统金属定义的金属间化合物，正被用于需要高温和高强度性能的先进应用领域。金属基复合材料是将非金属化合物加入基体金属中形成的材料，赋予了单一材料无法实现的性质上的组合。例如，将碳化钨或硬质金属颗粒嵌入柔软、坚韧、延展性高的金属基体中，用于切削刀具或耐磨特征。另一个例子是铝基体中加入碳化硅填料，在保持较低重量的同时提供更高的强度。AM 加工可以将硬质材料的应用扩展到传统加工无法实现的、复杂的或难以形成的特征，或者通过改变沉积到金属基体的组成，从而改变特征的强度和热性能。

金属填充的复合材料可以在块体零件的特定位置局部地赋予满足人们需要的性质，额外的好处是降低材料成本或增加制造的便利性。例如，聚合物包覆钨粉可以用塑料 3D 打印技术熔合，用于医学成像的复杂辐射准直器。在第 10 章中我们将更深入地了解这类创新思维。

金属间化合物是金属材料的组合，通常形成大且复杂的晶体结构，能够在块体材料中表现出独特的性质，经常作为高温合金中的涂层或强化相。它们往往偏离了常见的晶体结构和金属的定义。镍铝化合物和钛铝化合物（TiAl）是两个例子，它们是航空航天高温合金中最常见的两种强化相，也被研究用于制造航空发动机部件。TiAl 具有低密度、高抗氧化性、高杨氏模量（弹性性能的衡量标准），并且可以在更高的工作温度下使用（Murr et al. ，2010）。这些金属间化合物材料还可以显示出独特的化学和物理性质，例如用于储氢、超导和作为磁性材料。非晶材料和金属玻璃也属于金属间化合物材料，因为快速冷却阻止了金属典型晶体结构的形成。非晶态金属，通常被称为金属玻璃，是不具有普通金属典型晶体结构的金属材料。它们通常是通过快速冷却制备，并且能够显示出超越常规金属的性质，如高强度、低杨氏模量和高弹性。研究表明，与 PBF-L 相关的冷却速率可以产生铁基金属玻璃沉积物，因此其是生产块体金属玻璃材料和零件的可行方法（Pauly et al. ，2013）。

4.4.6　回收金属

在一些环境和经济因素的推动下，回收已经发展成为一项大产业。谁能否认回收对环境、可持续性、消费主义的影响，以及对世界容纳日益增长的人口的能力所产生的积极作用？我们都知道铝罐的回收，但是当用于 AM 时，人们对回收和再利用的有效性有很多误解。在《金属手册桌面版》第 31～33 页提供了关于金属回

收的一个很好的综述(Boyer et al.,1985)。

回收的好处有很多。例如,回收金属的重熔比原生金属提取(采矿和精炼)消耗的能量要少得多。回收金属可以有两个来源:"回收金属"和"废金属",铸造厂从这些来源重熔生产的金属可以达到主要商业金属形状总量的50%。然而,这个过程存在着缺点和局限性。回收金属或在制品废品是来自于常规加工操作产生的经过充分确认的商业金属库存。金属冲压操作产生的冷轧钢相框就是一个例子,该操作中的污染源能被很好地识别出来,并且数量很少。废金属或消费后的废料很难处理,因为有许多污染源在回收过程中很难去除,从而限制了再利用。例如,切削润滑剂对车削金属的污染,限制了这类废金属的再利用。其他来源的污染,包括铁锈、涂层、塑料、油漆、电镀金属(锌或镉镀层)和润滑剂,都会在零件使用期间产生。此外,废金属往往失去了特定金属合金的成分和牌号信息,限制了其再利用。有一些可以根据颜色、重量、比重或利用现代测试设备(如光谱方法)对废金属进行整理和分类,但是这些方法可能很昂贵,而且只是部分地有效。例如,金属废料行业已经确定了20个类别的废钢和10个类别的铸铁[24]。铝合金废料(如机加工切屑)的识别和提炼往往需要在熔体中使用氟化物或冒泡氯进行脱脂和去除杂质。因此,必须考虑废金属回收对环境的影响。为了达到预期的金属要求,在重熔时往往需要与新金属混合。在另一个例子中,铝啤酒罐可以由两种不同的合金制成,一种是容易形成罐子的形状,另一种是作为盖子提供一定的强度。

4.4.7 AM 金属粉末的回收和再利用

对 AM 最具吸引力的高性能工程合金不一定适合直接回收,以及制成金属粉末或金属丝用于 AM 粉末熔合等操作。在机加工过程中吸收的污染物,如切削液,或者是在服役过程中吸收的污染物,它们可能会导致这些昂贵的材料回收后不满足直接再利用的条件。对于某些活性金属,如钛,仍未开发出成本效益高的回收方法。虽然复合材料或包含多种金属的部件在快速发展,但是目前仍然没有回收这些材料的有效途径。由于这些原因,仅就成本而言,只要保留了这些材料的纯度和谱系,则 AM 加工粉末的回收和再利用能力是非常有吸引力的。

AM 进料的杂质污染会影响沉积材料的化学成分和冶金响应。不同商品等级的金属可以具有范围广泛的杂质含量,这与加工程度有关,并且通常反映在高等级纯度的材料的价格上。在 AM 加工中,构建室内的气氛和输送气体可能含有杂质,能够以一定的方式进入再利用或回收的材料中。粉末或丝的储存和不当处理也会沉积杂质和污染物,从而使其进入构建环境中。粉末生产商和原始设备制造商(original equipment manufacturer,OEM)都充分意识到保持粉末原料的纯度和可追溯性的重要性,并且在持续地改进回收和再利用这些材料所需的工艺和程序。

---

[24] Boyer 和 Gall(1985),第 31-34 页。

为 AM 生产的金属粉末的再利用是 AM 技术主要的亮点之一，行业领导者大力推广这项技术的一个原因就是，AM 技术非常环境友好，仅使用制造零件所需的粉末材料，并允许再利用所有剩余的粉末。正如将在后文中详细讨论的那样：大多数 AM 金属工艺需要使用一定程度的支撑结构，这种结构随后作为废料而去除；一定程度的后处理，如机加工和钻孔时，也伴随着废物流；以及用过的粉末在再利用前，经过筛选工艺时会产生碎屑。

目前正在进行研究，以改进和创新更有效地回收工业金属废料的方法。英国的 LPW 技术公司已经进行了研究，以确定回收旧粉末的可行性。另一项正在进行的研究表明，一种工艺中的废料可以回收，并直接作为下一种工艺的输入（Mahmooda et al.，2011）。作为人类对太空发展的一个更大的预测，原位资源利用（in-Situ resource utilization，ISRU）将成为一种选择，即收集和再利用从地球发射的材料或利用太空中开采的材料，因为运输材料离开地球重力阱的成本极高。NASA 和 ISRU 空间技术开发人员为 ISRU 进行的概念规划将为部件的设计增加额外的考虑，包括材料的选择、服役条件和系统服役结束后的拆卸和再处理。

现在你已经对金属结构、性质、冶金学和形状等方面有了基本了解，这些都与 AM 相关。接下来让我们了解 AM 熔化或烧结这些材料时所使用的能源。

4.5　关键点

- 金属合金提供了许多有用的性质，如强度和耐久性，这些都是由金属的化学成分和形成零件的工艺带来的结果。
- 形成金属合金的化学成分和工艺将决定其微观结构和性质，并最终决定了零件在高温、腐蚀性环境或生物相容性应用等条件下的使用性能。
- 金属合金粉末需要特殊加工，以达到特定 AM 工艺所需的球形形状和纯度。这增加了它们的成本，并限制了商业上可用于 AM 加工的金属合金的数量。
- 在焊接应用中广泛使用的金属合金丝和电极正被用于以块体沉积为特征的定向能量沉积 AM 工艺。
- AM 加工也可以使用特种合金和复合材料，形成那些用常规方法不容易形成的形状。

第5章

激光、电子束、等离子弧

摘要 用于熔化和熔合金属的高能热源在工业中得到了广泛的应用。虽然激光和电子束加工已经应用了 50 年或更长时间,电弧焊接已经应用了一个多世纪,但是人们对这些工艺的基本原理往往缺乏理解。这些金属加工系统自动化程度的不断提高,使操作员或工程师进一步失去了对这些热源、熔池和最终的熔合金属沉积物的基本功能和控制的了解。AM 金属加工系统通常在封闭的腔室内高速运行,产生非常小的熔池,这进一步导致人们难以观察到该工艺的基本功能。本章将介绍这些热源的基本功能,以及当高能束或电弧加热金属表面,使粉末或金属丝熔化并熔合为成型零件时会发生什么情况;还将介绍在 AM 加工和后处理过程中辅助和附加热源的应用。

在计算机控制下,高能量密度热源可以用于熔化、烧结或熔合金属,形成功能性 3D 物体。本章内容涵盖了熔化的基础知识:在 AM 中使用了什么热源,为什么以及什么时候使用这种或那种热源。了解这些热源的基本原理及其应用方式将有助于你选择最适合的工艺来构建所需零件(图 5.1)。

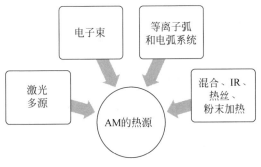

图 5.1 AM 金属的热源

5.1 熔池

当把一个集中的能量源引向金属表面时，一些能量永远不会到达表面而损失，这是由于一些能量在撞击表面时被反射，一些能量被吸收后以热量的形式被辐射。剩余的被吸收的能量可以加热金属，如果强度足够，就会形成熔池。然后，热源可以沿着规定的路径移动，熔池也会跟随着移动。图 5.2 示意了激光能量撞击并熔化金属基底表面的情况。虽然能量束和金属熔池相互作用的物理学知识超出了本书的范围，但是需要注意的是，金属熔池内的流体流动和熔池上方的金属蒸气流动是极其动态且难以控制的。作为 AM 的一个优势，剧烈的熔池流动有助于打破粉末颗粒和填充丝之间的表面氧化层，并且有助于其熔合到先前沉积的基础层中。缺点是，熔池上方的金属蒸气可能对工艺有害，造成不可预知的工艺干扰、低气化点合金成分的损失，以及在光学元件、构建室内壁或过滤器上的蒸气凝结，这需要通过清洗或更换来去除。

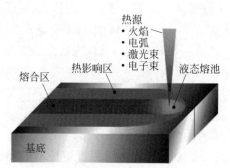

图 5.2　移动的热源和液态熔池①

能量束和熔池将会熔化并消耗填充材料，填充材料可以是预先放置的粉末，也可以是输送的粉末或丝等形式，将填充材料引入熔池中，可以熔合形成零件。熔合过程通过熔化基底金属和熔池前缘的填充金属进行，同时允许金属在熔池后缘凝固。在大多数需要多道次沉积的情况下，每个道次都必须完全熔合到先前沉积的材料中。

了解熔化、热源和采用工艺的基础知识将有助于你设计更好的 AM 部件，并正确地选择和应用工艺参数，从而得到所需的零件质量。读者可以参考本书的附录B，其中安排了普通焊接设备的实践练习，以加深对金属熔化和熔合时的行为的理解，并获得第一手经验。阅读有关金属熔合的书籍是可以增强知识，但实际操作并从经验中学习则更有价值。

---

①　由劳伦斯·利弗莫尔国家实验室提供，经许可转载。

5.2　激光

如上文所述,20 世纪 60 年代激光的发明是物理学在技术上的一个里程碑,它已经在材料加工领域得到了广泛的应用。20 世纪 70 年代,激光器的功率已经发展到足以熔化金属,因此激光切割得到了广泛的应用,尽管由于设备的成本而使其应用集中在高价值、高回报的产品上。虽然目前激光器的价格已经大幅下降,但是用于 AM 系统的高功率激光器仍然需要花费数十万美元。

激光产生高能量密度的光子束,可以被传输并聚焦成一个很小的光点,能熔化和蒸发金属。激光设备可以产生数千瓦的功率,光束可聚焦成几分之一毫米。这么小的光斑可以形成非常小的熔池,并且在数米每秒这样非常高的行进速度下仍能够熔化金属。在 AM 中使用了多种激光技术,如 Nd:YAG、盘形激光器和二极管激光器等[②],不过这里的讨论将集中在光纤激光器技术上,由于它们可靠性高、尺寸紧凑和维护成本低,所以大多数 AM 系统现在使用光纤激光器。IPG 光电公司的一篇文章全面地概述了光纤激光器的原理和应用[③]。光纤激光器的基本原理如图 5.3 所示。光学泵浦二极管与一种具有特殊反射涂层的活性激光纤维和布拉

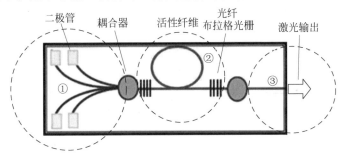

二极管　　耦合器　　活性纤维　　光纤布拉格光栅　　激光输出

图 5.3　光纤激光器原理图[④]

① 泵浦二极管模块:泵浦光辐射进入活性纤维;② 光学活性纤维:含有掺杂芯(镱)和耦合包层,泵浦光激发光纤的芯;③ 传输光纤:将能量从模块中导出。

---

② 千瓦级的高功率二氧化碳激光器是首先在金属焊接和切割方面得到广泛应用的激光器。该激光器 $10.6~\mu m$ 的波长需要光学反射元件,如铜镜,而不能在石英光纤或窗口中传输,这限制了它们在第一个基于激光的 AM 系统开发过程中的使用。随后发展出的 Nd:YAG 激光器,利用反射腔内的脉冲闪光灯泵浦掺杂石英,产生脉冲激光束。Nd:YAG 激光可以聚焦并被光纤传输,并且很容易通过窗口进入手套箱,从而增加了它们的通用性。闪光灯的使用寿命有限,需要对光学元件进行校准和维护。利用多激光腔和连续脉冲来产生准连续波束的激光器也在早期的 AM 系统中得到应用。光学二极管最终取代了闪光灯来泵浦激光腔,从而延长了使用寿命并降低了运行要求。盘形激光器有利于提高光束质量,而直接二极管激光器阵列则以牺牲光束质量为代价,为金属加工(如熔覆)提供了高效率的激光器。光纤激光器技术的出现则在紧凑的尺寸中大大提高了鲁棒性并降低了成本。

③ 文章来自 EDU. photonics. com. 光纤激光器的新类型和新功能拓展了应用. Bill Shiner. IPG 光子学. http://www. photonics. com/EDU/Handbook. aspx? AID=25158(2015 年 3 月 17 日访问)。

④ 由 FMA 的出版物《制造者》提供,经许可转载。

格光栅耦合在一起，沿着纤维的长度方向来回地反射激光，在激光器的输出端形成相干光束。光束传输通常是使用另外一路光纤来完成的，这些光纤提供了一个耐用、灵活、全封闭的光束路径，用于传输和控制光能。这些光纤是安全联锁的，在传输光纤破裂时可以关闭系统。最终光束传输包括光学元件和透镜，用于在光束离开光纤后调节和聚焦光束。正如后文所述，对光束的操控通常是由磁驱动镜或CNC 运动来完成的。

激光束被引导到工件上，聚焦在工件表面或表面附近，其能量密度足够高，达到了熔化所需的程度。撞击在工件上的激光能量被反射，或者被吸收进工件或填充材料中，从而产生加热和熔化。对于不同的金属，激光的吸收或反射可能会有很大的差异。

在不考虑激光与材料相互作用的复杂性的情况下，重点需要注意，不同的金属其吸收或反射的激光能量不同，如钛和铜的差异。铝和银的吸收系数很低，而钛的吸收系数则相对较高。激光能量的类型或波长也会影响吸收。Yb:YAG 光纤激光能穿过石英光学元件，如惰性处理室的窗口、聚焦透镜或石英光纤。相比之下，CO_2 激光的波长会与石英耦合并将其熔化，因此无法使用光纤传输，难以传送到AM 加工室中。

除了材料和激光波长的吸收关系，熔融金属对激光能量的吸收通常比固体金属要大得多。在熔池上方可以形成蒸发金属或等离子体的羽流，吸收激光能量并阻止其到达熔池。如果这还不够的话，迅速膨胀的蒸发金属云和过热气体的压力会在熔池中形成凹陷，捕获激光能量并进一步增强吸收。这种凹陷通常被称为锁孔，它形成了一个可以深入金属内部的蒸气腔。这种熔化的锁孔模式（图 5.4）可以产生较深的渗透，但是也可能产生孔隙、飞溅（也包括球化）或截留的空洞等缺陷。在某些情况和特定激光波长（如 CO_2 激光波长为 $10.6~\mu m$）的条件下，部分电离的气体或等离子体可能会产生额外的工艺不稳定性。在加热、传导熔化、锁孔熔化和羽流形成之间，吸收和熔化的过渡可能非常突然，这可以是由激光功率的微小

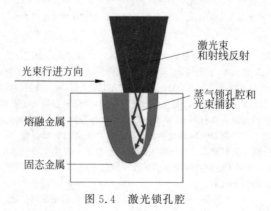

激光束
和射线反射

光束行进方向

蒸气锁孔腔和
光束捕获

熔融金属

固态金属

图 5.4　激光锁孔腔

变化、行进速度和焦斑尺寸变化或其他微小的工艺扰动造成的。在 AM 加工过程中，粉末的尺寸和层厚也会影响熔化。那么，这一切是如何在 AM 中起作用的呢？如后文所述，为了保持稳定且可重复的工艺，需要仔细选择和控制多种类型的激光、工艺参数和材料。

如上所述，材料在吸收激光时，熔化加剧，并且可能有足够的能量优先蒸发合金中的低熔点成分，如铝、镁或锂，从而改变了沉积物的化学成分。蒸发的金属可能会重新沉积在构建室内或附近的光学元件表面上。激光与材料相互作用的动力学是极为复杂的（固体、液体、气体，有时还有等离子体），可能是工艺不稳定性的来源。在附录 A 和 ANSI 标准出版物（ANSI 2000）中提及的激光危害通常被控制在构建室或手套箱的范围内。

与激光焊接技术的发展和应用相关的书籍和标准为人们了解金属激光加工的复杂性，以及关键部件产品的应用和认证所遵循的途径提供了良好的参考资料。这些应用已经形成了一个庞大的知识体系，经过 40 多年的整理和提炼，有助于人们理解和控制这些工艺。最近已经开发出了紧凑型激光器，维护方便，并且可以可靠地运行数万小时。这些可靠、低成本的激光器对 AM 系统的开发和采用产生了非常积极的影响。在参考文献中包含了关于激光焊接技术的一些优秀的参考书（Ready et al.，2001；Steen et al.，2010；Duley，1999）。

5.3　电子束

和激光一样，电子束也有高能量的密度，但是使用的是电子而不是光子。可以较小的聚焦束形成较小的熔池，并且熔化速度极其快。电子束枪的基本原理如图 5.5 所示。

高压电源置于栅极杯和阳极之间。带负电的阴极在一个称为热电子发射的过程中被加热并蒸发出电子。这些电子被栅极杯加速并聚焦到阳极上，通过一个孔进入工作室。在工作室中，带电的电子束被电磁线圈聚焦，并通过磁偏转线圈引导电子束到工件上的某个位置。电子束设备可以产生 $60\sim150$ kV 的束流电压和 $3\sim30$ kW 或更高的束流功率，并聚焦到几分之一毫米的束斑尺寸。

这些都发生在提供高纯度环境的真空室中（小于 1×10^{-4} mbar），在其中熔化和熔合金属能够尽量减小金属受到空气中的氧和氢或水分的污染。从 AM 加工的角度看，磁偏转允许电子束沿着规定的路径快速地移动。这种电子束偏转相比用于定位激光束的磁扫描反射镜要快得多。该工艺的一个限制是阴极发射体的使用寿命有限，需要每隔一段时间更换，这可能会影响到需要大束流功率和长运行时间的大型工件 AM 加工的维护和产量。

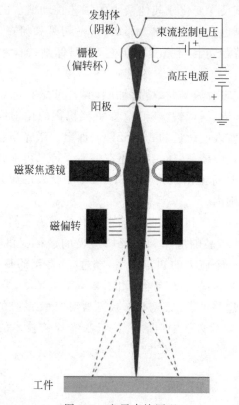

发射体（阴极）

束流控制电压

栅极（偏转杯）

高压电源

阳极

磁聚焦透镜

磁偏转

工件

图 5.5　电子束枪原理

电子束材料加工的基本部件和操作示意图. https://en. wikipedia. org/wiki/File：Schematic_showing_basic_components_and_operation_of_electron_beam_materials_processing. png#filelinks⑤

　　电子束热源的工业应用包括航空航天、核能和高产量应用的焊接，从这些应用可以看出这些工艺的成本和复杂性。一直以来，设备成本使这些工艺在入门级和中级应用中遥不可及。电子束系统依赖于复杂的计算机控制和计算机数字控制（computerized numerical control，CNC）运动系统。设备成本从数十万美元到数百万美元不等。

　　有两种类型的电子发生器，分别称为低电压（约 60 kV）枪和高电压（100～150 kV）枪。一般情况下，高压枪固定在真空室上方，而低压枪则可以固定在较小的真空室内或在较大的真空室内利用 CNC 运动系统移动。电子枪内的磁线圈用来聚焦和操控腔室内的电子束。后文中将提供与 AM 相关的具体工艺配置的更多细节。

　　与激光束相比，电子束的一个优点是能够更有效地将电子束能量耦合到金属

　　⑤　由 Powers D E，根据 CC BY-SA 3.0 提供. https://creativecommons. org/licenses/by-sa/3.0/。

上,而激光束有反射和能量损耗。电子束的缺点是需要在真空中产生和传播,即使是少量的气体分子也会碰撞并漫散射电子束。一些电子枪直接在枪上使用额外的真空泵,以避免污染和金属蒸气回流。一些电子束可以被聚焦到与通常用于 AM 的激光系统一样小甚至更小的束斑。电子束撞击金属会产生 X 射线危害,这些危害通常被控制在腔室的屏蔽范围内。

与激光一样,电子束可能具有足够的能量来优先蒸发合金的低熔点成分,从而改变沉积物的化学成分。同样地,蒸发的金属可能会重新沉积在构建室或电子枪部件的表面上,导致这些部件需要定期维护。电子束与材料(固体、液体、气体和等离子体)之间相互作用的动力学极其复杂,这可能成为工艺不稳定性的来源。

工业电子束焊接技术的发展先于激光焊接技术的发展。这为与电子束焊接技术的开发和应用相关的书籍和标准提供了很好的来源,有助于了解金属电子束加工的复杂性,以及关键部件(如航空航天零件)产品的应用和认证所遵循的途径(AWS C7,2013;O'Brien et al.,2007;Lienert et al.,2011)。

进一步发展用 AM 加工的电子束技术的研究仍在进行。例如由欧盟委员会资助的一个项目,该项目旨在研发一种电子枪,能够在高功率下更快地偏转和光栅化电子束,从而提高 AM 零件的加工速度[⑥]。

5.4 电弧和等离子弧

电弧提供了一种高能量密度的热源,可以很容易地熔化金属,尽管其速度比激光或电子束慢。电弧热源与激光器有本质上的不同,但是与电子束有关联,因为电子流在电弧中传输,但是能量密度低于电子束。无论你使用的是激光、电子束还是电弧,最终目标都是一样的:制造一个金属熔池。电弧的特性可以有很大不同,它取决于电流的方向(AC、DC+、DC),或者电弧环境中的添加物,例如保护气体的选择(如氮气、氩气),或者穿过电弧添加的填充金属的选择。电弧和电弧熔化形成较大熔池的物理学原理已有文献(Lancaster,1986)描述。电弧热源的一大优势是设备成本较低(在数千或数万美元到数百万美元的范围),并且与激光或电子束相比具有较大的能量转换效率。一个很大的缺点是电弧或等离子束不能被紧密地聚焦(小于几毫米),因而不能达到许多 AM 应用所要求的精度和精细的细节。使用这个热源的沉积速率可以很高,而且可以用于沉积多种市售填充材料,但是代价是热致变形增加和沉积精度降低。在过去的一个世纪里,电弧焊接得到了很大发展,出版了大量优秀的文献(Lienert et al.,2011;O'Brien et al.,2007),在本书末尾的"焊接设备和耗材供应商"部分提供的链接也有很多信息。

---

⑥ 欧盟委员会.最终总结报告—FASTEBM(零件生产系统市场的高生产率电子束熔化增材制造开发).项目编号 286695. http://cordis.europa.eu/result/rcn/153806_en.html(2015 年 3 月 17 日访问)。

　　等离子弧焊接(plasma arc welding，PAW)是气体保护钨极电弧(gas tungsten arc，GTA)焊接的一种变体，其中使用惰性气体射流引导焊接电弧形成一个聚焦的高能量密度的电弧等离子射流，如图 5.6 所示。这个部分电离的等离子气体射流可以通过生成并扩展金属蒸气锁孔在熔池的深度，增加熔池的熔深，从而达到简单的热传导所无法达到的深度。PAW 工艺的稳定和定向弧带来的一个好处是，在使用复杂的 CNC 运动时，通过约束和聚焦等离子弧可以有助于防止"弧漂移"。填充材料直接引入熔池，并不是热源不可分割的部分。

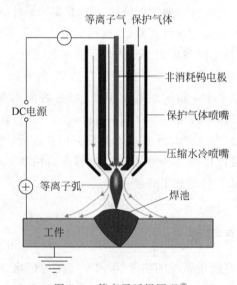

图 5.6　等离子弧焊原理[⑦]

　　气体保护金属极电弧焊(gas metal arc welding，GMAW)，也称为 MIG 焊接，利用连续的填充丝作为自耗电极。如图 5.7 所示，金属穿过电弧转移到形成的熔池中。在 CNC 运动控制下，可以用多个焊道堆积材料层或形成一个形状。该工艺的变化包括往复式送丝(reciprocation wire feed，RWF-GMAW)(Kapustka，2015)和冷金属过渡(cold metal transfer，CMT-GMAW)(Furukawa，2006)，有助于控制热量输入，减少飞溅，显著改善焊道的形状控制。

　　GMAW 焊接工艺中的机器人操作和计算机控制通过控制电流、电压、极性、弧长、焊炬角度和行进速度等许多变量，使这些工艺成为大型近净形状部件快速构建的有力竞争者。在你能看到的范围内了解熔化的基本原理并学习如何控制的一个好方法就是应用 GTA 焊炬。附录 B 提供了一些应用的案例，可以从这些案例中学习。

　　⑦　来源：Dmitri Kopeliovich 博士. 等离子弧焊接(PAW). 物质与技术. http://www. substech. com/dokuwiki/doku. php? id＝plasma_arc_welding_paw。经许可转载。

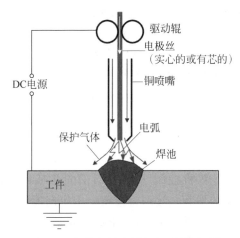

图 5.7　气体保护金属极电弧焊原理[⑧]

电弧热源的能量耦合和熔化产生的熔池比使用激光或电子束得到的熔池大得多。与激光或电子束相比,较大的熔池体积更加难以操作和控制。表面张力可以产生大的球形沉积物或焊珠,从而降低了沉积精度。然而,如果零件将要进行百分之百地后处理加工,那么沉积精度就不是问题。重力会使沉积物下垂或变形,而磁力会使电弧位置偏移。焊接金属的化学成分、惰性气体保护或电弧环境也可以影响焊道沉积的形状和熔深。尽管如此,电弧焊接设备的低成本,完备地表征并认证的各种材料和工艺,以及工艺控制的最新进展,使基于电弧的 AM 成为某些应用的有力竞争者,如板式隔板上的肋、锻造毛坯、用于储存罐的半球或者复杂容器几何形状,相比之下剔除加工或者昂贵的冲头或成型冲模都是成本效益较低的选择。

5.5　混合热源

电弧热源和激光热源可以组合成一个混合的工艺,从而可以结合两者的优点。电弧辅助激光焊接可以将激光的熔深和行进速度与基于电弧的系统的高材料沉积速率相结合。在 GTA 焊接工艺中,聚焦在熔化区域内的激光束显示了稳定阴极焦点和电弧特征的潜力。这种混合热源的组合可能会进一步降低未来 AM 金属系统的成本。

使用多个激光热源可作为提高沉积速率的手段,并为某些 AM 系统提供了额外的热源。多个激光束可以提高构建周期中粉末熔合部分的速度,但是不能提高粉末重铺周期的速度或其他内置系统的暂停或延迟速度。我们将在后面讨论 AM 工艺优化时更详细地讨论这一点。具有高速偏转功能的电子束系统可以有效地产

⑧　来源：Dmitri Kopeliovich 博士.金属极惰性气体保护焊(MIG,GMAW).物质与技术.http://www.substech.com/dokuwiki/doku.php?id=metal_inert_gas_welding_mig_gmaw。经许可转载。

生多个近同步热源，因此可以产生多个熔池或预热粉末床，以协助收缩力和应力集中的分布。脉冲的或调制束流功率的激光、电子束或电弧源可以在保持熔化效率的同时，减少总热量输入，从而可以在 AM 中得到应用。通常用于焊接熔覆工艺的热丝方法使用电阻加热来预热金属填料，可以提高熔池内的熔化速率。红外线（infrared radiation，IR）灯加热也可用于预热构建平台或粉末床，使构建速度加快。

5.6　关键点

- AM 金属工艺在计算机控制下，根据计算机生成的实体模型，选择性地将原料熔化成有用的形状。这通常需要一个定向能量源，沿着规定的路径熔化或烧结金属粉末或丝，以熔合并形成物体。
- 需要对 AM 用于实现熔化的各种热源有一个基本的了解，其目的不仅是理解这些工艺的复杂性，也是为特定材料和零件设计选择正确的 AM 工艺。
- 高精度的热源，如激光或电子束，可应用于珠宝以及具有小型或复杂特征的部件等。电弧和等离子弧热源用于大尺寸近净形状零件的大批量沉积，沉积材料体积大并且依赖于 100% 后处理加工。
- 已经开发了多个高能束热源或混合热源，以提高构建速率，从而能够生产更大型的部件。

第6章

计算机、实体模型和机器人

摘要 高性能的计算硬件、软件，复杂的基于计算机的传感和控制，它们已经从工厂迁移到云端和家庭。我们已经习惯了计算机、软件应用程序和计算机驱动的机器，它们已经以多种形式存在于我们的家中：从智能手机到遥控玩具。我们现在可以在工作室或在街边使用低成本的 3D 打印机，也可以通过互联网使用更大的商业机器。了解这些机器有哪些构建模块，以及它们如何组合在一起，这对更好地选择 AM 金属打印功能是非常有用的。本章中，我们将讨论支持 3D 实体模型软件、3D 扫描仪和计算机辅助设计（computer-aided design，CAD）的类型和功能。此外，我们还将介绍和讨论计算机辅助工程（computer-aided engineering，CAE）、计算机辅助制造（computer-aided manufacturing，CAM）、计算机数字控制（computer numerical control，CNC）和运动系统。最重要的是，我们关注这些技术在 AM 金属方面的应用。我们将向你介绍标准曲面细分语言（standrad tessellation language，STL）文件格式，它最初是为聚合物材料和塑料的快速原型制作而开发的，为计算机定义表面几何形状提供了一个简单的解决方案。进而，将讨论互操作性和跨平台独立性的发展需求，以及 3MF（3D manufacturing format）文件格式的发展。

3D 计算机辅助设计软件已经被广泛使用了数十年，而在过去的 25 年里，随着计算机图形、实体模型软件和工作站日益增强的性能和可用性，有助于设计工程师们更加广泛地使用。最近，计算机硬件和软件的性能和速度已经将这项技术扩展到了个人计算机和笔记本电脑系统。用于热、力和流体分析的计算机辅助工程软件随着越来越强大的算法、硬件和软件的进步而不断发展。计算机辅助制造在过去的 20 年中有了显著的发展，从多功能机器（如多转塔车床），到混合工作中心（如加工加上检测），再到多轴激光计算机数字控制（如 5 轴激光切割）。虽然高端工程软件仍然昂贵且复杂，但是中端和低成本解决方案正越来越多地提供给小企业、学生和创客，使他们能够进入这个 3D 物体的虚拟世界。

6.1 计算机辅助设计

在过去的 25 年中，CAD 软件有了长足的发展，从 2D 计算机辅助绘图工具发展到全 3D 模型生成器，再到基于模型的工程工具，能够进行虚拟装配和 3D 功能模拟。这些工具有复杂的图形用户界面，允许快速定义几何形状和高质量的渲染。使用直接编程方法和使用构造实体几何（constructive solid geometry，CSG）的原理来创建实体几何形状，也可以作为创建实体模型的替代方法。

CATIA、ProEngineer 和 Unigraphics 等高端专业软件包与一系列制造资源计划、企业管理和文档软件，以及检验、质量和测试相关的数据库和记录相结合。正在开发的产品可以记录一个功能部件从"摇篮"到"坟墓"的所有方面，包括模型设计、产品和工艺定义、检验和服役性能。"零件指纹"或"产品 DNA"等术语被用来描述未来对制造零件的跟踪，以协助产品追踪、改进、演化，以及防止抄袭、复制或伪造。

中端软件包，如 Solidworks 和 Autodesk 提供的软件包，以合理的成本提供了很强的功能。多种商业软件为工程、动画、建筑渲染或艺术追求进行了优化，这些软件都有输入和输出实体模型的能力，其格式也可以用于 3D 打印。中等成本的软件包可以提供精确的绘图和建模功能，使用广泛的文件类型，允许导入和导出，并允许软件平台之间的文件共享。一个重要的区别是那些提供参数化设计的模型。参数化模型是使用变量值而不是常量值来定义尺寸。对这些尺寸，可以方便地修改，并且直接反映在对模型几何形状的修改上，而无须重新创建新的模型。基于特征的实体模型定义了几何形状，这些几何形状可以通过组合的方式来创建更复杂的几何形状。在这些特征之间可以定义父/子关系，也可以定义为增材特征（如墙特征）或减材特征（如孔特征）。

2D 绘图和 3D 实体模型的低价软件可以在开源许可下以很少的费用或免费获得。免费或低价的 CAD 软件包括谷歌 SketchUp、3Dtin、Meshmixer、Autodesk 123 和 Tinkercad。这些软件包使初学者能够轻松地创建模型，这些模型可以转换为 STL 文件格式并打印。其他公司提供的入门级软件包功能更强大，但是也伴随着更陡峭的学习曲线。OpenSCAD[①] 是一个开源的直接编程环境，用于创建实体几何形状，可以输出 STL 文件用于 3D 打印。本书附录 C 是一个编程示例，可以作为 STL 文件输出，用于切片和 3D 打印。

虽然许多软件包都有自己的专有文件格式，它们通常附有翻译器，用来翻译其他软件使用的格式，尽管这些文件格式中的一些信息可能不会被翻译并保留，而是只提供有限程度的翻译。在翻译成 3D 打印最经常使用的 STL 格式时，翻译的限

---

① OpenSCAD 基金会. http://www.openscad.org/(2015 年 4 月 10 日访问)。

制问题更为严重。

STL 文件格式（来自单词 stereolithography）是由 3D 系统公司创建的，用于快速原型制作和立体光固化。它将一个实体模型表面表达为一系列相互连接的三角形切面，如图 6.1 中所示。为了说明 STL 文件如何近似一个表面，图 6.2 显示了将一个甜甜圈形状分别用 2D CAD 模型表示和三角形近似表示之间的差异。ASCII 文本格式的单个 STL 三角形的定义见表 6.1 所示。非常大的 ASCII 文本文件可以用更紧凑的二进制格式文件表示。用于近似表面的三角形数量越多，表面拟合效果越好，但是文件的尺寸越大。三角形的顶点被表示为笛卡儿空间中的三个 x、y、z 点，并且伴有一个指向所描述几何体外部的法向量。没有一条边可以被两个以上的切面共享，也没有两个切面可以占据相同的空间。所有的法向量都必须指向外部，并且所有相连的三角形所表示的表面必须完全连接或"水密"。这种简化的表面表示法不附带任何其他信息，如原点、线、基准面、材料类型、颜色、尺寸标注或参数化特征关系，因此当被转换为 STL 格式时，CAD 模型中存在其他信息将会丢失。由于与实体 CAD 模型相比，STL 表面格式非常简单，所以已经广泛应用。然而，入门级的软件和计算平台可能会限制易于渲染和处理的三角形单元的数量，最终限制了其应用。一些 3D 打印用户生成的设计中，三角形切面特征构成表面的光洁度通常反映了某些 STL 表面模型有限的分辨率。STL 格式的另一个限制是在缩放到高分辨率或点阵形式方面存在问题。STL 文件也无法翻译回原生 CAD 文件。本书附录 D 中给出了一个从 STL 文件的一部分转换而来的 3D 打印机控制文件的示例。图 6.3 比较了从 STL 表面模型或实体模型构建零件的两个序列。每个序列都可以从 3D 设计或 3D 物体的扫描开始。在定义表面模型的 STL 文件中添加了支撑结构，对其进行切片并逐层地构建零件。实体模型被用来确定 CNC 工具路径的 CAM 模型，并从该模型构建零件。CNC 工具路径可以利用 3D 同步多轴运动，定义为逐层沉积路径或逐个特征路径。本书后文将提供更多细节。

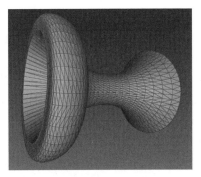

图 6.1　用一系列三角形表示的 3D 实体模型表面[2]

---

② 　根据 CC BY-SA 3.0，未注明出处的图像。https://creativecommons.org/licenses/by-sa/3.0/。

表 6.1   单个 STL 三角形定义的示例

```
facet normal -0.998175 0.0531704 -0.0286162
    outer loop
        vertex -21.139 2.29811 -3.27318
        vertex -21.2163 2.00825 -1.11598
        vertex -21.2078 2.17906 -1.09682
    endloop
endfacet
```

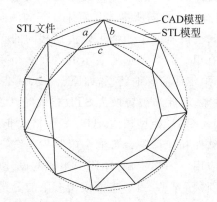

图 6.2   CAD 和 STL 模型之间的差异，说明 STL 建模的工作原理

CAD 和 STL 模型之间的差异. https://commons. wikimedia. org/wiki/File STL-file. jpg ③

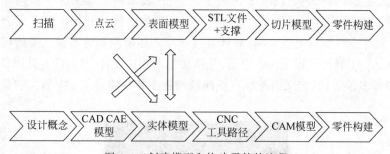

图 6.3   创建模型和构建零件的流程

增材制造文件(additive manufacturing file，AMF)文件格式(Lipson，2014)是一个正在开发的新标准，通过添加颜色、多种材料、曲面表达和其他 CAD 功能来增强 STL 格式的属性。AMF 还具有向后兼容 STL 格式的特点，同时在性能、文件大小、读/写时间、准确性和可扩展性等方面也有改进。元数据字段可用于包含标识文本等其他信息。原生 CAD 文件中的参数关系既不保留，也不能转换回原生 CAD 表面，例如由非均匀有理 B 样条(non-uniform rational B-spline，NURBS)定

③   由 van Lieshout L 根据 CC BY-SA 3.0 提供. https://creativecommons. org/licenses/ by-sa/3.0/。

义的表面。NURBS 数学模型在行业内普遍用于精确描述 CAD、CAE、CAM 软件应用中的表面和曲线,并且在 CAD 文件标准中使用,如初始图形交换规范(initial graphics exchange specification,IGES)和产品模型数据交换标准(standard for the exchange of product model data,STEP)。新的 AMF 标准正在由 ISO、ASME、ANSI 和 ASTM F42 委员会等国家和国际标准组织提出和制定[④]。欧洲规范 ISO TC2615[⑤] 将包括获得更精确的表面表达以及材料差异(如颜色),以及 ISO/ASTM 52900《增材制造一般原则和术语》[⑥]等规定。可以理解的是,AM 机器供应商对服从新标准,开放其专有软件以实现兼容性,或承担频繁修订的成本会有一些抵触。

专用于控制金属粉末床系统的 AM 软件相对于用于塑料的软件有更多的要求。然而,由于软件开发如同硬件开发一样昂贵且耗时,所以 AM 金属加工系统的软件开发进行得很谨慎就不足为奇了。鉴于 AM 市场的动态特性,小型敏捷的开发团队比大型商业 CAD/CAM 供应商更有优势,因为后者在将工艺特性纳入其基本产品时行动缓慢。与最广泛使用的商业软件包相关联的第三方插件可以提供临时解决方案,但是大型商业 CAD/CAM 软件之间的接口将始终落后于 AM 的最新功能。

此外,针对 STL 和 AMF 文件格式的局限性,大型 CAD 软件、AM 硬件和 AM 服务提供商的联盟推出了一种用于 AM 的新文件格式,即 3MF。它提供了更多的功能,简化了从设计到 3D 打印的过程,无需临时文件转换,同时保持了模型中信息的保真度。它被设计用于跨越多种软件和打印平台[⑦]。3MF 联盟自 2015 年宣布成立以来,成员数量大幅度增加。开源代码开发和跨平台互操作性正在得到迅速发展。

3D 扫描硬件使用基于激光的传感或多个图像来创建一个数据点云,用于近似定义一个给定坐标系中物体的空间范围。计算机算法用于对数据进行平滑处理,提供近似的表面表达,并可以将其转换为 CAD 表面或实体模型格式。有文章(Chang et al.,2013)详细概述了从扫描点云到参数化实体模型的过程,该模型能够转换并导出到主流 CAD 软件包,如 CATIA 或 SolidWorks。3D 扫描软件通常能够获取点云,并直接用三角形拟合表面,以定义实体的外壳,创建 STL 格式的文件输出,随后允许使用其他软件进行 STL 模型切片和 3D 打印。在某些情况下,可能需要手动交互和编辑,以完全封闭和定义表面模型,或定义和拟合参数化几何实体,以表示和组合 3D 模型的特征。

---

④　ASTM 国际增材制造技术委员会 F42. http://www.astm.org/COMMITTEE/F42.htm(2015 年 3 月 19 日访问)。

⑤　国际标准化组织. ISO TC261 增材制造. http://www.iso.org/iso/iso_catalogue/catalogue_tc/catalogue_tc_browse.htm?commid=629086(2015 年 3 月 19 日访问)。

⑥　ISO/ASTM 52900.增材制造一般原则和术语. https://www.iso.org/obp/ui/#iso:std:iso-astm:52900:ed-1:v1:en(2016 年 4 月 11 日访问)。

⑦　3MF 联盟网站链接. http://3mf.io/(2016 年 1 月 28 日访问)。

3D 扫描和相关的软件可用于创建基于对象的原始 3D 模型和基于现有零件的逆向工程应用。Geomagic 社区的一个示例[⑧]演示了这个功能，首先扫描汽车变速箱壳体并将点云数据处理成一个模型，该模型可以被清理、封闭并定义特征，然后用于创建打印塑料或金属部件的 3D 模型。

参数化模型的设计特征是基于实体形状，借助布尔运算符可以将实体形状组合成更复杂的形状，以捕捉工程设计意图和制造细节。这些特征可以包括基准参考面、基础特征（如主体或外壳）、增材特征（如凸台、肋、法兰）或减材特征（例如孔、槽或加工表面），在精加工操作中通过编辑添加或清除特征以获得最终尺寸。

参数化设计允许在树状结构或父子特征层次中确定所有特征之间的关系。这样可以允许快速地更改设计、缩放、标注尺寸、添加更多特性、特征抑制，以及创建基于特征的增材或减材工具路径。高端的专业 CAD 软件允许创建技术数据包，这些数据包与实体模型一起提供更多的选项，以保存信息并提高设计的实用性。

6.2　计算机辅助工程

计算机辅助工程（CAE）是指使用复杂的计算软件进行工程分析的过程，以帮助进行过程模拟、预测和优化。在这些工具的支持下，热学、力学或流体动力学效应的分析得到了广泛应用。热流和变形机械系统的分析，如热力或机械力产生的残余应力变化，对 AM 金属制造工艺的发展和零件性能的预测特别有意义。金属行为的科学计算模型（数学模型）存在于多种空间尺度上，从原子和分子的相互作用到大型部件和系统的性能。冶金过程模型的开发，如凝固过程中的微观结构演变、晶粒生长、变形或应力等，都是企业、国家实验室和大学中活跃的研究领域。模拟研究使用一个或多个计算模型预测系统的行为。商业软件提供了一个便于使用的界面，允许对基于计算机的几何模型进行工程分析，例如用基于计算模型的模拟确定 CAD 模型。图 6.4 显示了焊接过程中移动热源和熔池周围金属中的热流模拟结果。

基于模型的工程（图 6.5）可以进行广泛的工程分析，以了解热、力和流体流动条件，并对设计进行修改，以帮助优化零件的性能。有限元分析（finite element analysis，FEA）已经成功地应用于铸造等熔化过程，在某些情况下还可用于焊接。有限元分析采用零件或样品的 CAD 模型，将其划分为小体积元或体素。然后应用边界条件，如制造和服役条件下相应的热和力条件，进行计算来模拟系统行为随时间的变化。基于模型的工程提供了对设计性能的深刻理解，在某些情况下，可以作为有效地加速设计到原型制作周期的工具中。

---

⑧　Geomagic 社区. 用 3D 扫描和逆向工程重建一辆老式汽车. http://www.geomagic.com/en/community/case-studies/rebuilding-a-classic-car-with-3d-scanning-and-reverse-engineerin/（2015 年 3 月 19 日访问）。

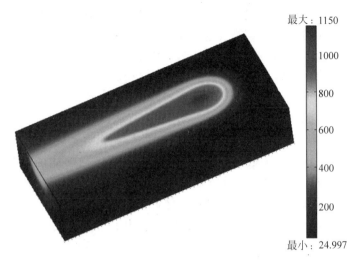

图 6.4　移动热源的有限元分析[9]

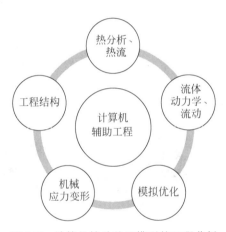

图 6.5　计算机辅助基于模型的工程分析

　　使用激光或电子束进行增材加工为有限元分析带来了更大的挑战,因为精确地模拟移动热源和粉末相互作用所需的网格细化尺寸增加了对计算的挑战和获得解决方案所需的计算能力要求。AM 模拟的其他挑战包括熔池尺寸非常小和与构建过程相关的高速度。在从环境温度到气化温度范围内材料性质的数据是有限的,这限制了第一性原理模型的准确性,因而需要对缺少的数据进行假设。许多AM 参数之间的相互作用和复杂形状、薄壁和厚壁、支撑结构约束和金属到粉末的边界条件的影响是非常复杂的,在某些情况下,人们对这些缺乏了解。如果这些有限元分析工程工具的运行时间比快速原型和测试零件所需的时间更长,或者如果

----

⑨　由阿尔伯塔大学提供,经许可转载。

由于 AM 工艺限制而不能构建出设计的优化结果，那么软件的价值和模拟工艺所需的时间就会受到质疑。尽管存在这些挑战，修改 CAE 工具以适应 AM 加工的益处无疑将推动有限元分析技术的持续发展和应用。

用于 AM 的 CAE 的一个应用被称为拓扑优化。这是一个 CAE 过程，通过该过程可以向设计施加机械载荷，以确定加载路径，并指导从设计中去除多余的材料，同时保持设计强度。然后，可以通过模拟进行迭代优化，从而产生更优的轻量化设计，如图 6.6 所示。AM 可以从拓扑优化方法受益，以创建用于制造复杂几何形状的复杂设计（Brackett et al.，2011）。具有拓扑优化功能的软件，如 Altair Hyperworks OptiStruct，已经成为商业软件，可以进行加载路径分析，并自动执行和评估多个设计模拟，以优化金属和复合材料结构的重量和尺寸[⑩]。另一个优化软件是 SolidThinking Inspire，其网站上包含了应用该软件创建轻量化部件的应用示例和视频[⑪]。在一个示例中，HardMarque 公司制作了一个重新设计的轻量化钛活塞，在另一个示例中，Renishaw 公司和 Empire Cycles 公司合作设计了轻量化 AM 打印自行车车架。这类计算机优化设计可能没有考虑到关键的缺陷尺寸或不利的表面光洁度条件，在这种情况下，小而薄的轻质韧带由于缺陷和瑕疵的存在可能有更大的失效风险，导致设计不够坚固。未来对这些部件进行测试的案例研究将有助于定义和改进这个设计空间。这种能力使我们摆脱了常规设计思维的束缚，进入了 CAE 设计的新领域。这些软件功能必然会跟随着由行业利益驱动的 AM 而发展。

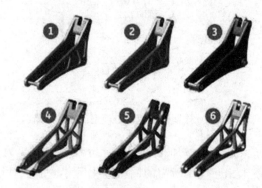

图 6.6　拓扑优化[⑫]

⑩　Altair Hyperworks 公司. OptiStruct 软件. http://www. altairhyperworks. com/（2015 年 3 月 19 日访问）。

⑪　SolidThinking 网站. http://web. solidthinking. com/additive_manufacturing_design（2015 年 3 月 19 日访问）。

⑫　图像由 SolidThinking Inspire 提供，经许可转载。

6.3　计算机辅助制造

计算机辅助制造(CAM)是读取 CAD 文件,使用零件定义为 CNC 机床创建指令,执行运动和机器控制指令以制造部件的过程。如上所述,CAD 程序可以生成描述待制造零件几何形状的实体或外壳模型。CAD 文件和相关信息可以用各种文件格式输出。这些文件需要被翻译成用于控制特定机器(如 3D 打印机)或 CNC 设备(如车床、运动设备或机器人)的指令。翻译程序称为后处理程序,翻译过程通常称为"发布文件"。商业化的 CAM 软件的价格差异很大,与其功能相关。一些 CAM 软件保留了 CAD 实体模型的参数关系,允许将设计参数的更改传递到 CAM 模型中,从而能够快速地重新生成新的工具路径和机器指令。高端 CAM 软件平台可以为各种车床、铣床、激光切割机和多功能工作单元创建工具路径。用于常规加工的高端系统还提供材料去除、避障和工具形状的模拟。CAM 文件可以保留与原始 CAD 文件的参数关系,从而更容易修改原始设计,如缩放或更改尺寸,并重新发布文件和获得新的工具路径。

CAM 文件包含机器控制"M"代码,以及运动控制"Go"代码,称为"G"代码。M 代码和 G 代码的生成是在每个特定 CNC 机床的后处理器中定义。本书附录 D 中的 STL 示例显示了一个简单的 AM 塑料打印机的 M 代码和 G 代码。这种 CAM 编程和文件生成过程比创建 3D 打印通常使用的 STL 文件更复杂,并且自动化程度更低,但是 CAM 文件格式更强大,因为文件可以将更多的信息传送到工作单元。AM 应用可能需要使用 CAD/CAM 软件提供的多轴铣削或加工序列,并且能够镜像或反转工具路径,以便 AM 机器使用。一些制造商开始在他们的软件中添加功能,不仅允许可以定义增材构建序列,也可以定义常规减材工具路径。

正如后文中更详细的描述,使用丝或粉末进给的定向能量沉积 AM 机器,操作起来更像一个标准的 CNC 机床,但不是像车床或铣床那样去除材料,而是增加材料。它们定义了一个路径,用于追踪在平面上的逐层沉积,或者是在复杂的或轮廓表面上沉积的零件或特征的体积。在混合系统中,增材定向能量沉积运动控制与 CNC 减材工具控制和过程检测相结合,其能力已经得到验证,正在进入商业支持的系统。

CAM 也指对 STL 文件切片并将其转换成用于零件逐层堆积 3D 打印机器指令的过程。粉末床型 3D 金属打印机应用的 CAM 过程与塑料 3D 打印机类似。它们从 CAD 软件生成的 STL 文件格式开始,将模型定位到指定的构建空间,设计支撑结构,将模型切片成一系列平面层,并嵌入扫描参数,如填充间距、台阶高度、扫描速度、轮廓操作、热源功率等。与特定切片中光束的 2D (X-Y)位置相关的扫描参数称为 G 代码。它们在功能上确定了光束的位置,以及下一步的"去向"。其他机器功能代码称为 M 代码,用于设置和更改机器的控制参数,如光束开启、光束关闭、移动速度等。机器控制器按顺序逐行地执行命令，直到加工完成。一些制造商拥有专用的后处理器和算法，用于生成光栅路径和命令，以控制其 3D 打印机模型。他们采用各种方案提高轮廓路径（表层）的精度，并提高填充路径（芯）的沉积速率，尽管用户并不是总能获得这些细节。这些保护措施可能会抑制用户更改或修改系统参数以适应用户定义的构建要求的能力。软件还可利用加密等安全措施来保护专有信息或强制使用专有品牌的材料。在本书后文中描述 AM 扫描序列和控制序列的设计过程时，我们将再次讨论这些问题。

专门为 3D 打印和 AM 设计的软件提供了 CAD 系统以外的其他用途。它们可以读取各种文件格式，如 STL，实现缩放，并提供用于切片、填充或纹理化的实用程序。它们还可以支持生成 3D 打印时支撑零件的支撑结构。图 6.7 中显示了一个这样的示例，Materialise Magic 构建处理器模块协助完成了设计和构建作业文件之间所需的程序，以及 3D 打印机或 AM 机器的具体程序。我们将在后文中再次讨论这一点。

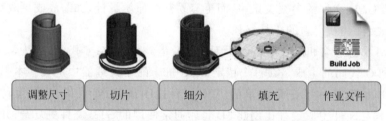

| 调整尺寸 | 切片 | 细分 | 填充 | 作业文件 |

图 6.7　在 3D 软件和打印机之间搭建桥梁[⑬]

6.4　计算机数字控制

CNC 机床和设备是在 CAM 软件生成的指令或使用 M 代码和 G 代码直接编程生成的指令控制下运行的精密机械。该设备可以是常规的减材加工系统，如车床、铣床和检测系统，也可以是增材系统，如使用粉末或金属丝以及电弧或激光热源的 3D 金属打印机。本书前面已经提到，CNC 机床已经伴随我们半个多世纪了。最早的机器是基于从打孔带存储和检索的程序运行，但是随着计算机控制和网络技术的发展，其演变成为高度可编程的精密系统。系统可以简单到只有单个水平轴或垂直轴的旋转，也可以复杂到超过 10 个运动轴，并与材料处理、检验和监测系统相配合。系统可用于离散零件制造或作为连续材料加工线使用。CNC 运动系统与其他提供运动控制的机械系统的不同之处在于它们具有复杂的可编程控制能力，以及高精度、绝对定位和执行大型 CNC 命令文件的能力。绝对定位是指确认运动指令执行的位置反馈。例如，高精度的系统可以制造出比熔化或烧结制造的

---

⑬　由 Materialise 公司构建处理器软件提供，经许可转载。

最佳 AM 沉积零件的精度和表面光洁度高几个数量级的零件。

基于 CNC 控制的 3D 金属 AM 系统有多种配置。有些是建立在车床或铣床类型的平台上，有些是建立在 CNC 控制的精密龙门系统上，还有一些仅仅依靠计算机控制的精密机械运动部件配置，与计算机控制的激光、电弧和电子束系统相连接。混合型 AM 系统通常将 AM 直接集成到常规的加工中心中。可以集成一个紧凑的激光头和动力进给机构来增强或再利用现有的 CNC 系统，这个方式已经被验证可以用于修改、更新和增强现有的加工线。

低精度、低成本的 AM 运动系统通常在计算机控制下运行，但一般不被称为 CNC 系统。一个例子是 *XYZ* 龙门型系统，另一个是 *Rep-Rap* 型铰接系统。这种类型的运动可以与低成本的送丝电弧焊接系统集成，这些开源设计已经得到验证，如本书附录 E 所述。机器人提供的复杂铰接运动和先进的传感也正被应用于 AM 系统。

6.5 机器人技术

"机器人"一词来源于机器的配置具有类似人类的属性，如"手臂"或自主运动。在 AM 和 CNC 的背景下，我们所指的机器人具有高度铰接和灵活性，并与先进的传感和控制相结合。这模糊了机器人的定义（手臂、头部等），但是符合当前的习惯表达。近年来，用于装配、焊接、熔覆和堆焊的机械人手臂有了很大的进步，目前可以与其他机器人或机器人功能配合，进行材料运输、处理、远程操作和半自主操作等。在 3D 金属打印和成型堆焊的情况下，这些自动化功能上的进步是完全满足复杂 3D 设计形状、大型物体、复杂沉积路径和可移动或远程加工平台的需求所必需的。

机器人技术和远程控制技术现在已经成熟，并且已被可靠地验证并用于大规模生产。虽然不能提供机床所能达到的最高精度，但是它们在恶劣的制造环境中有良好的使用记录。图 6.8 中显示了一个运行中的电弧焊接机器人。

与 3D 打印机一样，机器人已经吸引了大众的想象力，成为创客和爱好者可以购买、修改，以及根据自身需要进行定制的工

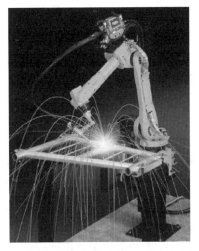

图 6.8 进行电弧焊接的工业机器人⑭

⑭ 电弧焊接. https：//commons. wikimedia. org/wiki/File：Arc-welding. jpg. © Orange Indus，德国 FANUC 机器人技术公司，根据 CC BY-SA 3.0 提供. https：//creativecommons. org/licenses/by-sa/3. 0/。

具。作为通用的自动化平台，它们可以作为高度自动化的灵活机器，用于 GMA 焊接大型部件。在目前的配置中，它们完全可以使用各种商业化材料，用焊接堆积出形状复杂、非常大的零件。生产的成品零件还需要进行机加工。与 AM/SM 混合系统不同，机器人本身目前缺乏 CNC 机床的精度、传感和控制，不能进行精密加工操作，但是目前正在进行研究和开发以实现这些目标。

Delcam 公司的彗星项目网页很好地描述了机器人在机加工和 AM 应用上面临的挑战[15]。

从概念的角度来看，工业机器人技术可以为灵活且有成本效益的加工提供良好的基础。然而，工业机器人缺乏绝对定位精度，无法避免加工力的干扰，并且缺乏可靠的编程和仿真工具，以确保在生产开始后进行正确的首次加工。目前，这三个关键限制阻碍了机器人在典型的加工应用中的使用。

6.6　监测和实时控制

半自动运动系统已经存在了一个多世纪了。在某些情况下，它们演变成应用于工业生产、汽车和航空航天的复杂机电系统。今天，一些业内人士仍会回忆起 CNC 车床在开环控制下用打孔带操作的日子：按照控制功能的指示操作，除了出现问题时可能触发关闭的一些安全限位开关以外，没有控制反馈。

随着微处理器和可编程控制的出现，控制器技术得到了巨大的飞跃，它提供了多样的控制选项，并且能够将传感器反馈纳入控制序列。

使用电弧、激光或电子束进行金属加工，会产生恶劣、高度动态且难以观察的环境，尤其是在惰性或真空构建室的范围内。极端的温度、光线、辐射和电噪声可能会限制对过程的观察。在热源和熔池中很小的局部区域或者在构建环境中，工艺条件可能会发生极其迅速的变化，这可能会干扰或降低系统性能。

对零件温度、束流功率、运动系统功能或材料进给条件的监测中，只能对高能量密度熔体加工过程中复杂甚至混乱情况进行粗略地观察。传感器、多通道、高速、基于计算机的数据采集和分析软件的出现和采用，有助于我们了解基本的加工参数，从而更好地理解正常条件下的加工过程。通过收集这些过程数据，可以开发反馈控制系统和算法，从而对过程干扰或异常情况作出反应。许多激光、电子束、电弧、运动系统和子系统制造商提供了监测和控制接口，可以集成到 AM 系统中。监测和记录系统通常是由 AM 设备制造商作为一个系统选项而提供。

高分辨率实时数码相机监测的进步提供了过程的实时视图，能够过滤噪声，提取和记录数据，同时在远程显示相关图像和数据。这些技术已经被强化，能够承受

---

⑮　来自 Delcam 公司和彗星项目的网页. http://www. vortexmachining. com/projects/comet. asp，http://www. comet-project. eu/results. asp#. VMZ5-i5i92E(2015 年 3 月 19 日访问)。

可见光、红外线和紫外线辐射等极端条件,并且受到构建室环境的保护。图像存储系统已经发展到允许显示和捕获非常大的数据集。空间分辨热成像技术提供了前所未有的热处理视图,可用于过程诊断、取证和模型验证。许多 AM 机器供应商提供视频监测选项,这些选项通常是由其他工业系统监测操作(如焊接)改造而来。一些 AM 系统制造商提供了开放的架构,允许用户连接自己的监测系统,并使用自己的分析软件。

　　激光仿形系统可用于确定激光束的空间强度,并且能够诊断出与激光器或激光束传输光学元件功能相关的异常情况。类似的系统也可用于表征和诊断电子束系统。这些系统如果使用得当,可以确保将适当的光束传输到工作室,并且检测出光束质量的下降,表明所需的维护条件或光束能量源的异常运行状态。基于高温计的传感可用于测量沉积周期中特定位置和时间的温度。AM 机器制造商和第三方供应商正在合作,在零件构建过程中提供逐层的热条件监测,目的是确保零件沉积过程中每层的沉积条件一致且理想。摄像机和光学传感器可以安装在激光传输光学元件中,以检测熔化区条件,从而提供关于工艺性能的额外信息。目前正在开发的激光扫描系统可以快速确定粉末床熔合和定向能量沉积 AM 工艺的表面均匀性或尺寸条件。

　　对于基于电弧的系统,非接触过程监测和控制,如利用电弧长度的传感,可用于控制和引导焊炬沿着焊接路径运动。新的电源技术减小了电源的尺寸并降低了成本,同时提供了对电弧电流和电压的快速实时控制,还提供了对主要工艺参数的实时显示和监测。可变极性脉冲电源是计算机控制的另一个例子,它提供了根据焊接材料和零件调整电弧条件的重要功能。高速无线多通道数据采集已经被充分强化,其足以承受基于电弧系统的 AM 加工环境的极端条件。

6.7　远程自主操作

　　当前技术已经发展到可以通过探测器、机器人和自动化技术到达真正偏远的地方,这些技术都依赖于小型和大型金属结构的制造。在彗星上着陆,在空间站上 3D 打印结构,或者使用机器人修复深水钻井结构,这都已经成为现实。在离我们更近的地方,利用焊接电流控制的脉冲气体保护金属极电弧焊接正在被验证用于远程位置的 3D 堆焊和复杂形状的修复,如服务于海上石油钻井的船舶上,或者是在核隔离区内,如核反应堆维修。机器人电弧沉积工艺将热量输入限制在零件上,并控制熔池,使其达到能够进行自由形状多轴沉积的程度。该技术已经被验证可用于无支撑的 3D 自由空间沉积。展望遥远的未来,在远程位置独自工作的机器人能够帮助我们制作一个功能结构(图 6.9)或物体,或者是自主评估并进行维修。

　　话虽如此,但是有一个问题是,我需要哪些监测传感器并且采集哪些数据?我

图 6.9   Archinaut 项目建造卫星天线的概念图[16]

们将在后文针对 AM 工艺和应用给出这些问题的答案。到目前为止，你已经对集成到 AM 系统中的软件和硬件子系统有了基本的了解。在下一章中，我们将了解一些先导技术：由这些技术构成了用于开发 AM 金属技术的知识基础。

6.8   关键点

- 用于生成支持 AM 的基于计算机的实体模型软件可以方便地用于 CAD、CAM、CAE 和 CNC 应用。这些软件的成本和功能范围包括从免费开源学习工具，到大型复杂工程和产品生命周期管理系统。
- 增材制造文件格式（AMF）或 3MF 联盟开发的新格式正在扩展 3D 打印和大部分 AM 加工在过去 25 年中使用的 STL 文件格式的功能。
- 用于生成点阵结构、AM 支撑结构和复杂表面状态的其他第三方软件正在作为附加组件而提供，并被整合到支持 AM 的现有软件包中。
- 为分析和模拟热流、流体流动、力学性能或优化轻量化设计的拓扑结构和形状而开发的工程软件工具正在应用于 AM 设计。
- 正在开发先进的过程监测和过程质量控制技术，并将其集成到生产系统中，目标是实现实时过程控制，支持质量保证和工艺认证。

---

[16]   由太空制造公司提供，经许可转载。

第7章

3D金属打印的起源

摘要 3D打印和AM将信息、计算、机器人和材料等一系列技术的进步汇集在一起,并将继续从中受益。毫无疑问,所有这些高度可见、高影响力和高度公开的技术进展将被修改和吸收,从而融入先进制造的发展之中。在较小范围内的技术进步,如3D打印塑料,或不太引人注目的技术,如粉末冶金、激光和焊接熔覆,也将继续在AM金属的持续发展中发挥重要的作用。因为所有这些技术中将继续发挥重要的作用,所以了解从这些技术中衍生的AM金属加工的起源是有益的。

AM起源于许多基础或先导技术(图7.1)。其中一些已经陪伴了我们20多年,还有一些已经存在了半个世纪甚至更久。那些广泛应用于制造业的技术仍在随着AM技术内和技术外的新应用而不断进步。我们之所以提到这些重要的技术,是因为在主流AM金属社区之外的大型数据库和经验丰富的员工掌握着丰富的与AM金属加工相关的知识。随着AM金属开发竞赛的进行,我们不要忘记:可能已经有人使用不同的材料或类似的工艺,针对我们的问题开发出了解决方案。因此,由于这些技术可能适用于AM金属,则回顾一下这些技术并考虑它们的技术轨迹会很有启发。

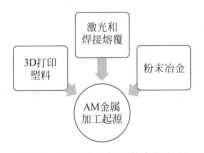

图 7.1 AM金属加工技术的起源

如上文所述,激光是在半个多世纪前发明的。首字母缩略词 LASER(light amplification stimulated emission radiation,光放大受激辐射)已成为通用的术语。

激光器将能量转化为很窄波长范围内的高度有序（相干）光束，可以形成一束光子能量，进行传输、定向或聚焦。常见的工业激光器是基于气体或固态激光介质（如 CO_2 或掺杂晶体激光棒），由光源泵浦产生光束。在过去的十年中，基于光纤激光器和二极管激光技术的现代激光器，在激光功率、降低成本、降低系统复杂性、缩小系统尺寸、增强鲁棒性和改善光束质量等方面取得了显著的进步。激光器已经变得更便宜、更强大、更容易使用。这些激光器的优势与其他先进制造技术集成，如CNC、先进计算机控制和传感器，促使激光在工业原型制作和生产环境中取代历史制造方法方面取得了重大进展。激光切割就是这样一个例子，你将会看到的激光熔覆是另一个例子。

激光钻孔、上光和表面改性都在工业中得到了应用。激光加工和烧蚀在某些应用中也得到了验证，尽管这些应用中使用的激光器与 AM 金属加工中使用的激光器有很大的不同。虽然已经有了这些改进，但是高功率激光器的成本仍然很高，而且出于安全和治安的原因其不适于个人使用，但是正如你将会看到的那样，它带来的利益可能会超过其成本。

7.1　塑料原型制作和 3D 打印

原型的构建和测试一直是确定最终设计的重要步骤。过去，功能原型的制作是一个缓慢而昂贵的过程，因为它通常需要多次迭代才能获得一个值得在实际使用条件下进行测试的功能零件。利用塑料和聚合物进行 3D 打印的出现，创造了当今广泛应用的快速原型制作工艺，并进一步成为 3D 金属打印的先导技术。图 7.2 显示了 3D 打印的高级工艺流程。立体光固化（stereo lithography appearance，SLA）是由 Charles W. Hall 于 1984 年发明的，1989 年由 3D 系统公司商业化。如图 7.3 所示，SLA 使用紫外线将光敏聚合物固化成 3D 形状，该工艺通常被看作 3D 打印的起源。选择性激光烧结（selective laser sintering，SLS）是由得克萨斯大学奥斯汀分校的 Carl Deckard 博士和 Joseph Beaman 博士在 20 世纪 80 年代中期开发，由 DTM 公司商业化，后来被 3D 系统公司收购。这项技术使用激光将材料（塑料、金属或陶瓷）粉末床中的粉末熔合成 3D 形状。熔融沉积成型（fused deposition modeling，FDM）是由 S. Scott Crump 在 20 世纪 80 年代末开发，并于 1990 年由 Stratasys 公司商业化。FDM 用加热喷嘴挤出热塑性塑料，沉积平面层形成 3D 零件，如图 7.4 所示。科学技术政策研究院的一篇综述中全面介绍了 3D 打印和 AM 的起源，确定和关联了排名前 100 的 AM 专利和技术的发展[①]。

---

① 美国国家科学基金会在美国 AM 的起源和发展中的作用. 国防分析研究所（Institute for Defense Analysis，IDA），科学技术政策研究院，2013 年 11 月. Christopher L. Weber，Vanessa Peña，Maxwell K. Micali，Elmer Yglesias，Sally A. Rood，Justin A. Scott，Bhavya Lal. 批准公开发布；IDA 文件 P-5091，日志：H 13-001626. https://www.ida.org/~/media/Corporate/Files/Publications/STPIPubs/ida-p-5091.ashx（2016 年 12 月 19 日访问）.

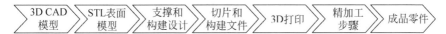

图 7.2　从 3D 打印 CAD 到零件的工艺流程

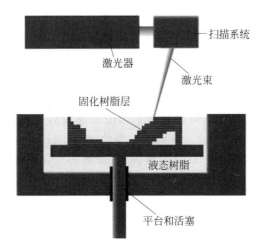

图 7.3　立体光固化装置示意图

立体光固化装置. https://upload. wikimedia. org/wikipedia/ commons/1/1e/Stereolithography_apparatus. jpg[②]

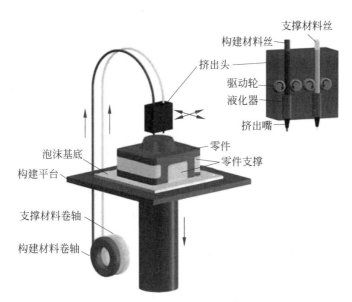

图 7.4　熔融沉积成型[③]

---

②　由 Materialgeeza 公司根据 CC BY-SA 3.0 提供：https://creativecommons.org/licenses/by-sa/3.0/。

③　由 CustomPartNet 公司提供，经许可转载。

3D 系统和 Stratasys 等先锋公司持续地开拓实现 3D 形状的方法，并开发新材料。这些工艺从一个保存为 STL 3D 表面的 3D CAD 模型开始，将其切片并准备用于打印，然后转换为机器指令，以控制多层材料的堆积，从而创建塑料或纸张的成品形状。最初，这些模型适用于形状和配适度测试以及销售，但是目前已经发展到用于生产全功能零件。这项技术的许多变体都是使用激光将塑料粉末和液体聚合物逐层地熔合或烧结成零件。粘结剂涂覆的金属粉末可以熔合成多孔金属形状，然后用另一种熔点较低的金属渗透，形成实体零件。其他原型技术会将纸张等材料进行层压，形成 3D 形状。如下文所述，该技术将继续发展，并找到其应用和市场。

目前，塑料原型制作主要分为两类：①基于粉末床或液床的系统（参考图 7.3），使用激光或其他热源熔合或固化材料；②用喷嘴或打印头挤出沉积材料（参考图 7.4）。两者都是从一个 3D 计算机模型开始，将它切片，然后一次一个平面切片地构建零件。图 7.5 列出了 3D 打印塑料、聚合物和复合材料的一些优点和缺点，但是 3D 打印技术仍在不断改进，特别是在尺寸和材料选择方面。

图 7.5　塑料和聚合物 3D 打印的优点和缺点

如上文所述，从这项技术发展到今天的 3D 打印的一个经久不衰的标准是用棋盘格（三角形）绘制 3D 表面，并将 3D 模型"切片"成平面层，从而可以转换为平面 2D（X 和 Y 轴）运动，以引导机器构建或沉积一层。然后，机器将递增下降（递增相对于 Z 轴的运动），铺展一层新的粉末来构建下一层，并且重复这一过程。这也被称为 2½ 轴（或 2½D）制造，因为所有的 Z 轴运动是以递增 Z 轴的步骤实现的。

今天，越来越多的材料正在被开发和打印，从陶瓷到复合材料，再到活细胞等生物材料。在某些情况下，生产产品的目的是取代传统上使用金属制造的产品，如夹具和固定装置。每周都有专门为 3D 打印开发的新材料在全球范围内实现。这项技术的另一个发展轨迹是个人 3D 打印机。这些系统价格适中，对个人具有吸引力，并且已经在教育和娱乐领域找到了早期应用。随着名牌公司进入市场，个人 3D 打印机的质量和功能正在迅速提高。3D 打印塑料及其采纳、应用和进入制造业价值链的进展，为正在开发的 3D 打印金属的进展提供了范例。

在塑料快速原型制作和 3D 打印发展之前和发展期间，许多其他技术也在稳步地发展。让我们回顾一下这些技术，看看这些技术是如何与塑料 3D 打印同步发展，成为我们今天使用的 AM 系统。

7.2 焊接熔覆和 3D 金属堆焊

焊接熔覆的历史几乎与焊接一样长。在历史上,它是一种使用火焰或电弧焊炬的手工工艺,在基体零件上堆积焊接填充材料,可用于制造特征、修复、更新或升级部件。图 7.6 显示了焊接熔覆的管道,在工作位置有输送头和惰性气体保护罩。在通常情况下,熔覆用于提高耐磨性或耐腐蚀性。一个例子是焊接熔覆修复挖掘机铲斗齿。一个磨损的挖掘机铲斗齿可以用硬质耐磨金属形成连续的焊道重建成形,这些焊道逐个、逐层地放置,重新形成零件原有的形状。修复或更新提供了一个契机,可以升级成焊接填料的硬质合金,不仅提高了修复质量,而且还提高了性质和使用性能。在现场进行维修后可以立即恢复使用,而无须进行研磨或机加工等后续修整。熔覆也可用于新的结构,提供耐腐蚀涂层或耐磨特性。焊接熔覆工艺依赖于基础零件,并赋予增强功能(图 7.7),该功能通常局域化在零件的特定区域,并且通常用于增强或修复零件表面。举一个历史上的例子,在 20 世纪 70 年代,德意志联邦共和国的 Thyssen 公司利用铁素体材料制造出一个直径 19 英尺,长度为 34 英尺的圆柱形压力容器,方法是在消耗性芯轴上进行多道埋弧焊接沉积(Kapustka,2014;McAninch et al.,1991)。

图 7.6　焊接熔覆管道,输送头和惰性气体保护罩在工作位置上[④]

图 7.7　用于增强或修复基础零件的熔覆

---

④　来源:Geoff Lipnevicius. 机器人在熔覆和硬面加工中的应用. 制造与金属加工杂志,2011 年 11 月 29 日. http://www.fabricatingandmetalworking.com/2011/11/robotic-applications-for-cladding-hardfacing. 经许可转载。

使用电弧热源焊接熔覆的局限性包括大熔池，通常局限于平坦位置沉积，大量的热量输入导致热量积聚，以及零件中可能产生的变形和残余应力。因此，焊接熔覆往往局限于能够铰接到平坦位置的大型零件，并且能够承受热/机械应力以及由此产生的变形（Kovacevic，1999；Brandl et al.，2010）。

其他修复应用包括表面重修轨道车车轮、喷气式涡轮机叶片，以及重建磨损的船用轴和其他磨损表面。在堆焊沉积完成后，通常使用精加工操作来达到表面和尺寸规格。该工艺的自动化版本可以利用机械运动或 CNC 运动控制取代操作员，可以使用丝填料、金属粉末填料，甚至条带填料，以实现更高的沉积速率。

激光和等离子弧焊系统、粉末或丝输送以及惰性气体室的集成已得到验证。感应预热、脉冲激光、脉冲微 GTAW 和变极性等离子弧控制可以用于限制热输入并调整得到的微观结构。激光扫描和基于视觉的控制也得到了应用。可以提供 3~8 轴的完全协调运动。

7.3 激光熔覆

因为激光器很容易被集成到生产环境中，所以它们在焊接熔覆操作中的应用取得了重大进展，目前已经具有成本效益，并在工业上被强化用于在车间的恶劣条件下运行。在某些情况下，激光沉积熔覆材料可以比基于电弧的系统沉积得更快、更精确，而且在许多情况下，在微观组织、冶金和最终沉积物的质量等方面都有优势。更精确的沉积可以减少填充材料的浪费，并且在使用机加工或研磨时可以更快地去除并达到最终尺寸。更加集中的热源可以减少热量输入，从而产生更加细化的微观结构，减少热变形和残余应力。对渗透进入基材的严格控制，可以控制基材稀释到熔覆材料的比例，从而更严格地控制沉积物的冶金性质。因此，必须仔细控制填充合金和熔覆工艺，从而使在给定基体金属上形成的熔覆层能够达到所需的性质。冶金工程师必须了解工艺中的任何修改或变化，因为很小的变化也可能对最终零件中的微观结构、缺陷形态或残余应力产生巨大影响。关于激光熔覆有一篇很好的参考文献（Palmer et al.，2011）。在 CAD/CAM、快速原型制作和激光作为主流的工业验证和认证工艺的快速发展时期，焊接熔覆取得了缓慢但稳定的进步。因为激光沉积的热量输入较少，行进速度较快，可以导致较少的变形或收缩应力，所以激光热源在许多应用中已经取代了电弧和等离子体。小的熔池可以更容易地衔接，且允许在不平坦位置的沉积。此外，对激光熔覆层的化学成分和微观结构也有许多益处。基于激光的系统比基于电弧的系统成本更高，也更复杂。激光的安全隐患必须得到控制，并且可以限制在现场使用。

焊接熔覆工艺向着定向能量沉积 AM 工艺的演变主要是基于使用计算机模型生成 3D 沉积路径、多轴控制的使用，以及各种送粉和送丝配置的激光头的演变。现代的混合 AM 机器与 CNC 车床和铣床相结合，已经验证了熔覆和熔覆层精加工可以整合在单一的工作站上。我们将在后面讨论 AM 定向能量沉积和混合系统时对此进行详细说明。

7.4　粉末冶金

粉末冶金(powder metallurgy,PM)中的物体是使用冲头和冲模压实并烧结金属粉末形成,与通过熔化、合金化和熔合制备物体相比具有一些优点。在熔化时化学性质不相容的粉末材料可以压在一起形成一个自支撑的坯件,然后在惰性气氛炉中加热这个零件,烧结成有用的物体。该工艺在生产大批量的近净形状金属物体时具有成本效益,与其他可替代的制造方法相比,其需要较少的二次或精加工操作。采用这个工艺可以实现能源和时间的节约,材料利用率可以高达95%,因此对应用某些昂贵的材料时具有吸引力。对于用熔化处理无法结合的材料,如碳化钨与钢,可以结合起来用于生产金属基切削工具,或者是将硬质材料结合形成部件,如切削工具刀片。其他复合材料可以通过将金属粉末与非金属粉末混合而形成,例如,加入石墨形成电机触点和电刷。诸如青铜轴承之类的多孔材料可以将润滑油保持在相互连通的孔隙中,这已经得到了广泛的应用。粉末冶金工艺能够制造出具有复杂横截面形状且需要严格的几何公差的零件,如汽车变速器同步套筒,并且能减少或消除机加工的需要。虽然零件可以达到较高强度,但是由于块体材料中的空洞和缺陷,烧结金属零件往往具有较低的延伸率。图7.8显示了典型的粉末冶金零件工艺流程,图7.9中列出了粉末冶金产品的优点和缺点。

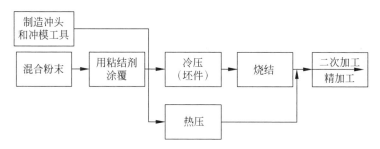

图7.8　粉末冶金工艺流程

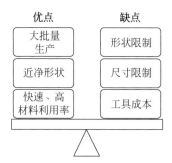

图7.9　粉末冶金产品的优点和缺点

目前,在粉末材料的生产、粉末表征以及烧结金属材料和零件的表征等方面已经有显著的技术进展。我们所学的许多知识可以直接或间接地应用于 AM 烧结或 AM 熔合加工,并有助于创建新的行业标准[⑤]。

粉末冶金加工的局限性包括冲头和冲模的高成本以及液压机、加热炉和热等静压等二次加工设备的高资本设备成本。这些成本必须在零件的生产周期内摊销,通常需要数以万计的零件才能收回这些前期成本。由于压力设备能力和模具成本的限制,零件往往被限制在较小的尺寸。零件设计的限制包括：尺寸、长宽比,以及对一些特征的限制,如锐边、斜面、倒角和尖角;不能形成会阻碍压制件从模具上脱出的凹角特征,如凹槽、反向锥度和侧向孔。皮带轮和齿轮等汽车构件由于其尺寸、几何形状、公差、力学性质和服役的要求,非常适合于粉末冶金工艺。在粉末冶金加工中的粉末颗粒形状通常是有棱角的或不规则的,这样有助于堆积密度和压制生坯形状的强度,与之相反的是 AM 加工使用球形颗粒。发表于《粉末冶金评论》中名为"粉末冶金概论"的文章是一篇很好的参考文献[⑥]。

金属 AM 和粉末冶金可以发展成为互补的工艺,因为粉末冶金最大的缺点是模具制造成本,以及需要论证大规模生产运行的前期设备的高成本。AM 的新应用可以生产小型冲头和冲模等短期模具,加速原型模具的开发过程。通过使用 AM 实现模具成本的降低,可以降低粉末冶金的投资回收水平,使其对较小规模的生产运行在经济上可行。

7.5　关键点

- 通过熟悉产生 AM 金属的现有技术,可以学到很多知识。使用塑料和聚合物的快速原型制作技术采用 STL 模型和分层沉积技术。焊接熔覆验证了覆层和形状的金属堆积,激光焊接和熔覆提供了对快速凝固 AM 金属沉积物的冶金学更深入的理解。粉末冶金行业继续引领新的和改进的粉末生产方法。

- AM 金属的起源技术为 AM 金属加工相关的工程研究和应用提供了丰富的信息来源,如金属粉末和生产设施安全。虽然这些技术更加成熟,但是它们仍在继续与 AM 金属并行发展。许多技术在几十年前就达到了完整的生产技术和制造就绪水平(technology readiness level, TRL; manufacturing readiness level, MRL)。

- 与这些技术有关的技术专家和技术专业协会代表了大量相关知识。了解这些人是谁,在哪里找到这些资源,这对于那些金属加工的新手而言是很有价值的。

---

⑤　ASTM 国际增材制造技术委员会 F42. https://www.astm.org/COMMITTEE/F42.htm(2016 年 5 月 14 日访问)。

⑥　粉末冶金评论,提供"粉末冶金概论"的访问,一份 14 页的免费指南. www.ipmd.net(2015 年 3 月 20 日访问)。

第8章

目前的系统配置

摘要 AM 金属的系统配置通常根据使用的热源（如激光、电弧或电子束）、原料的输送方式、所用原料的类型（如丝或粉末）或所生产零件的尺寸（从米到毫米范围）进行描述和区分。了解基本的系统配置是非常有用的，因为它们都具有不同的属性和功能。每种配置都有各自的优点和局限性，重要的是用户要理解这些变化，以便对于哪种配置最适合他们的需求作出明智的决定。本章会对每种系统的基本功能和特点进行技术说明。此外，还会介绍那些从 3D 计算机模型开始并最终形成金属零件的其他混合工艺。在某些情况下，这些工艺对于从模型直接转化到金属的系统则是有竞争力的。还将介绍在更常见的 AM 金属定义的边界上的工艺，例如在微米和纳米尺度上生产零件的工艺。

当你把激光和计算机、实体模型和 CNC 机器人结合在一起时，你会得到什么？答案之一是 AM 金属打印机。在本章中，我们将讨论目前的 AM 系统，这些系统从 3D 实体模型开始，利用计算机运动控制，聚焦高能热源，熔合金属形成实体金属物体。我们将讨论哪些系统使用激光，哪些系统使用电子束或电弧，以及为什么有些系统使用粉末，而另一些系统则使用金属丝作为进给材料。我们将讨论它们有什么共同点，以及各自的优点和缺点。我们还将介绍其他 AM 工艺，这些工艺不基于 3D 金属打印范畴的高能量热源。我们会提供一些实例来比较 3D 打印和常规加工。我们还将使用来自工业界、已发表的报告和网络内容中的其他示例，以指明当前每种系统技术所处的位置。

AM 金属系统有哪些不同类型（图 8.1）？每种方法是如何从一个模型开始，并最终以一个零件结束的？每种工艺的优点和缺点是什么？哪种对你最合适？材料和工艺不同，则最终产品可能会有很大的不同。在阅读本章后，了解情况的用户将更有能力根据零件的设计和最终的用途选择正确的工艺。

读者需要记住，这里讨论的熔合金属沉积技术有多种变化，它们由各种供应商提供。他们的具体方法可能会以不同方式处理这些技术挑战，尽管在你购买机器，接受培训和开始构建零件之前，对机器、工艺或软件如何处理这些挑战的许多技术

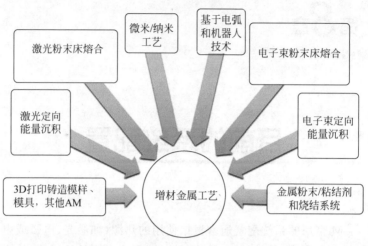

图 8.1　AM 金属工艺

细节还并不清晰。因此，在讨论常见的技术挑战时，这些讨论将保持一般性，而不是专注于特定的供应商或供应商的技术。在本书后面，我将提供一些示例，以及特定的供应商和组织的网页链接，其中描述了一些独特的或新颖的方法、功能或演示。试图让更多的人参与讨论并接触到 AM 技术，并且希望所有的供应商和组织在这个快速扩张的领域中成功地开拓出独特的价值定位。表 8.1 列出了主要供应商及其特定工艺的名称。

表 8.1　AM 金属设备制造商和他们特定工艺的名称

工　艺	工　艺　名　称	制　造　商	ASTM 分类
DMLS	直接金属激光烧结	EOS 公司	PBF-L
SLM	选择性激光熔化	SLM 解决方案公司	PBF-L
DMP	直接金属打印	3D 系统公司	PBF-L
LaserCUSING®	LaserCusing	概念激光公司	PBF-L
EBM®	电子束熔化	Arcam AB 公司	PBF-EB
EBAM™	电子束增材制造	Sciaky 公司	DED-EB
LENS®	LENS	Optomec 公司	DED-L
DMD®	直接金属沉积	DM3D 技术有限责任公司	DED-L

　　大约 20 年前，出现了两种金属快速原型制作的通用 AM 方法。现在，ISO/ASTM 52900[①] 将它们定义为粉末床熔合（PBF）和定向能量沉积（DED）。在本书中，我们将在 AM 金属加工的背景下，增加使用热源的名称来澄清这两个方法的使用，例如用字母 L 表示激光束（DED-L），或者 EB 表示电子束（DED-EB）。

---

　　① 　ISO/ASTM 52900. 增材制造-通用原则-术语. http://www.iso.org/iso/catalogue_detail.htm? csnumber=69669(2016 年 4 月 18 日访问)。

PBF 使用高功率激光或电子束沿指定路径扫描,在金属粉末床上熔合一个来自于 STL 模型切片层的图案。粉末床递增向下移动,用重铺刮刀或辊筒添加另一层粉末。重复该过程,使用高能束按照模型熔合下一层,接着是另一个递增向下移动,重铺一层粉。持续进行重铺、熔合和向下移动的过程,直到零件完成。使用激光束的 PBF 工艺(PBF-L)在文献中广泛使用的名称有直接金属激光烧结(DMLS)、选择性激光熔化(SLM)或选择性激光烧结(SLS)。使用电子束的 PBF工艺(PBF-EB)也称为 EBM(electron beam melting),即电子束熔化。在一般性的讨论中,我们将使用名词 PBF-L 和 PBF-EB。表 8.1 列出了主要供应商及其特定工艺的名称,以帮助读者进行网络搜索。

DED 是指将粉末或金属丝输送到激光、电子束或等离子弧在零件表面形成的焦点或熔池中,完全熔化和熔合填充物,并根据 3D 沉积路径的指示将沉积物转化成零件。使用激光束的 DED 工艺(DED-L)在文献中的名称有激光近净成型(LENS)、直接金属沉积(DMD)、激光金属沉积(LMD)。使用电子束的 DED 工艺(DED-EB)也称为电子束自由成形制造(electron beam freeform fabrication,EBF3)和电子束增材制造(electron beam additive manufacturing,EBAM)。基于等离子弧的系统称为 PA-DED。在我们一般性的讨论中将使用术语 DED-L 和 DED-EB。首先,我们讨论 PBF-L 的优点和缺点,它是这些工艺中应用最广泛的一种工艺。

8.1 激光束粉末床熔合系统

图 8.2 显示了选择性激光烧结的一般原理,例如应用于 PBF-L 金属加工。激

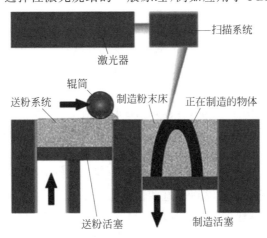

图 8.2 选择性激光烧结工艺

选择性激光熔化系统示意图。https://upload.wikimedia.org/wikipedia/commons/3/33/Selective_laser_melting_system_schematic.jpg[②]

[②] 由 Materialgeeza 公司根据 CC BY-SA 3.0 提供:https://creativecommons.org/licenses/by-sa/3.0/。

光束被引导至粉末层上，按照切片零件模型的横截面和重叠焊道的扫描路径（图 8.3）的定义熔合粉末层。然后粉末床和零件递增下降，用辊筒或刮刀重铺一层新的粉末，以允许熔合下一层和相继的粉末层形成零件。需要注意的是，粉末层厚度要大于熔合沉积层的厚度。渗透深度大于沉积层厚度，经常可以渗透三层或更多层，从而更充分地熔合沉积层。PBF-L 经过多年的发展，已经可以直接从 3D 计算机模型制造出近 100% 致密的金属零件。常用工程合金，包括基于钢、镍、钛、钴铬钼（CoCrMo）、金属基复合材料和其他特种金属都可以用于 PBF-L。构建速度、尺寸精度、沉积密度和表面光洁度等都在稳步提高。该设备的制造商不断设计、生产和销售更大、功能更强的设备。在大学和企业的研究实验室仍在继续竞争研究，但是正如我们后文中将讨论的那样，由政府和行业合作伙伴提供实物资助的联合企业正变得越来越普遍。

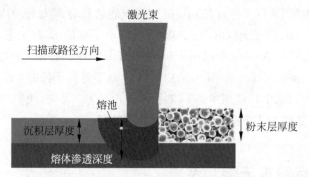

图 8.3   激光扫描显示熔体深度渗透到前一层沉积物中，并将铺设的粉末层厚度与熔合沉积层厚度进行比较

机器销售商、软件供应商、粉末制造商和最终用户之间的伙伴关系正在为广泛的工业用途和商业部门采用该技术铺平道路。在某些情况下，特殊部件正在进入小批量或定制部件的生产环境。在医疗、牙科和航空航天领域已经取得了重大进展，如第 2 章所述，其特点是设计新颖，应用新且有趣。

作为一个基于网络的观察者，将概念性验证演示（从实际的功能原型测试到真正的生产实例）与赚钱者区分开是很困难的。有些新兴的应用可能会被认为是具有潜在的颠覆性应用，如牙冠和植入物的情况。考虑到设备的成本从数十万美元到数百万美元不等，大部分工作仍然是由企业 R&D 和大学实验室中的高技能、装备精良的工程师，或者是能够提供这些前期投资的服务供应商来完成的。越来越多的私营 AM 制造商通过购买最新的 AM 金属系统，并且基于网络提供 AM 制造服务，而实现了向服务领域的飞跃。在你附近的城市中，以你可承受的成本提供 AM 金属能力，这只是一个时间的问题。

然而，让我们退一步，首先考虑大多数系统的一些共同特征，以及 PBF-L 工艺的优点和缺点，并看看入门级用户从哪里获得这项技术。在后文中，我们将介绍其他 PBF-EB 和 DED 系统,并比较和讨论它们在 AM 这个大背景下所处的位置。

8.1.1　PBF-L 的优势

PBF 工艺的一大优势是有多种 CAD 软件可以生成这些机器的 STL 文件。STL 文件编辑软件来源广泛,能够进行修复、编辑和切片,为 3D 打印做准备。STL 文件可以根据需要进行定向和复制,从而有效地利用构建体积。可能需要支撑结构设计,这取决于待构建物体的几何形状,因为没有支撑结构的材料可能会扭曲或变形。在后面将更详细地讨论,支撑结构也可以用作散热器,防止在铺展粉末层过程中出现小尺寸特征的移动或偏离。与塑料 AM 机器相同,模型切片创建多层的填充图案或扫描路径,以及沉积每一层所需的机器指令,从而产生零件。图 8.4 显示了一个典型支撑结构的计算机模型,支撑结构用红色显示,零件用灰色显示。

图 8.4　带有支撑结构的实体模型,支撑结构用红色显示[③]

通常可以从供应商处获得推荐的机器参数,用于多种已知的材料,但这往往需要额外的费用。可以开发用户自定义的参数,但这需要全面的工艺知识和经验来选择扫描速度、Z 高度步长和路径偏移,以确保均匀沉积、完全致密并达到所需的材料性质。同时,设计师和创客将适应这个过程,如同 3D 塑料打印机中已经发生的那样。随着时间的推移,金属的学习曲线将逐渐变得不那么陡峭,材料的价格也会下降,从而从错误中艰苦学习的代价将降低。有了一定的经验,则对于用金属实现的复杂设计,对各种金属材料都可以做到只需点击一下即可实现。

激光扫描光学依赖于使用电流计的磁力驱动镜。该方法最常用于构建体积内光束撞击位置的快速移动。该方法避免了像 DED-L 那样需要将激光头的最终聚焦光学系统的大部分与其他系统铰接,以实现精确的 X 和 Y 轴光速快速定位。与 DED-L 相比,激光头整体快速运动在加速或者减速过程中会发生延迟,并且需要刚性的大型机械系统来维持所需的精度和速度。因此,扫描光学技术中只有镜子在移动而带来的简单性是一种优势。

---

③　由 Materialgeeza 公司提供,经许可转载。

粉末床方法提供了一次构建同一个零件的多个个体的机会④。此外，还可以同时构建不同零件的多个个体。目前已经有使用各种虚拟物体优化零件在构建空间中定位的软件，并且所有这些物体都将同时构建。在另一个示例中，采用选择性激光烧结制造外铰刀工具（图 8.5），其特点是在工具内部有肋结构，使重量减轻了一半。这样可以减少工具的惯性，使加工速度更快，精度更高⑤。

图 8.5　选择性激光烧结制造的低惯量外铰刀刀头⑥

最近的工艺改进包括加热粉末提高加工速度，以及为关键应用中使用的活性金属提供更高纯度的惰性气体。惰性气体也用于构建周期完成后的加速冷却。这些工艺操作中有许多是在完全无人值守的模式下运行的，可以昼夜不停地加工。许多供应商提供了远程查看和实时过程监控。

可以制作那些不能用常规方法制作的独特金属零件形状。复杂壳体结构、内部的点阵结构、内部冷却通道或复杂的超结构已经得到验证。这些复杂的特征可以最大限度地减少金属的使用，优化强度，或扩展功能。内置的功能特征可以建立优化气体或流体流动、冷却或其他热或力学性能。可以形成复杂的内部通道，前提是在构建周期中被截留的粉末和任何必要的支撑结构可以在后处理操作中去除。

高性能材料、复合材料，甚至陶瓷的应用已得到验证，并且提供混合、定制部件的前景，这些部件可以用以前无法利用的材料经济地制造出来。AM 设计可以将历史上许多需要连接、装配和紧固件的零件组合成一个功能部件。

实体自由形状设计和 AM 的一大优势是不受商业形状的限制，也不依赖于易加工材料。在某些情况下，它可以减少对商业加工设备、工具的依赖和前期投资。正如后文中将更详细地讨论的那样，从金属原矿提取到零件的更换、停止使用和回收的全生命周期方法将有助于确定这些 AM 工艺的实际经济效益。PBF-L 的 5 个优点如图 8.6 所示。

---

④　概念激光公司的新闻稿.报告：MAPAL 公司依靠增材制造生产 QTD 系列插入式钻头.2015 年 7 月 6 日. http://www. concept-laser. de/en/news. html? tx_btnews_anzeige[anzeige] = 98& tx_btnews_anzeige[action] = show& tx_btnews_anzeige[controller] = Anzeige& cHash = 9fb99672e9eac2b5e43e11fbb4e65198（2015 年 8 月 14 日访问）。

⑤　Mapal 公司.重量优化的外铰刀. http://www. mapal. com/en/news/innovations/laser-sintered-external-reamers/?l=2&cHash=a80b7bbe9ac848c98ad82794e4088bbd（2017 年 1 月 29 日访问）。

⑥　由 Mapal 公司提供，经许可转载。

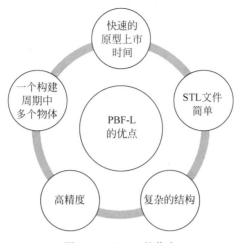

图 8.6　PBF-L 的优点

一个全新的自由形状设计范式将最终确立,允许计算机算法优化设计和加工进度,以最佳的材料、最低的能耗、最低的成本、最快的响应时间来制造零件。然而,最大限度地发挥 AM 设计的优势目前还受到数百个 AM 加工变量,以及人类设计师优化设计和参数的限制,因此仍需要基于有限的经验或稀疏的数据集进行试错法开发或经验法则决策。

对高价值部件的修复操作已得到验证,在该过程中去除了待修复区域并留下一个平面,用夹具固定工件,并在构建体积中定向为与构建表面共面。该方向可以进行典型的 2½D 分层沉积,在修复区域上方重新制造特征。这样可以为改进或增强功能提供一个机会,利用更高性能的材料再制造,从而获得性能更高和寿命更长的部件,尽管 DED-L 更适合这些应用。在粉末床中,零件的精确重新定位并与重铺刮刀的重新对齐,其可能会限制在实践中的应用。

AM 后处理操作,如热处理,可以将近净形状零件转变为成品零件,提高沉积态的性质或性能。除粉和清洗后可以进行表面精加工操作,如喷丸、抛光或涂覆。热处理或 HIP 处理可以减小热应力、均匀化微观结构或改变力学性能。可能需要 CNC 加工去除支撑结构,并充分达到某些特征的精确度。我们将在后文中提供更多细节,并再次讨论后处理操作。

8.1.2　PBF-L 的局限

与所有的金属 AM 方法一样,工艺复杂性仍然是个问题。为实现这些工艺的全部潜力,需要更好地理解最佳设计和必要的过程控制:从模型生成到成品零件。需要充分解决关于材料性质、产品一致性、工艺可重复性(例如,同一台机器上在不同的日期或从一批粉末转移到另一批粉末)和工艺可移植性(在不同地点,不同的机器上,使用相同的参数)等问题,从而在关键应用中获得材料和工艺的标准化和认证所需的信心。主要企业参与者、政府、财团和标准组织已经意识到这一点，并为发现和解决这些问题取得了一定进展。我们将在后文更详细地讨论这个问题。

  PBF-L 加工利用烧结或熔化金属粉末（图 8.7），可以实现高达 100％的沉积密度。控制熔池尺寸、粉末层厚度、激光功率和熔池移动速度，以及填充间距和填充线偏移（图 8.8），这是在给定的填充间距和层高度下充分熔化并熔合相邻层，并完全穿透到上一个沉积层的关键[7]。图 8.9 显示粉末的未熔化区域，这是工艺扰动或参数选择不恰当的结果。其他工艺的限制如图 8.10 所示，后文将对与 PBF-L 工艺相关的缺陷和检测进行更全面地讨论。

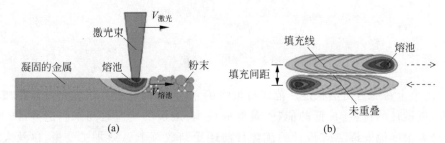

图 8.7 PBF-L 通过调整填充间距确保焊道重叠[8]

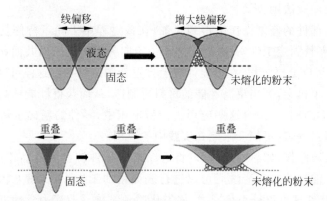

图 8.8 相邻的熔体轨迹必须穿透到下面的层中以实现充分熔合[9]

---

 ⑦ Haijun Gong，Khalid Rafi，Thomas Starr，Brent Stucker. 选择性激光熔化和电子束熔化制造的 Ti-6Al-4V 零件中工艺参数对缺陷规律性的影响. SFF. http://sffsymposium. engr. utexas. edu/Manuscripts/2013/2013-33-Gong. pdf（2016 年 5 月 14 日访问）。

 ⑧ 来源：Haijun Gong，Khalid Rafi，Thomas Starr，Brent Stucker. 选择性激光熔化和电子束熔化制造 Ti-4Al-4V 零件中工艺参数对缺陷规律性的影响. D. L. Bourell 等编. 得克萨斯州奥斯汀（2013-33）第 424-439 页. 经许可转载。

 ⑨ 来源：Haijun Gong，Khalid Rafi，Thomas Starr，Brent Stucker. 选择性激光熔化和电子束熔化制造 Ti-6Al-4V 零件中工艺参数对缺陷规律性的影响. D. L. Bourell 等编. 得克萨斯州奥斯汀（2013-33）第 424-439 页. 经许可转载。

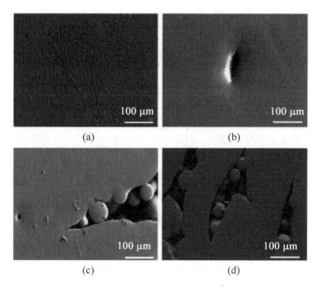

图 8.9　粉末未熔合区域[⑩]

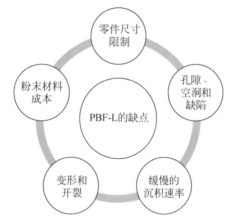

图 8.10　PBF-L 的潜在缺点

　　粉末和 PBF-L 工艺通过几十年的发展,可以使某些材料实现 100% 的致密度。为了获得使用各种 AM 沉积材料的可接受的置信度水平,则需要更多的经验并建立参数数据库。块体金属和成品部件中的瑕疵在任何材料加工操作中都有可能产生,但是要知道什么是预期的,什么是允许的,这仍需要人们在未来十年中共同努力。AM 零件微观结构中的不连续性、瑕疵含量和各向异性将在后文进一步讨论。

　　正如前面关于 AM 金属性质的讨论中所介绍的,AM 金属中可能存在微孔,从

　　⑩　来源:MSA.材料科学与应用,第 3 卷第 5 期(2012).文章编号:19181,第 6 页,DOI:10.4236/msa. 2012.35038.熔体扫描速率对电子束熔化 Ti-6Al-4V 的微观结构和宏观结构的影响。经许可转载。

而导致与疲劳寿命、延伸率、冲击韧性、蠕变、断裂，或与强度和延展性相关的性质和性能的下降。在所有沉积条件下，所有材料实现 100% 致密度的目标与加快沉积速率的目标相矛盾。快速凝固速率可能导致亚稳微观结构和材料织构，在沉积态条件下这是有害的，需要进行热处理或 HIP 后处理。

所有加工设备都有充分的理由导致具有一定的尺寸或容量限制。一个钟表匠的车床与专门设计用于加工卡车车轴的车床，两者是不同的。设备的成本和精度也是重要因素。因此，至今尚未实现能够用于所有物体和所有材料的 3D 打印机的梦想，而且可能永远不会实现。有人提出专门为一项任务制造大型机器，如 3D 打印汽车车身或喷气式战斗机的骨架。市售的专业 PBF-L 系统目前仅限于构建最大尺寸为 400～500 mm 的部件。

更大的构建体积不仅需要比实际零件更多的材料，而且还会产生更多的需要重复使用或回收的材料。粉末床系统的原材料需求直接与构建体积成比例，而 DED 送粉系统将保持大致相同的熔合效率。送丝系统的效率最高，接近 100%。

铺展或重铺一层粉末和延迟所需的时间，例如预热和冷却粉末床经过的时间，将随着构建体积的尺寸按比例变化。在较大构建体积中构建一个较小的零件时效率将显著下降，这是因为开启光束时间随着零件尺寸的增加而增加，而重铺时间随着构建室尺寸和构建高度的增加而增加。如果客户选择的服务提供商所提供的构建室比零件所需的尺寸大得多，那么客户最终可能会为不必要的容量、材料、时间和资源付出代价。机器供应商正在继续使用双向、环形或其他创新技术减少重铺时间。重铺过程的精度需要精确的设置，并受到过程干扰，从而导致不均匀的堆积或重铺刮刀碰撞和过程中断。进程的重新启动是可能的，但是很困难。

对转换为 STL 格式的依赖限制了将设计信息传递到机器上的能力。如上文所述，3MF 文件格式的开发在一定程度上解决了这些限制。当零件被表示为单方向切片的 STL 表面模型时，基于特征的信息和序列（如 CNC 机床中所使用的）将会丢失。

填充大构建体积的粉末重量和成本本身可能就是将这种方法扩展到大型单个物体时的限制因素。目前，一些系统采用了实时粉末收集和再利用功能，提高了整个构建周期的粉末处理效率和安全性，以及模块化粉末处理系统和自动化水平，以辅助构建越来越大的物体。目前已经可以使用软件设计分段的部件，以便在构建后组装和连接，从而帮助克服小型构建室的尺寸限制缺陷。

任何零件的尺寸都会受到构建室和支持环境的尺寸和容量的限制，则必须使用足够的金属粉末以达到所需的构建高度。因此，在这个过程中，需要大量的粉末，而这些粉末不能形成物体的组成部分。虽然通过筛分和回收未熔化的粉末可以提高材料利用率，但是还是要购买和处理大量的粉末，并接受这些操作的相关成本、困难和风险。例如，在每边长 20 cm 的构建体积中，构建 20 cm 的球形钛形状需要 8000 cm^3 的粉末，重量 36 kg 或近 80 lbs；放大到构建 40 cm 的球体则需要

288 kg 或近 640 lbs 的钛粉。即使不在意构建时间或零件的实际重量,快速获得大尺寸零件所需的粉末也将按立方增加,很快就会使当前的机器配置不适用于非常大的零件。

高纯度、化学纯以及颗粒尺寸和形状一致的专用 AM 粉末很昂贵,在某些情况下供应有限。现有的市售金属粉末类型丰富,并为传统粉末冶金工艺进行了优化,如压制、烧结、喷涂,但是它们尚未对 PBF-L 进行优化。相比之下,用于 DED 加工的粉末往往要求不太严格,可以获得更广泛类型的合金,而且价格不高。

金属粉末的生产在成本、供应、形态和安全等方面已经取得了新的进展,但是若要这些 AM 方法在最终零件生产中得到广泛应用,就必须建立更多经济可行的 AM 金属粉末来源。

在构建过程中,未熔合到零件和支撑结构的那些粉末可以回收,并通过筛分以去除部分熔合的结块,然后与新的粉末混合。当一个化学批次的原始粉末与前一个构建周期回收的二次粉末混合时,可能会丢失关键应用的材料可追溯性。目前正在进行研究,以确定在形态、化学成分或颗粒尺寸分布变化到无法接受之前,AM 专用粉末多长时间可以重复使用一次。

尺寸精度与激光束光斑尺寸、粉末尺寸和零件方向有关。较大的光斑尺寸允许更快的构建速度,但是生成的特征精度较低。大型 PBF 构建室需要在更宽的区域平面上扫描光束,相应地需要改变聚焦条件,从而使光束与沉积表面形成更大的撞击角。仅仅是激光功率的变化就可以改变焦点条件,因此需要改变多个加工参数以保持沉积材料的质量。当激光光学扫描系统改变了激光焦斑在 X、Y、Z 方向的位置时,激光焦斑的能量分布将发生变化,从而限制了激光扫描空间的范围。所有这些都增加了在开环或闭环实时控制模式下与工艺进度计划相关的复杂性。现在正在提供具有可变焦斑尺寸的商业系统,以解决其中的许多问题。

表面状态和粗糙度可能因粉末的形态、构建条件和构建空间中的零件方向而变化。通过先进的工艺、粉末再利用的控制、零件放置的控制和构建空间中的方向控制,这些问题可能会在一定程度上得到控制,但是那些未知因素将始终是当前这一代 PBF 机器特性的一部分。

对于所有基于粉末的 AM 工艺,必须清除构建态零件的外表面或内表面上游离的或松散的粉末颗粒,这可能需要根据零件应用而进行精加工,从而增加了后处理精加工步骤的数量和类型。

在客户之间共享的满载构建环境中,可能存在与零件方向或位置有关的问题。需要解决对零件质量或可重复性的担忧,这是因为,目前当将相同的模型发送给不同的供应商时,可能会形成尺寸和表面特征不同的零件。由于其他人的零件设计与你的零件设计在同一时间构建,那么你是否会支付额外费用,以应对构建失败的风险?对于制造的每个零件,供应商是否会向客户提供构建环境条件的完整说明？

需要保持几何限制，如最大悬垂角（如 35°），以尽量减少使用和随后需要去除的支撑结构。

DMLS 或 SLM 的粉末床内限于单一的材料类型，从而不能根据零件位置或零件特征使材料在性质上形成功能梯度。使用这种工艺进行的修复应用可以使用不同的粉末成分，但是目前尚未广泛应用。为此可以停止进程，清洁并加工零件，并在新的平面上构建另一组特征。但是这需要停止该进程，清洁机器中的旧粉末，然后使用新粉末开始并精确地重新定位零件。

与金属粉末的处理、储存和加工有关的环境、安全和健康等问题需要加以控制。粉末金属在处理、储存和加工方面有一定的难度。储存不当会导致氧化或污染，或者形成具有特殊危害的其他化合物。精细分散的粉末可以自燃，其燃烧温度会超过手持灭火设备所能达到的扑灭能力。精细分散的粉末很容易在空气中传播并污染表面，造成吸入和食入的危害。封闭的加工室、惰性加工环境、密封的储存容器，以及专门的真空、过滤设备和适当的培训，这只是安全使用粉末所需的少数工程和行政控制措施。

激光危害必须得到很好的控制。工业系统通常提供"Ⅰ级"激光器外壳，以避免热和激光危害。这些系统的安全操作和维修需要高水平的正规培训，这是因为，产生不可见激光束的大功率工业激光器能够投射出破坏性的激光能量，并反射到很远的距离。

从一种粉末类型到另一种粉末类型的转换时需要彻底地清洁腔室，以防止一种合金金属被另一种合金金属污染。构建环境中或者清洁后的系统中即使残留少量粉末颗粒也可能产生不利的冶金影响，如开裂、腐蚀敏感性或其他影响。

各向异性，或晶粒结构和块体性质可以随着材料、构建条件和零件方向而变化。存在于大多数金属部件中的各向异性，也称为微观结构织构，其是材料加工的结果，并不一定是不可取的，但是对于关键应用来说可能是重要的。

在某些情况下，需要使用热处理、HIP 或一系列精加工操作（如喷丸，化学腐蚀或等离子抛光）进行后处理，以达到所需的性质、均匀的微观结构、应力的消除或所需的表面状态。

PBF 系统和服务提供商的网页中提供了有关系统、材料数据表和工业应用的各种详细信息。在本书的"AM 机器和服务资源链接"部分有选择地提供了一些公司的链接，以便于读者获取更多信息。

8.2　激光束定向能量沉积系统

激光定向能量沉积（laser directed energy deposition，DED-L），也称为 LENS或 DMD，是指从 3D 实体模型开始，在计算机运动控制下熔合金属填料形成 3D 形状。该方法虽然有许多与 PBF-L 方法相同的优点和缺点,但是也存在一些显著的差异。如图 8.11 所示,与在 PBF 中烧结粉末层不同,DED 完全熔化通过送粉喷嘴输送到熔池或聚焦区的金属粉末。激光/送粉头紧跟着熔池移动,将沉积物熔合到基底上,形成完全致密的金属。在 DED 加工中没有液相烧结,微观结构完全从熔融状态演变而来。完全致密化和熔合是通过在熔池中混合来辅助实现的,不需要通过后续层的重熔来达到完全致密化。图 8.12 中显示了一个大型腔室 DED-L 系统。

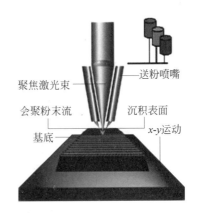

图 8.11　DED-L 工艺[11]

图 8.12　557 型激光系统(5′ X 轴×5′ Y 轴×7′ Z 轴)[12]

　　前文所述的 PBF-L 在很大程度上源于塑料原型制作技术,而 DED-L 的许多工艺特征则与激光熔覆相同,并且很多方面是激光熔覆和 5 轴激光焊接的混合组合。当依赖基于特征的模型和 CNC 工具路径控制,而不是严格依赖 STL 模型的平面切片时,DED 软件可能比 PBF 或激光熔覆更加复杂。沉积需要在基板或零件上开始。基底可能会也可能不会成为成品零件的一部分。在混合应用中,可能只需要 DED 在现有基础部件或商业原料形状上添加特征。利用激光沉积头和基体零件的 5 轴或更多轴同时移动,DED 可以在复杂的 3D 表面上沉积材料(而不是简单的平面和 X、Y 移动)。

　　DED-L 也可以用于以 STL 文件格式开始的 2½D 沉积中的沉积平面层,但

　　[11]　来源:Robert Mudge,Nick Wald. 激光工程净成型促进增材制造和修复. Weld J.,2007,86,44-48。经许可转载。

　　[12]　照片由 RPM 创新公司提供,经许可转载。

是因为不经常使用类似于 PBF-L 的支撑结构，限制了沉积难以形成的悬垂形状。该工艺有很多变化，但是为了便于比较，我们用一台具有 5 轴 CNC 控制的 DED 机器进行论证和比较。金属粉末由惰性气体在惰性室中输送到激光束的共聚焦点或移动熔池的位置。经常使用各种不同的 5 轴 CAD/CAM/CNC 软件和 CNC 控制器。

各类基于激光能量供给的 DED 系统之间的主要区别在于激光头和送粉系统。在市场上有各种各样的激光/能量头，具备多种功能。了解这些差异和功能，可以帮助终端用户根据他们的应用而选择最佳配置。

虽然前文已讨论了激光光学的基础知识，但是粉料添加将复杂性提高到了另一个水平。我们可以回忆对 AM 重要的激光器参数，包括焦斑尺寸、聚焦位置和 F♯ 或光束的会聚角。空间强度分布、束流功率和光束撞击轴也有重要作用。送粉系统与这些激光参数具有相似性，包括焦斑或腰部区域、粉末流的会聚角和聚焦或光束会聚位置，所有这些都会影响沉积物的特征。送粉系统的参数，如送粉速率，输送气体流量，喷嘴尺寸、形状、位置，粉末撞击角度等，是在任何倾斜角度、速度或移动方向下使粉末焦点与激光焦点保持一致的关键。激光参数与粉末参数结合，构成了激光/粉末的相互作用区。

Gibson 等（2009，第 243 页）对粉末喷嘴配置进行了很好地介绍和说明。图 8.13(a)所示的最简单配置是一个与撞击激光束和熔池区域有固定关系的单丝给料机或粉末喷嘴(图 8.13(b))。这是一种用于激光熔覆的常见配置，其中金属粉末被引导进入熔池，熔化并形成沉积物。在具有由线性或旋转运动形成简单形状的激光熔覆中，较大的激光光斑尺寸和熔池，较高的移动速度和粉末进给，可以形成非常高的沉积速率。可以调整聚焦位置，以影响熔覆材料的渗透和由此产生的基材稀释百分比。粉末进给通常会使激光路径更有效地熔化填料。

在过去几十年里，在工程 R&D 实验室中已经开发出将激光与粉末进给集成到 AM 特定配置中的技术，并由各种商业供应商和系统集成商提供。这些系统采用了不同的共聚焦/同轴的激光/送粉器，形成多个粉末进给流，喷嘴位于激光头的内部或外部。这些设计的优化标准包括：低重量，有助于提高铰接速度；小尺寸，以便能够进入狭窄的位置，并在倾斜定位时为激光头提供空间，以避开已有的零件特征。多粉末路径(图 8.13(c),(d))和送粉器可以通过从一种材料切换到另一种材料，而实现多种材料供给。某些设计依靠相对粉末流的会聚，将粉末紧密地聚焦到激光器的临界束流能量密度区域(Gibson et al.,2009，第 241 页)。与任何嵌入式传感器或控制装置一样，激光/粉末头的清洁、维护和维修也需要考虑拆卸的方便性。

激光头和粉末进给硬件可能体积大而且笨重，这限制了 CNC 的快速运动和轴的运动范围。DED-L 的沉积速率通常比 PBF 快，但是精度较低。有粉末流时的激

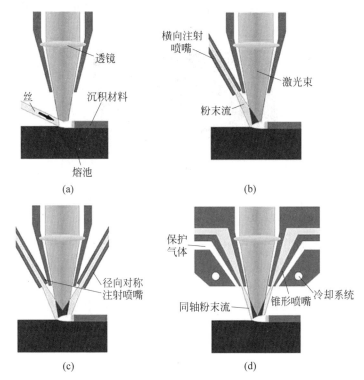

图 8.13 激光熔覆喷嘴的配置

激光熔覆喷嘴的配置. https://commons. wikimedia. org/wiki/File:Laser_Cladding_nozzle_configurations. jpg[13]

光光斑尺寸和熔池尺寸都会影响沉积分辨率。一些供应商采用动态传感和控制熔池尺寸,以实现更均匀的沉积。

相比之下,PBF-L 系统中定位光束的扫描镜的移动速度明显比 CNC 的移动速度快得多,但是直接比较 PBF 和 DED 的沉积速率还需要考虑重铺周期的速度。在 DED-L 中,与激光头质量铰接相关的限制可能会被零件相对于激光头的同步运动所抵消,但是铰接大型乃至巨型的部件时,该解决方案将受到限制。正如你所看到的,在将一个系统与另一个系统进行比较时,需要考虑和权衡许多因素。

单个进料位置通常位于熔池的前缘或光束撞击位置的前方,这有助于光束预热和熔化粉末或丝。因此,在沿着复杂的沉积路径时,必须维持这种单一的进料方向,这就要求进料机构与沉积路径和熔池之间要有额外的衔接关系。图 8.14 显示了在复杂曲面上沉积时,三个粉末进给流喷嘴的配置。商业上还提供了其他特殊

⑬ 由 Materialgeeza 公司根据 CC BY-SA 3.0 提供:https://creativecommons. org/licenses/by-sa/3.0/。

的激光/粉末头，例如用于熔覆气缸内孔的产品。混合系统可以采用快速沉积或精细沉积的激光头。

图 8.14   应用三个粉末流喷嘴在 3D 曲面上沉积⑭

8.2.1   DED-L 的优势

DED-L 的优点如图 8.15 所示。多个送粉器或送丝器可向熔池输送不同的粉末，从而允许在沉积过程中改变材料的成分，实现功能梯度金属沉积。在送粉器之间进行切换可以使用不同的材料沉积不同的特征。也方便对零件的多个接触面进行修复。图 8.16 显示了应用 LENS DED-L 工艺修复的叶轮零件。

图 8.15   DED-L 的优点

图 8.16   LENS 850R 系统修复的叶轮⑮

在没有粉末床尺寸限制的情况下，一个大而灵活的构建范围是可能的。虽然激光熔覆系统可以不在受控气氛室范围内沉积材料，但是 DED-L 通常是在高纯度惰性手套箱中进行，该手套箱中有粉末危害，并限制粉末污染进入工厂环境。使用干式机组和其他气体净化系统，可以将高纯度惰性环境中的氧气和湿度保持在低于 10 ppm（parts per million，百万分之几）的水平。定制尺寸的腔室可用于构建更大的零件，并且可以提供一个全封闭的Ⅰ类激光防护外壳，以及提供回收和循环

---

⑭　由 TRUMPF 提供，经许可转载。

⑮　照片由 Optomec 公司提供（经许可转载）；LENS 是桑迪亚国家实验室的商标。

使用未熔合粉末的可能性。

DED-L构建过程中具有关闭粉末进给的功能,这为使用更少的原始粉末提供了机会,还可以散焦或倾斜激光撞击表面,利用峰值功率、焦点或激光方向的变化进行钻孔或者清除孔或通道。德国Fraunhofer研究所开发了一种快速开关粉末的系统。改变送粉气体的这种功能提供了控制表面化学条件的机会,例如可以同时渗氮。

在构建过程中,DED-L零件没有被埋在粉末床内,因此可以在构建过程中使用非接触或接触测量方法进行测量或检查,以确定构建的尺寸或热条件,并酌情控制或修改构建进度。集成AM、SM和测量的混合系统已经被开发并得到验证。

在构建序列中,CNC和多轴铰接提供的额外定位控制可允许基于特征的沉积,以及路径规划和过程控制的更大自由度。例如,一个特征的沉积产生的变形可以通过在构建平面上建立一个镜像特征来抵消,这种方法可以在构建序列中抵消和适应一个特征相对于另一个特征的变形和应力。与PBF-L系统比较,其变形偏移只能通过在Z方向上的控制器调节。否则,必须对原始CAD模型进行X或Y尺寸的软件补偿。DED通过抵消变形,以及消除反向的收缩力和弯曲应力,提供了收缩补偿的可能性,而不是仅仅依靠软件。

基于特征的参数化设计软件,如目前用于CNC加工的软件,可以将设计特征的参数关系直接扩展到CNC SM或者AM机器工具路径。这种参数关系允许对设计模型进行修改,并自动地重新生成直接发送到机器的激光路径和控制序列。相比之下,当使用基于STL文件的系统时,如大多数PBF-L系统,对设计的任何更改可能都需要重新设计支撑结构和重建激光路径。

DED利用闭环实时回收、过滤及再利用输送系统,可使用较小的粉末总体积,减少了再利用粉末的体积,得到了更高的粉末与零件体积比。对于关键应用,如外层空间硬件或核动力系统,其没有运行中整修的机会,则可以指定使用未经再利用的原始粉末,而且这些粉末没有被再利用的机会。

板或管等基础特征可能成为成品零件的一个不可分割的组成部分。通过增加熔覆层或附加零件特征对现有零件或基体零件进行修复,可以实现现有零件和部件的再制造或再利用。不受粉末床限制的多轴铰接将允许3D扫描,以确定零件状况和修复零件的方向,并在基底上构建所需的新特征或几何形状。

高精度零件需要后处理来达到最终尺寸,如通过CNC加工,可能不需要PBF-L提供的额外精度,并且可以从DED-L的沉积速率增加中受益。如果无论如何都必须加工关键表面和尺寸,那么沉积特征的原始精度就没那么重要了。对于电子束送丝或基于电弧的AM来说尤其如此,在这种情况下,高体积沉积速率和材料成本节约的优势抵消了对高沉积精度的需求。

与PBF-L相比,使用市售金属粉末或焊丝填料是DED-L的一个明显优势,因为成本较低,而且工业上使用的认证粉末或焊丝其范围更广。粉末喷嘴和输送系统堵塞可能仍然是一个问题,但是 DED 对粉末的总体要求没有 PBF-L 或 PBF-EB 严格[16]。

沉积利用的基础特征或构建板可以成为成品部件的一个组成部分,从而节省了沉积时间、后处理去除时间和材料。在混合应用中,基础特征还可能受益于自动进料系统的使用,从而进一步提高生产能力。

由于表面准备、测量、重新定位、沉积、精加工和过程中检查都可能在同一台机器上按照顺序进行,所以使用 DED-L 比粉末床系统更容易对现有部件进行修复、再制造、翻新或升级。

图 8.17 所示的模块化 DED 系统部件将允许对现有的 SM 型 CNC 系统或生产线进行改造、翻新或升级,从而得到包含 AM 功能的混合 AM/SM 系统,与大型通用系统相比可以用较低的成本满足特定的制造任务。

　　　沉积头　　　　送粉器　　　运动控制器　　　过程控制　　　工具路径软件

图 8.17　LENS 打印引擎部件[17]

将 AM 和 SM(如铣削或车削)结合在一起的混合系统可以减少加工和设置时间,非常适合小批量和小零件。此外,在熔覆精度不重要时,DED 可以使用不同的材料,修复磨损或损坏的部件,适用于高度起伏的表面或难加工材料,如硬质涂层。

DED-L 系统和服务提供商网页中提供了系统规格、材料数据和工业应用实例。在本书末尾的“AM 机器和服务资源链接”部分给出了一些公司的链接,以便于读者获取更多信息。

8.2.2　DED-L 的局限

与 PBF 系统一样,DED-L 工艺有多个自由度或控制参数,工艺较复杂。坦率地讲,这些控制参数以线性、非线性或混乱的方式进行的所有可能的相互作用都令人难以置信。这些大量的控制参数可能既是优点也是缺点。更好地理解该工艺并控制这些参数则可以锁定或限制自由度,从而得到可重复的工艺。图 8.18 给出了 DED-L 的一些缺点。

由于软件的原因,该工艺可能比粉末床方法具有更大的复杂性。激光运动遍历平面层在本质上没有 3～5 轴同步运动那么复杂。但是在这两种情况下,DED 的粉末铺展和粉末进给都是至关重要的。每种情况下激光与粉末的相互作用都是

---

⑯　与 Optomec 公司 Richard Grylls 的个人通信(2015 年 1 月 15 日)。

⑰　照片由 Optomec 公司提供(经许可转载);LENS 是桑迪亚国家实验室的商标。

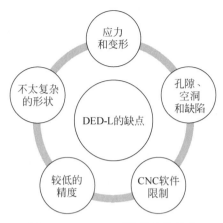

图 8.18　DED-L 系统潜在的缺点

复杂的。混合机器,例如结合了多工具转台、原料进给系统,以及那些结合了机器人技术的机器,大幅增加了运动系统的复杂性。与粉末床法相比,由于工艺自由度和工艺变量及其相互作用的数量庞大,对于复杂形状的路径规划使 DED 工艺处于更不利的地位。与 PBF-L 相比,这个复杂性会限制工业上将 DED-L 应用于复杂3D 零件。

随着装有 CNC 运动控制硬件的大型手套箱出现,粉末回收、循环利用和腔室清洁的难题会变得更为复杂。

DED 的粉末形态要求可能不如粉末床系统严格,但是粉末的流动性和纯度仍需要高质量的原料。粉末的回收和再利用的相关问题类似于 PBF 粉末。与 PBF一样,若要这些基于粉末的方法得到广泛应用,则必须把所有的 3D 激光金属打印工艺建立在经济可行的金属粉末来源上。

DED-L 可能会受到与 PBF-L 相同的限制,例如所需的尺寸精度、表面光洁度和相对较慢的构建速度。在 DED-L 中,较大的熔池、凝固和收缩应力可能会导致较高的残余应力水平和较大的零件变形。

与激光熔覆一样,送丝系统也在使用,尽管送丝器的移动和铰接可能会增加复杂性。在这些情况下,最好是在固定的激光头下方铰接零件,或是同时铰接零件和激光头。大型组件(零件或激光/送丝器)的移动都需要大型刚性的运动控制系统,从而限制了这些组件在铰接、加速或减速时的速度。

与 DED-L 型系统相关的环境、安全和健康问题,则可能还需要考虑到允许人员进入的大型构建环境的额外危险。粉末和激光危险、密闭空间、惰性气体、机械运动危险和设备锁定,这都需要大量的工程和管理控制,以确保安全操作。

使用多轴系统时可能会存在额外的激光危险。一个完全铰接的激光头能够在非正常位置沉积材料到一个平坦的水平表面,它需要一个外壳,不仅能够容纳反射的激光,而且能够在运动系统发生故障时承受数千瓦激光束的直接冲击。

DED需要使用一个基础或支撑结构，在其上开始沉积和堆积所有后续特征。在某些情况下，这些支撑结构可以整合在成品零件中，但是在其他情况下，则可能需要在构建完成后的精加工操作中将其去除。与PBF-L支撑相比，这些支撑结构需要更加坚固，以适应额外的收缩力，因此可能更加难以去除。关于潜在的优势，请参见下文中有关种子特征或基体零件的讨论。

在构建过程中，零件内和构建环境中的热量积聚可能是一个问题，因为构建操作可能需要数小时，而且多余的热量可能很难排出。热量积聚会损坏设备，并对最终零件中的晶粒生长、金属杂质偏析、不良相的形成、缺陷、变形和其他冶金问题产生不良影响。与PBF系统相比，DED的设计复杂度可能会受到限制，因为对于某些设计，使用DED可能无法构建支撑结构。

8.3　电子束粉末床熔合系统

电子束加工具有高能量密度（高光束质量，如小光斑尺寸）、高光束功率（数千瓦）等明显的优势，并且在高真空中进行，与商业焊接级氩气中的百万分之几的氧气水平相比，其只有十亿分之几（parts per billion，ppb）的氧气水平。与激光一样，基于电子束的系统有两种基本类型：PBF-EB和DED-EB。PBF-EB机器目前由Arcam AB公司生产，称为电子束熔化（EBM）工艺。DED-EB机器由Sciaky公司生产，称为电子束增材制造（EBAM）。由NASA开发的一个DED-EB工艺，称为电子束自由形状制造或EBF3（Electron Beam Free Form Fabrication）。

利用电子束的PBF-EB与PBF-L类似，两者都是从3D模型开始，通过对STL文件切片创建沉积路径，并且逐层地熔合粉末材料，沿Z轴递增向下运动并重新涂覆，重复这个过程，直到实现所需的形状。与PBF-L和DED-L一样，有两种使用电子束的方法，一种是使用扫描电子束源熔合粉末床，另一种是采用CNC运动控制铰接移动的电子枪和送丝器。

与激光加工和基于电弧的方法相比，基于电子束的系统有许多明显的优势和局限性。DED-EB高纯度的真空环境提供了一个基本的优势，可以沉积高活性材料和那些容易在凝固和冷却过程中被氧气或其他污染物污染的材料。另一个优点是可以实现高电子束功率、大腔室尺寸和高沉积速率。与激光器相比，电子束系统曾经具有能量转换效率的优势，但是高效率二极管和光纤激光器的出现缩小了这一性能差距。缺点主要是与设备成本和复杂性有关。下面，我们首先讨论粉末床方法。

PBF-EB工艺如图8.19所示，它可以连接一个固定的电子束枪，将电子束导入包含粉末床系统的真空室中，电子束在一个平坦的构建平面上以X-Y坐标进行电磁偏转和扫描，以追踪并熔合模型中每一层的粉末。使用电磁线圈快速扫描电子束与PBF-L中移动扫描镜不同，并且能够具有更快的构建速度。然而，该工艺仅限于导电材料的沉积。PBF-EB 的优点如图 8.20 所示。

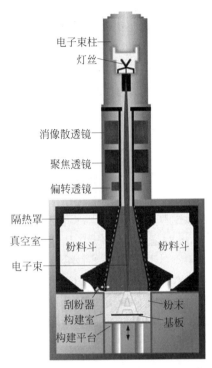

图 8.19 Arcam AB 公司 EBM 工艺[18]

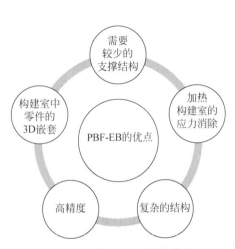

图 8.20 PBF-EB 工艺的优点

Arcam AB 公司[19]已经实现了 EBM 工艺的商业化,用电子束熔化粉末床生产金属部件(图 8.19)。这项技术具备设计的自由度,并结合了有吸引力的材料性质和高生产率。Arcam AB 公司着重于制造骨科植入物和航空航天工业的制造。EBM 技术利用电子束预热粉末至约 700 ℃,从而在构建过程中保持有效地释放零件应力的温度。该技术配备了基于摄像头的监控和一个模块化的粉末回收系统。Arcam AB 公司宣称该技术性能优于铸造,与锻造相当。最小的聚焦束斑尺寸在 100 μm 量级,可以创建精细的结构。由于高达 8000 m/s 的快速电子扫描能力,可以同时维持多个熔池。在一个构建周期中可以制造多个零件,从而使构建体积具有高利用率。典型的构建尺寸是 350 mm×380 mm。释放氦气进入腔室,增加工作压力到约 10^{-2} Pa,可以减少粉末颗粒的静电充电,并在构建周期后辅助冷却。Arcam AB 公司为其主要应用的粉末钛合金和钴铬合金粉末提供了经过验证的供应链,并为这些粉末提供了优化的工艺参数。

通常将构建室加热到 680~720 ℃,并在构建过程中保持高温。对于其他材

⑱ 由 Arcam AB 公司提供,经许可转载。

⑲ Arcam AB 公司的网页. http://www.arcam.com/(2015 年 3 月 21 日访问)。

料，如铝（300 ℃）或钛铝（1100 ℃），预热温度可以不同。这既可以作为预热环境，也可以作为后热环境，从而有助于减少冷却产生的收缩应力和变形，以及残余应力和非平衡相的形成（所有这些都会导致敏感材料开裂）。构建体积的冷却可能需要几个或几十个小时。散焦粉末预热通道可以用来轻度烧结粉末，并降低与熔池周围快速加热和冷却区域相关的热梯度。与激光粉末床系统需要较多刚性支撑相比，EBM 工艺中因为与每一层正在构建的零件相邻的粉末被轻度烧结，起有效地支撑结构的作用，并且在后处理中更容易去除和回收，所以可以减少或避免对支撑结构及其后处理去除的需求。与激光系统一样，需要使用防爆真空吸尘器和严格的程序对粉末进行筛分，以便重复使用。

缓慢的冷却周期可以为晶粒长大和微观结构弛豫留出更多的时间，从而既可以减少被锁定的应力，也可以减少与局部收缩相关的变形。对于活性材料而言，在长时间的冷却周期中，内部污染物的扩散或氧气的吸收可能是一个问题。当零件在高温下保持 8～10 h 或者更长时间时，这种情况可能会加剧。

图 8.21 一个零件的多个个体可以通过堆叠的方式在一个构建周期中制造[20]

Arcam AB 公司不仅提供了钛合金和钴铬合金的详细材料数据表，还提供了 EBM 材料的力学性能数据，并与各种合金的铸造和锻造性能进行了对比。加工后的热处理和热等静压可以用于改善疲劳性能。该工艺的优点包括快速的构建速度和在构建体积中更容易堆叠零件的能力，如图 8.21 所示。

该工艺的局限性就是已经在 PBF-L 的讨论中描述的一些限制，例如粉末材料的成本，以及由腔室尺寸造成的零件尺寸限制。其他 PBF-EB 的局限性（图 8.22）还包括构建空间从高预热温度和加工温度冷却的时间：在可以移除模块化的构建体积并使其冷却，同时为下一个构建作业安装一个新的构建体积。该工艺可供选择的材料较少，而且由于粉末直径较大，零件精度略有降低。由于静电充电和更细的粉末颗粒（通常被称为"烟雾"）的排斥作用干扰了粉末层，需要具有较大颗粒直径的专用粉末（比 PBF-L 更大），并且要求构建板电气接地。与使用较小直径粉末的某些激光系统相比，这些较大的粉末尺寸和所需的聚焦条件可能导致精度降低。数据表中还为安全操作规定了最小颗粒尺寸为 45 μm。PBF-EB 的粉末尺寸可以与其他 PBF-L 供应商声称的粉末尺寸进行比较，而后者可以低至 10 μm。在这里可以找到 EBM 工艺的视频链接[21]。FDA 批准的采用 PBF-EB 加工的植入物已经上市,表明其在消费者层面上有明确的使用途径。这里还提供了橡树岭国家实验室(Oak Ridge National Lab,ORNL)的一个很好的 YouTube 视频演示[22]。

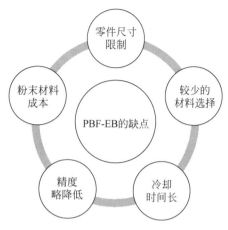

图 8.22　PBF-EB 潜在的缺点

8.4　电子束定向能量沉积系统

DED-EB 系统将移动电子束枪、CNC 运动和送丝器集成在一个大型高真空室中,允许在 X-Y 或倾斜方向上移动,逐层追踪和熔合沉积的金属焊道,一次一个,逐层地堆积。Sciaky 公司的 EBAM 工艺如图 8.23 所示。使用这种方法,可以创

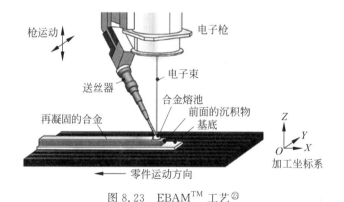

图 8.23　EBAM™ 工艺[23]

[22]　直接制造. ARCAM 网格球视频. https://www.youtube.com/watch? v=iegi6D5MKmk(2015 年 3 月 21 日访问)。

[23]　照片由 Sciaky 公司提供,经许可转载。

建非常大的真空室构建环境(图 8.24)，允许沉积非常大的结构。使用类型广泛的合金丝和尺寸以及多种沉积参数选择，可实现较高的沉积速率。近净形状的部件显示了一个明显的阶梯状焊道堆积形状，需要进行加工才能形成最终形状。材料的选择受到工艺中所用金属丝商业来源的限制。一个缺点是在真空环境中，沉积物的冷却速率较慢，可能会对沉积物的晶粒长大和其他冶金效应有潜在影响。当沉积大型结构时可能会产生程度较高的变形或残余应力，需要进行加工后热处理。

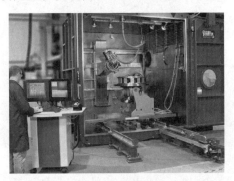

图 8.24   Sciaky 公司的 EBAM™110 系统[24]

Sciaky 公司的 EBAM[25] 工艺正在市场上销售，可用于制造大型、高价值的金属零件。该工艺使用堆焊沉积形状，可以通过接下来的后处理，如机加工或锻造，制成原型或零件。NASA 已经开发了一个类似的工艺，称为电子束自由形状制造(EBF3)[26]。

与粉末床系统的构建体积相比，该工艺的优点是非常大的腔室尺寸。图 8.25

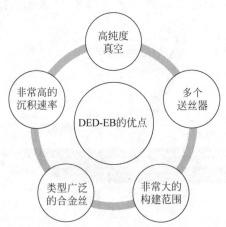

图 8.25   DED-EB 的优点

_____

[24]   照片由 Sciaky 公司提供，经许可转载。

[25]   Sciaky EBAM 网页链接. http://www.sciaky.com/additive_manufacturing.html(2015 年 3 月 21 日访问)。

[26]   NASA EBF3，带有演示视频的网页链接. http://www.nasa.gov/topics/technology/features/ebf3.html(2015 年 3 月 21 日访问)。

给出了该工艺的其他一些优点。由于 DED-EB 工艺高电子束功率和高纯度真空环境的特性,该工艺对使用昂贵的、活性或高熔点的材料是有吸引力的。人们已经采用钛、铝、钽和 Inconel 合金等材料制作了零件和示范硬件。这个工艺已成功地展示了在 1.3×10^{-5} mbar(10^{-5} torr)的真空水平范围内沉积高熔点难熔金属(如钽)和易受很低水平氧污染的活性金属(如钛)。在图 8.26 所示的 Sciaky EBAM 机器真空室内的视图中,显示了钛半球上方的电子枪和两个送丝器。

图 8.26　用 Sciaky 公司的 EBAM[TM] 技术沉积的钛半球[⑦]

这些机器可以配备两个送丝系统,可以单独控制每个送丝器,从而可以制造从一种材料过渡到另一种材料的梯度沉积物。沉积速率最高可达 $6.8 \sim 18$ kg/h($15 \sim 40$ lbs/h)。与目前的激光束系统相比,基于电子束的工艺在束功率、功率效率和沉积速率方面具有优势(Lachenburg et al.,2011)。

Sciaky 公司的一个 YouTube 视频链接[⑧]提供了 EBAM 工艺运行中的一个很好的视图。你可以看到实体 CAD/CAM 模型和沉积路径模拟,以及沉积的过程。大型构建室配备可移动电子束枪和双送丝器。由于腔室、金属丝和材料始终保持非常干净,从而沉积的钛金属保持光亮,没有因污染而变色的迹象。沉积过程中的视频显示,该工艺进展顺利,没有过多的蒸气、飞溅或喷射物质。然而,由于真空环境限制了对流冷却,则零件中的热量积聚成为一个问题,可能需要在真空环境中长时间冷却。

沉积焊道的尺寸、层数和步长会产生较为粗糙的构建形状分辨率,需要在沉积后进行机加工,但这是制备一大块钛并剔除材料的替代方案,而且 DED-EB 在许多情况下可以提供了更好的解决方案。若采用电子束焊接多个零件,则可以制造一个大型厚截面的焊件,形成一个结构后再进行加工。但是由于焊缝缺陷的形态和检测的局限性,这个方法也有缺点,从而使得 DED-EB 具有潜在的吸引力。DED-EB 机器可能是目前可购得的最大、最昂贵的 3D 打印机,并且无疑具备独特的功能。可以沉积范围非常广泛的金属,但是必须以金属丝的形式进料。对于钛或钽,

　　⑦　照片由 Sciaky 公司提供,经许可转载。

　　⑧　Sciaky 公司的 YouTube 视频链接.https://www.youtube.com/watch?v=A10XEZvkgbY(2015 年 3 月 21 日访问)。

沉积速率最高可达 $4100\ \mathrm{cm^3/h}(250\ \mathrm{in^3/h})$，或 $\mathrm{kg/h}(40\ \mathrm{lbs/h})$。

　　送丝焊接熔池的特点是焊丝被持续送入熔池的前缘。改变方向时需要调整送丝器的铰接，以优化熔池的一致性和控制。与所有的焊接送丝器的应用一样，送丝器对送丝线圈的盘绕和矫直所造成的送丝不规则，以及清洁度和其他尺寸变化，都可能是一个问题。NASA 也正在致力于研究实时缺陷检测和残余应力的有限元分析预测建模，并且与弗吉尼亚理工大学合作开发软件，用于帮助设计和分析轻质面板，如用 EBF3 制造的面板[24]。

　　NASA 和其他国际空间机构正在研究 3D 打印技术在失重环境下的空间站和月球表面的应用。EBAM 系统也可以利用空间环境中现有的真空，而在零重力环境中，基于丝的系统比粉末更容易控制。以目前的技术水平，电子束系统比类似的基于激光的系统更节能。我们将在后文中更多地讨论基于空间环境的应用。

　　图 8.27 给出了 DED-EB 工艺的一些缺点。此外，控制大型熔池的困难会将沉积限制在平面位置。这也可能对较小结构特征的分辨率产生不利影响：将沉积限制于大块区域和直壁上，并且需要避免悬垂结构。该工艺有中途停止的可能性，而且可以在当前沉积层附近增加引出板的支撑板。用于大型部件沉积的送丝系统需要大型的连续材料线轴，而且增加了大型送丝机构的复杂性。丝的缠绕和直径的变化会影响送丝的精度，在送丝过程中送丝的位置可能会发生偏移。为了控制收缩或变形的影响，需要大而厚重的基板或基础特征。完全从熔体演化形成典型微观结构，由于高热量输入和缓慢的冷却速度会显示出大晶粒尺寸。

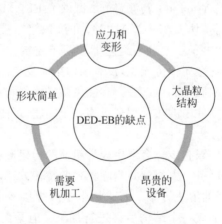

图 8.27　DED-EB 工艺的潜在缺点

㉔　MSC 软件网页中的 NASA 研究项目链接. 亚声速和超声速固定翼项目——弗吉尼亚理工大学和 NASA. http://www. mscsoftware. com/academic-case-studies/subsonic-and-supersonic-fixed-wing-projects-virginia-tech-and-nasa(2015 年 3 月 21 日访问)。

8.5　电弧焊接系统 3D 金属打印

电弧系统提供了一种价格合理的技术，可以实现固态、完全熔合的近净形状金属物体。基于电弧和等离子弧（Plasma arc，PA）的 DED 系统（DED-PA），其精度和准确性不如 PBF-EB 或 PBF-L，但是能够以很低的成本制备大型近净形状零件。使用机械臂或 CNC 龙门系统的高端系统能够达到电子束送丝系统的沉积速率和精度，最适合不需要如同 DED-EB 那样高纯度真空环境的材料。考虑到机器人系统成本的下降，电弧焊机器人 3D 打印机可能会在不久的将来在你附近的一家金属加工车间找到一席之地。DED-电弧系统的一些优点和缺点如图 8.28 所示。

图 8.28　基于电弧的 DED 系统的优点和缺点

克兰菲尔德大学已经开发了这种 DED-电弧工艺，称为"丝＋电弧"增材制造（wire＋arc additive manufacturing，WAAM）[30]。在 1994—1999 年，克兰菲尔德大学为劳斯莱斯公司开发了成型金属沉积（shaped metal deposition，SMD）工艺，利用"丝＋电弧"技术的高沉积速率、高质量的金属 AM[31]，使用各种基于电弧的工艺和用于发动机的材料，以沉积大型钛合金部件为主要目标。使用基于焊丝的 AM 的优点包括沉积速率高达千克每小时的量级材料利用率高、无缺陷、零件成本低等。该工艺的缺点包括沉积低等、中等复杂性形状的限制，以及由大变形和慢冷却速度导致的大幅度晶粒长大。通过改变工艺条件，例如，调整行进速度和在焊丝上添加硼涂层作为晶粒细化剂，可以使晶粒形核并实现一定程度的晶粒细化。在工艺过程中每道沉积路径后进行机械轧制，可以产生冷加工和晶粒细化，并使在后续

㉚　克兰菲尔德大学. 在克兰菲尔德大学开发的革命性 3D 金属生产工艺. 2013 年 12 月 16 日. http://www. cranfield. ac. uk/about/media-centre/news-archive/news-2013/revolutionary-3d-metal-production-process-developed-at-cranfield. html（2015 年 4 月 27 日访问）。

㉛　Norsk 钛新闻参考. 克兰菲尔德大学. Colegrove，P.，Williams，S. 使用丝＋电弧技术的高沉积速率、高质量金属增材制造. http://www. norsktitanium. no/en/News/～/media/NorskTitanium/Titanidum%20day%20presentations/Paul%20Colegrove%20Cranfield%20Additive%20manufacturing. ashx（2015 年 4 月 27 日访问）。

沉积路径的加热过程中产生再结晶。与锻造材料相比，沉积态 Ti-6-4 合金材料表现出强度的降低。在层与层之间增加轧制沉积物的步骤，提高了沉积物的屈服强度和极限强度。沉积物的伸长率在相对于构建方向的垂直方向和水平方向上各不相同。在一个案例研究中，对于一个特定的部件设计，买-飞比从 6.3 降至 1.2，重量减轻了 16%。

在一篇文章"探索钛零件增材制造的电弧焊接"（Kapustka et al.，2014）中描述了一个高水平的示范应用，研究人员演示了气体保护金属极电弧焊/热丝（gas metal arc/hot wire，GMA-HW）工艺的应用，将钛合金 Ti-6-4 超低间隙（extra low interstitial，ELI）沉积到适合加工成为成品零件的近净形状部件上；利用了 CAD 模型和运动控制，将形状沉积到钛基板上。这与 DED-EB 工艺得到的结果非常相似，只是前者不需要真空室或电子束焊接系统。研究人员制备了焊接沉积物化学分析和力学分析试样，并比较了 Ti-6-4 ELI 铸件的沉积态、固溶热处理后退火热处理和直接退火热处理的材料性质，以及典型的空温拉伸性能。结果表明，其力学性能良好。这种将 CAD、CNC 控制和高价值材料电弧焊结合起来制造加工毛坯的示范应用，表明了将该工艺应用于其他材料和更复杂形状的潜力。

低成本、开源、基于电弧的系统将塑料 3D 打印机运动（RepRap）与容易获得的 GMA 焊接系统结合，可以实现成型金属沉积[②]。附录 E 提供了关于这项技术最近进展的额外信息。对于学生来说，搭建这样的系统是开始学习 AM 和 DED 系统基础知识，了解系统集成和热源的一个很好的途径。它们还将使你获得对收缩变形等金属冶金效应、零件精度和参数选择的实际了解。对于除了小型物体以外的任何物体，物体的质量都会对适度的 RepRap 型运动系统在构建过程中精确移动和铰接物体（或焊炬）的能力产生不利影响。市售的送丝器，如 GTAW 送丝器的升级版，与微 GTA 炬和 RepRap 运动结合，可能就是通向 DIY 项目的门票，从而获得入门级基于电弧 AM 的能力。在本书后面提到的美国政府项目"美国制造"，正在帮助密歇根技术大学（Michigan Technological University，MTU）继续进行这项 R&D。

GMA-DED 和 DED-PA 的优点

计算机建模、2½D 切片以及用于运动控制的路径规划在塑料的 3D 打印中已经很成熟，并且在短期内可以直接用于基于电弧系统的开环运动控制。电弧焊所需的运动系统对于生产级应用而言具有足够的成本效益。商用级 GMA 焊接系统控制是提供电弧控制和填充材料供给的现成手段。

如 DED-EB 所展示的那样，大型物体的加工毛坯可以在不需要各种商业形状

---

② 开源 MTU 3-D 金属打印机与 RepRap 和 GMAW 结合的网页链接. https://www. academia. edu/5327317/A_Low-Cost_Open-Source_Metal_3-D_Printer（2015 年 3 月 21 日访问）。

材料(如板材、板材、角钢、工字钢、管道)和加工这些材料所需的机器(如剪切机、制动器和切割台)的情况下沉积获得。减少废料的可能性也可能会影响该工艺的实用性。

GMA-DED 和 DED-PA 的缺点

更广泛地使用 GMAW-DED 还需要确定是否需要强化或保护运动硬件,以使其免受构建环境的热、焊接飞溅或烟雾颗粒的影响。该工艺产生的热量可能会损坏接头和精密表面,从而需要额外的隔热。

GMA 焊接依靠送丝和液态金属液滴或喷雾在焊接电弧中转移。这可能会导致焊接飞溅,产生比 GTA 或 PAW 等电弧系统更大程度的颗粒和烟雾,而后两者中没有金属在电弧中的转移。适当的惰性气体保护允许机器人以非常高的速度将焊接金属沉积形成明亮干净的焊道,其具体速度取决于所焊接的金属。

半自动送丝和恒压电源控制着许多工艺变量,如弧长和填料控制,但是该工艺往往从过度的堆焊开始,形成较小的熔深和较高轮廓的圆形焊道。在焊道终止时,可用的控制选项较少。在较小零件或小零件特征的制造过程中,热量积聚是一个问题。其他问题包括启动/停止控制(如等待零件冷却),以及在零件构建中防止氧化和大气污染。从构建板上移除零件可能需要锯切、铣削,或更大的机床能力,除非它成为最终部件的组成部分。该技术的开发人员无疑将优化热处理和 HIP 计划,便于消除应力,并根据基板和焊接沉积物的典型微观结构范围提供更均匀的性能。

在 DED-GTA 的一个示例中,材料和电化学研究公司[③]提供了近净形状金属和合金的快速制造。等离子转移电弧是一种有成本效益的、低复杂性的方法,可代替激光而用于实体自由形状制造 AM 零件。该工艺具有沉积速率高、操作成本低、效率高的特点,能够混合合金粉末和丝,包括难熔合金,以实现工程功能梯度材料和表面层。据报道,Ti-6Al-4V 和 Aermet[TM] 100 合金力学性质与相应的商业等级材料相当。此外,还提供了各种电流、目标应用和冶金数据。

挪威钛业公司[④]开发了一种专有的基于机器人的等离子弧快速等离子沉积(rapid plasma deposition,RPD[TM])工艺(图 8.29(a))。这个 DED-PA AM 工艺采用专利焊炬设计和控制系统,在氩气中熔化钛丝进料,逐层构建近净形状,然后进行后处理并加工成航空航天级钛结构。挪威钛业公司声称,与传统的锻造和坯料制造方法相比,通过显著减少材料浪费和所需的加工能耗,从而生产成本可以降低 50%~70%。此外,上市时间可以大幅缩短。目标市场包括航空航天、国防、能源、汽车和船舶。图 8.29(b)和(c)显示了沉积态形状、部分机加工形状和精加工的部件(由左至右)。潜在的成本降低包括将更换零件的交付周期从几个月缩短到几

---

③　材料和电化学研究公司. http://www.mercorp.com/index. htm(2015 年 3 月 21 日访问)。

④　挪威钛业公司介绍 RPD[TM] 工艺的网页. http://www.norsktitanium.com/(2016 年 5 月 14 日访问)。

周。从铝改为钛的生命周期成本将使飞机飞得更远,运载更多的乘客和货物。与其他竞争材料相比,钛与碳纤维复合材料的界面相容性更强。与历史方法相比,应用 RPD 技术可以显著提高买-飞比。据报道,单个系统一年能够沉积多达 20 吨的产品,并且随着时间和批量的变化而快速变化。

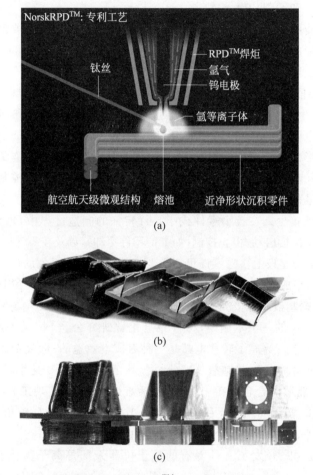

图 8.29　(a) 挪威钛业公司的 RPD^{TM} 工艺[⑤];(b) 和(c) 沉积态、部分机加工和精加工的两个钛零件示例[⑥]

　　作为另一个选择,AM 沉积形状可以用作锻造毛坯,以便使用现有的工具和闭式模锻进行后处理。在某些情况下,没有剩余的锻造毛坯库存时,电弧焊沉积近净形状可作为在模具中锻造的毛坯,而不是依赖于需要铸模和铸造操作的铸坯重新制造。当原有部件制造商不再库存锻造毛坯时,这种类型的加工可以制备用于维

⑤　由挪威钛业公司提供,经许可转载。

⑥　由挪威钛业公司提供,经许可转载。

修旧系统的部件。

从美国铝业公司分离出来的 Arconic AB 公司[⑰]拥有一系列材料科学、工程和先进制造技术,从适用于 AM 的铝粉和钛粉及丝的生产,到 AM、锻造、铸造、机加工、热处理和 HIP 技术的开发和应用,支持航空航天、国防、空间、能源、工业和运输等领域。该公司的 Ampliforge[TM⑱] 将 AM 加工与锻造结合,在 AM 沉积部件中产生锻造所能达到的性质。

8.6 其他 AM 金属技术

图 8.30 显示了另一组从计算机模型开始,以金属零件结束的 AM 技术。

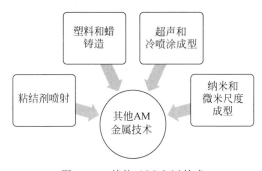

图 8.30 其他 AM 金属技术

8.6.1 粘结剂喷射技术

粘结剂喷射技术使用涂有粘结剂的粉末,将涂覆的粉末在粉末床型系统中熔合,形成坯件。然后在烘烤过程中去除粘结剂,用较低熔点液态金属渗入零件,形成金属粉末/金属基复合材料零件。

ExOne 公司采用喷射粘结剂到粉末上的技术,将粘结剂逐层打印到粉末层上;然后在烘箱里烘烤粉末盒,以固化粘结剂,并去除未粘结的粉末,露出坯件;然后将其放入支撑介质中,在炉内烧结并用青铜等低熔点材料渗透,以达到 95% 的致密度;在最终精加工之前,还要进行缓慢冷却退火步骤。该工艺正在用于不锈钢、铁和钨的粘合。工艺的开发正在向适用于其他金属的方向发展。砂型铸造模具的直接粘结剂打印也正被用于铸件。图 8.31 显示了一个铸造部件的案例研究[⑲],位于 Keyport 的海军水下作战中心(Naval Undersea Warfare Center,NUWC)需要一个俄亥俄级潜艇的替换零件。需要一小批含铅红黄铜的真空锥形

⑰ Arconic AB 公司网站. https://www.arconic.com/global/en/home.asp(2016 年 11 月 27 日访问)。

⑱ 美国铝业公司 Ampliforge 新闻稿. http://news.alcoa.com/press-release/alcoa-expands-rd-center-deepen-additive-manufacturing-capabilities(2016 年 11 月 28 日访问)。

⑲ ExOne 公司的案例研究. ©2014,ExOne 公司网站. www.exone.com(2015 年 3 月 21 日访问)。

铸件，共 4 个，尺寸为 11 in×5 in×10 in。这些铸件的 OEM 报价为每件 29562 美元，交货期为 51 周。ExOne 公司利用 NUWC 提供的逆向工程 CAD 模型，用砂打印方法在 8 周内生产并交付了铸件，费用为每件 18200 美元。ExOne 公司的网站上有一段很好的视频，演示了这个工艺[40]。粘结剂喷射技术也可以和 HIP 加工一同使用，实现接近完全致密，而无需其他金属（如铜）渗透，在设计中需要留有额外的尺寸余量，以适应 HIP 工艺的固结。图 8.32(a)显示了使用 ExOne 粘结剂喷射技术和 HIP 加工获得的大型钛零件，达到了完全致密。图 8.32(b)显示了钛零件完全致密的细晶组织，其中较亮的区域是初生 α 相，较暗的区域是 β 相。

图 8.31　使用 ExOne 公司砂打印方法制作的铸件[41]

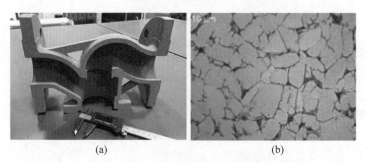

(a)　　　　　　　　　　　　(b)

图 8.32　（a）用 ExOne 公司粘结剂喷射技术和 HIP 处理制作的大型钛零件，实现了完全致密[42]；（b）完全致密的微观组织，显示了较亮的初生 α 相区域和较暗的晶间 β 相区域[43]

8.6.2　支持金属制造的塑料工具

支持弯曲、拉伸或液压成型制造薄金属零件的塑料工具，可以用于特定应用和材料相关的操作。塑料夹具和固定装置可能适用于某些常规的金属加工应用，在

⑩　ExOne 公司网站. http://exone.com/en/materialization/what-is-digital-part-materialization/metal（2015 年 3 月 21 日访问）。

⑪　由 ExOne 公司提供，经许可转载。

⑫　由 Puris 公司提供，经许可转载。

⑬　由 Puris 公司提供，经许可转载。

某些情况下可能会取代传统上由金属制造的固定装置。一家供应商提到了生产可溶解塑料弯曲芯轴的能力。根据沉积物性质的要求，如强度、精度、速度或其他性能标准，可以采用任何塑料原型制作技术。

8.6.3　塑料和蜡打印与铸造结合

使用 3D 打印技术实现完全金属形状的另一种方法是用 3D 打印塑料、聚合物或蜡，从 3D CAD 模型生成模样。然后，该模样可用于制作用于金属铸造的砂型或熔模，也可用于制作可用于铅、锡或锌等低熔点材料的橡胶模具。这些模样可用于加快开发和设计优化。许多领先的 3D 打印技术或服务供应商提供各种各样的选择来制作模样，甚至是一次性模具。要了解更多信息，请查看本书末尾"AM 机器和服务资源链接"部分提供的一些网络链接。

在一个 3D 系统公司的案例研究中[44]，Tech 铸造公司使用了 QuickCast 模样，加速了大型复杂泵叶轮铸件的设计，该铸件重达 350 lb，直径达 30 in。与传统方法相比，这个快速过程允许同时评估多个设计迭代，从而显著缩短了得到最终设计的时间，节省了原型工具制作成本和交付周期。模样是基于树脂的，可以通过设计和制造来获得准确的尺寸和低燃烧灰分。

在另一个案例研究中[45]，Voxeljet 公司描述了使用脱塑 3D 打印模型和失蜡工艺铸造复杂青铜物体的过程。图 8.33 所示的成品零件为 276 mm×239 mm×221 mm，重量为 10.5 kg。

图 8.33　使用 3D 打印的塑料模型和失蜡铸造工艺铸造的复杂青铜物体[46]

④　3D 系统公司. QuickCast 案例研究. http://www.3dsystems.com/sites/www.3dsystems.com/files/tech_cast_case_study.pdf(2015 年 8 月 13 日访问)。

⑤　Voxeljet 公司案例研究. 结. http://www.voxeljet.de/uploads/tx_sdreferences/pdf/plastic_model_knot_ENG_2012.pdf(2015 年 8 月 13 日访问)。

⑥　由 Voxeljet AG 公司提供，经许可转载。

8.6.4　超声波固结

超声波固结（ultrasonic consolidation，UC）或超声波增材制造（ultrasonic additive manufacturing，UAM）是一种基于层的 AM/SM 制造工艺，该工艺从实体计算机模型开始，将材料分层，并为超声波工具创建工具路径，使金属层或其他复合材料层粘合，形成固结的形状；随后需要进行铣削或机加工操作将零件从基板移除，并去除实体区域周围的未熔合层，实现最终零件形状。铝、铜和钛合金已经被成功地使用固结方法连接，尽管并非所有的金属都可以使用这个工艺。这个工艺可以连接不同类型的金属和材料，这些材料可能无法使用传统的熔化或依靠熔化的 AM 工艺进行加工。因为这是一种固态粘合工艺，几乎不会产生热量。Fabrisonic 是一家拥有这项技术的公司[47]。

8.6.5　冷喷涂技术

冷喷涂是一种高速喷射金属粉末，并将粉末冷焊接到现有的基体表面上的工艺。该工艺可以用来构建形状或重建表面，可以产生基于凝固的加工所无法实现的微观结构，称为"3D 绘图"[48]。当与 CNC 铣削等减材方法结合使用时，可以形成精确的形状。在欧洲航天局资助的一个项目中[49]，冷喷涂固结技术已被证明可以应用于涂层和简单形状。澳大利亚的联邦科学和工业研究组织（Commonwealth Scientific and Industrial Research Organization，CISRO）开发了许多冷喷涂应用[50]，如钛热管及其他自由形状的部件。此外，该技术已被证明可用于多种涂层和修复应用。

8.6.6　纳米和微米尺度方法

纳米尺度是一个术语，当用于 AM 的背景时，它可以指尺寸小于 1 μm 的成型沉积物或结构，而微米尺度是指 1～100 μm 范围内的沉积物和结构。例如，聚焦离子束（FIB）光刻工艺（图 8.34）可以在纳米尺度上创建非常小的精确特征和结构（图 8.35）。微机电系统（micro-electro-mechanical system，MEMS）利用半导体器件技术在微米尺度上制造机器，纳米尺度器件则被称为纳微机电系统（NEMS）。

---

[47] Fabrisonic 公司超声波增材制造. http://fabrisonic. com/ultrasonic-additive-manufacturing-overview/（2015 年 4 月 10 日访问）。

[48] 增材制造的文章. 2014 年 5 月 8 日. http://additivemanufacturing. com/2014/04/08/ges-cold-spray-provides-a-new-way-to-repair-and-build-up-parts/（2014 年 3 月 21 日访问）。

[49] Enginerring. com 的文章. http://www. engineering. com/3DPrinting/3DPrintingArticles/ArticleID/9419/Engineers-to-Fine-Tune-Cold-Spray-a-Next-Gen-3D-Printing-Technology-for-Astronauts. aspx（2015 年 3 月 21 日访问）。

[50] CISRO 网页. http://www. csiro. au/en/Research/MF/Areas/Metals/Cold-Spray（2016 年 1 月 31 日访问）。

MEMS 可以通过溅射、蒸发或电镀沉积金属。虽然这些工艺非常精确,但是由于沉积速度的限制,它们只适用于非常小的物体。这些工艺尽管构建速度很慢,但是可以同时制作大量器件。

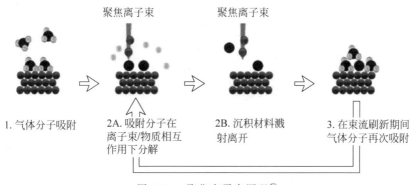

图 8.34 聚焦离子束原理[①]

图 8.35 聚焦离子束纳米加工或沉积[②]

例如,Microfabrica 公司以极高的精度大量生产微米尺度的金属零件,尺寸在微米到毫米的范围,如图 8.36 和图 8.37 所示。他们的 MICA 自由形状工艺可以制造精确的孔、槽、肋等。机械装置可以一次性形成装配状态。沉积的工程级金属

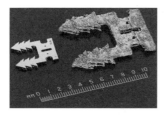

图 8.36 Microfabrica 公司制造的零件与
使用金属激光熔化的零件对比[③]

① 由 Fibics 公司提供,经许可转载。
② 由 Fibics 公司提供,经许可转载。
③ 由 Microfabrica 公司提供(Microfabrica.com),经许可转载。

包括 Valloy 120（镍/钴）、钯、铑和铜。Microfabrica 公司的网站上有一段很好的视频[54]。该工艺可以制造完全组装的、带有所有活动部件的微型器件，特征小到 20 μm，公差接近±2 μm。

图 8.37　Microfabrica 公司制造的植入式医用电极[55]

8.7　关键点

- AM 金属系统的两大主要类型分别被称为 PBF 系统和 DED 系统。根据使用的热源：激光束、电子束和等离子或电弧等，PBF 和 DED 系统可以进一步区分。
- PBF 系统具有更高的精度，但是受粉末床尺寸的限制。基于 DED-EB 和基于电弧的系统一般提供更大的构建范围和更快的构建速度，但代价是分辨率和精度，通常需要 100% 后处理机加工。
- 等离子和电弧焊接系统能够沉积大型近净形状零件，最容易适应机器人运动的使用。
- 其他 AM 金属工艺能够沉积非常小的部件，而另一些工艺则利用 AM 模样或模型进行常规铸造或锻造工艺。这些工艺可以提供直接金属 PBF 或 DED 工艺的低成本替代方案，尤其是对于大型部件。
- 深入了解这些不同的 AM 金属系统的优点和缺点，以及它们最适合加工的合金，这是为特定的设计选择合适的 AM 工艺的重要步骤。图 8.1 中总结了各种 AM 金属工艺。

---

[54]　Microfabrica 公司网站. http://www.microfabrica.com/（2015 年 3 月 21 日访问）。

[55]　由 Microfabrica 公司提供（Microfabrica.com），经许可转载。

第**9**章

3D设计灵感

摘要 实体自由形状制造的一个强大吸引力在于消除了商业金属形状和常规工艺带来的设计限制,开启了一个设计可能性的全新世界。与金属薄板、管材、角钢、管材和板材相关的商业金属形状不会很快地消失,但是增加了形成流动的有机表面形状、复杂的通道和独特的内部或外部结构的可能性,因此我们可以开始重新思考使用金属时可以做什么。同样的想法可以让我们从使用钻孔、剪切、弯曲、铣削、铸造或压入模具来创建特征所带来的形状限制中解脱出来。本章将介绍 AM的设计过程,并将其与常规金属加工的设计过程进行比较。我们将举例说明一种方法如何优于另一种方法,以及哪种方法适合你。我们将讨论选择这种材料而不是另一种材料的优缺点。此外,我们还将重点介绍结合了 3D 打印、常规加工和减材加工优点的几个混合应用的示例,以及 3D 金属打印如何为突破常规思维创造一个新的设计空间。本章将以现有的金属加工设计知识为基础,对其进行补充、改造,并将其提升到过去不可能达到的水平。

9.1 源于灵感的设计

机械工程师通常会在设计过程开始时列出一系列要求,如最终用途、零件功能、尺寸、材料、重量、强度、尺寸精度、系统兼容性和成本,等等。这一过程对于大型和小型部件都是必要的,但是在很大程度上取决于该部件在役功能的重要性或关键性。诸如航空航天、汽车或医疗领域的关键应用是将零件质量、认证材料、工艺和设计置于成本或美学等因素之前。通过认证增加的价值经常会超过部件的制造成本,因此如果零件需要认证,材料和工艺也需要。相反,珠宝则是非关键应用的一个例子,艺术家的主要设计要求可能是审美或情感诉求。

正如《情感设计》(Norman,2004)中所述,“我们认为有吸引力的事物确实能更好地发挥作用,并被更多地使用”,因为“情感诉求往往会凌驾于功能性或实用性要求之上”。这本书从两个角度描述了设计:自上而下和自下而上(图 9.1)。自上而下的设计始于思考：设计应该如何发挥作用，设计的意义是什么，它应该如何表现？自上而下的设计是认知性的，是对有效使用的质疑。自下而上的设计则是从人们对设计的感知和感受开始，询问内心反应是什么。自下而上的设计是情感性的：在你看来是怎样的？Norman 的书中谈到，设计要适合时间、地点和观众。

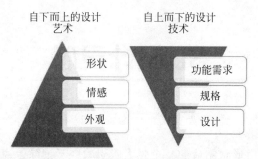

图 9.1　艺术设计与技术设计的比较

关于 AM 如何将这种情感设计概念提升到新的水平的一个例子是：用户定义的纪念品。我们可以想象，移动应用程序允许虚拟创建或"参数化媚俗"，可以通过使用颜色、尺寸、材料和个性化，将重大体育胜利等事件的时间或地点的重要性与个人的存在、偏好或团队身份相结合。这种个性化设计自由的力量可以用象征性的、令人回味的、多愁善感的、护身符等词语描述；可以成为吸引人注意，重新认识一个人的身份，将他们的思想与时间和地点联系在一起的东西。移动按需应用程序可以识别时间和地点，移动用户可以输入个性化信息，然后按下发送按钮，第二天纪念品就会出现在家门口（图 9.2）。虽然不是所有人都希望自己的脸放在摇头娃娃上，但是也有其他个性化的体验可以实现同样的参与度。

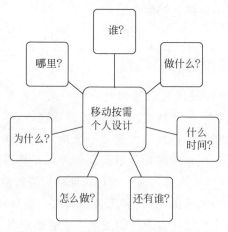

图 9.2　移动按需个人设计考虑的因素

另一种需要个人参与和帮助的灵感设计形式是套件形式。20 世纪 60 年代的 Heathkit（来自 Heath 公司）或 Betty Crocker 蛋糕组合为技术人员或家庭主妇提供了参与创作过程的选择,提供了引导式的动手挑战和成就感。Altair 计算机是吸引人们动手创作的另一个例子①。当今市场上的个人 3D 打印机套件提供了同样水平的主动参与。

通常需要在设计复杂性和制造能力之间找到一个平衡点。考虑到 AM 可以实现的零件复杂性,无论是经验丰富的设计师还是新设计师,对他们而言,实现 AM 设计的全部优势都是令人望而生畏的。高端和入门级设计工具都将不断发展,以降低使用的复杂性,并允许制造者专注于设计本身,而不是设计工具或制造工艺的工作。

GE 公司在一份新闻稿中提到了"辉煌工厂"的概念②,开发了用于集成软件、数据、高级分析、传感器和云的一套工具,支持工程协作和众包设计。该过程可以采用虚拟测试,并将最终设计下载到智能机器上进行制造。

9.2　设计要素

与常规工艺相比,在设计 AM 制造部件时需要考虑哪些因素? 在这里,我们将描述从设计到制造的流程,从最初的概念、设计、材料和工艺选择开始,然后是原型制作。了解常规金属加工的工艺流程将有助于你理解:实体金属自由形状设计在某些方面是相似的,但是在其他方面是完全不同的。有时,更好地理解"盒子里"的东西可有助于人们"跳出盒子"的思考。

如上所述,艺术设计的要素采用自下而上的方式,吸引艺术感知和感官,唤起艺术家和欣赏者的情感反应。艺术金属设计的要素包括材料、形状、形式、颜色、纹理,也许还有运动中捕捉到的灵感。想象一个精致的黄金珠宝吊坠,或者城市广场上一个巨大的毕加索金属雕塑,或者一件充满活力的垃圾场花园艺术品;艺术家在他或她的创作中总是既有限又无限。

工程设计的要素采用自上而下的方式,从考虑需要什么、用途是什么开始。查询以前是否做过,思考现在要怎样做,通过这样一个迭代的、循环的和重复的过程提出一个解决方案。然后在很多思路中选择一条路径,规划并考虑哪些材料是可能使用的,哪些工艺可以处理这些材料,哪些资源是可用的。这些问题的答案被叠加在一起,形成一个平衡并且优化了需求与资源和约束条件的设计。通常情况下,利益相关者会对设计进行审查,然后将其送回绘图板或制作成原型并进行测试。

具有使用常规金属工艺经验的设计师通常拥有一系列的部件类型和性能历史数据可供借鉴。工程教科书或网站上有丰富的零件性能数据、材料性质、明确规定的工艺和程序。这些资源为设计师提供了一个众所周知的起点,从而只需要修改

---

① 如《制造》杂志中的文章所述,第 42 卷,2014 年 12 月/2015 年 1 月。

② GE 公司新闻稿,圣弗兰西斯科(旧金山),2015 年 9 月 29 日. https://www.ge.com/digital/press-releases/GE-Launches-Brilliant-Manufacturing-Suite(2016 年 5 月 14 日访问)。

现有的标准工艺。修改现有设计以适应新的生产线或材料，使用相同的机器和技能在同一工厂制造，这种情况并不罕见。

相比之下，AM 几乎没有这方面的前期知识和经验，尽管每天都在产生更多的知识和经验。比如，使用 AM 的公司 R&D 实验室正在制造零件，并以越来越快的速度对其进行分析，以回答与材料和零件性能相关的问题。原型零件性能的成功案例每天都会在专题文章中发布，尽管在这个开发和接受的阶段尚未出现明显的公开失败案例。AM 金属零件可能永远不会与使用现有商业方法的某些批量生产的零件竞争，但是很难否认通过将产品开发周期从几个月缩短到几周而实现的成本节约，即使是材料成本过高情况下。

9.2.1　材料选择

如前所述，商业金属原料的范围包括薄板、管材、槽钢、角钢、工字钢，等等。这些材料形状的性质、化学成分范围和焊接性都很清楚。虽然并不完美，但是在大多数情况下都可以使用。铸造合金和常规粉末冶金工艺使用的商用粉末也是如此。商业形状的金属是常规加工的起点。由于有了工业标准，从而你若有一个很好的想法，就能知道将得到什么。在过去的一个世纪中，人们在使用这些商业形状和合金进行制造方面发展了大量的知识。对于关键应用，人们提供了材料加热、批号和化学分析数据，并且可以保存下来用于跟踪材料的谱系，提供可追溯性并允许供应商之间的比较。例如，对于可焊金属，人们已经建立了完善的推荐焊接规程，这使得焊接工艺的设置非常简单，只要愿意花时间阅读。然而，人们仍然需要从正确的设计开始，并真正知道如何制造这个零件。

在过去的一个世纪里，填充丝和焊丝已经在焊接应用中得到发展，并且已经对连接商业基体金属和使用特定的焊接工艺进行了优化。AM 应用通常使用缠绕的裸线，其作为电极（如在 GMAW 中）或作为填料引入熔池（如在 GTAW 或 PAW 中）。商业焊接填充金属通常根据焊接的基体材料进行选择。如果焊件完全由焊接金属组成，如在 AM 中那样，则数据表中引用的那些性质仅仅是一个起点。这些焊丝的化学成分已经被优化，以适应冷却速率、在电弧中转移过程中少量合金成分的损失，或者与基体金属相比，适应焊缝和热影响区域的强度损失。因为整个零件均由沉积物构成，所以用于 AM 的丝材化学成分的调整不用考虑需要适应基体金属和沉积物之间微观结构的变化。线轴和送丝器可以小到能够安放在手持式焊枪上，也可以远程连接到大量生产中应用的自动化系统上。与其他商业金属形状一样，这些填充丝材料的谱系可以根据关键应用的要求而保留作为鉴定记录。

有哪些丝填料可以使用？则最好是从本书末尾的"AM 机器和服务资源链接"开始，找到供应商在其网站上和产品资料中提供的焊接耗材数据表。焊接耗材供应商提供材料性质和名义化学成分，以及设计和工艺考虑因素，如工艺焊炬类型、参数指南和热处理等后处理要求。根据合金和规格的不同，价格可能会有很大差异。特种丝材生产商可以为非典型焊接材料提供焊丝,但是这些材料可能不适合AM应用,必须根据具体情况进行评估。

某些高强度合金规定了部件预热、焊道间温度和焊后热处理,以便控制冷却和时间间隔,使氢扩散和释放,避免焊接后开裂。鉴于工艺上的差异,AM如何可靠地实现这些条件,仍然是一个悬而未决的问题,这很可能决定了在AM中使用某些焊接填充金属材料的局限性。

如前所述,特种金属粉末已经为AM应用而进行了优化,以确保其流动性和其他特性,如堆积密度。在某些情况下,则由供应商指定具有受控直径范围的高纯度、高度球形的粉末,以确保与专有构建参数相关的工艺重复性。由于这些粉末的生产成本很高,并且由于AM行业被快速接受和发展而使粉末需求量大,导致这些粉末价格较高。迄今为止,AM供应商认证的粉末仅限于钢、钛、镍基高温合金和铝等几种最常见的工程合金。PBF-L的粉末尺寸通常在$20\sim35\ \mu m$范围内,DED-L的粉末尺寸在$35\sim100\ \mu m$范围内,PBF-EB的粉末尺寸在$80\sim100\ \mu m$范围内。某些供应商根据其机器和应用使用更小或更大的粉末尺寸。表9.1列出了由AM机器供应商提供的最常见的金属合金类型以及它们经常被应用的领域。

表 9.1　常见增材制造金属的应用

合金类型	铝	马氏体时效钢	不锈钢	钛	钴铬	镍基高温合金	贵金属
航空航天	×		×	×	×	×	
医疗			×	×	×		×
能源、石油、天然气			×				
汽车	×		×	×			
海洋环境			×	×		×	
可加工性焊接性	×		×	×		×	
耐蚀性			×	×	×	×	
高温				×			
工具和模具		×					
消费品	×		×				×

有哪些粉末可供使用?则最好从AM机器供应商网站及其产品资料中提供的金属粉末数据表开始。它们可以提供材料特性、名义化学成分,以及设计考虑因素,如最小材料壁厚和热处理等后处理要求。价格和可用性可以根据要求提供。根据合金和规格,价格范围可能从100美元每千克到1000美元每千克不等。则接下来要看的是金属粉末生产商和供应商的网站。有许多生产商正在增加链接,介绍他们目前提供的先进制造或特种AM工艺粉末。特种粉末生产商可以提供不常用于AM的粉末,但是这些粉末可能不适合你的应用,必须根据具体情况进行评估。

使用未经认证的 AM 粉末会给 AM 工艺的开发和重复性增加额外风险，因为这些工艺对粉末纯度和其他粉末特性高度敏感。在不同批次和炉次之间混合 AM 粉末可能会导致与认证工艺相关联的材料谱系无效。鉴于目前用于 AM 粉末工艺的金属类型的范围有限，在开发的原型制作阶段使用回收的粉末或失去其谱系的粉末，以及进入工艺开发的生产资格阶段的升级材料，这些可能是有意义的。对于那些试图在保持盈利和敏捷的同时跟上竞争的工程师和企业主而言，这将是一个艰难的选择。

AM 中使用的工业气体具有各种纯度，通常存储在压缩气瓶等压力容器中以供使用。可以指定高纯度（约 2 ppm 的 O_2，10 ppm 的其他气体）或焊接级（约 5 ppm 的 O_2，40 ppm 的其他气体）惰性气体，如氩气。大型生产作业可能需要将大型拖车放置在建筑物外部，并通过管道输送气体。根据材料形式（粉末与丝）和 AM 工艺，氮气发生器可以集成到 AM 机器中，以供应工艺气体。低真空处理室可能成为需要高气氛纯度的材料的一个替代方案，同时可以降低使用高纯度惰性气体的成本。

材料的直接回收和再利用是 AM 加工的一个可持续特征。虽然材料回收已被证明可以用于塑料，但是除 AM 粉末再利用以外的直接金属回收仍然是 AM 金属供应的一个研究课题。如前文所述，二次金属市场目前存在将各种等级的回收金属混合到一次金属流中的情况，但这并不是 AM 粉末供应商的一般做法。对 AM 中二次粉末材料使用情况的分析正在进行中，以确定在多次重复使用时，污染物的吸收或粉末形态的变化达到什么水平是不可接受的[③]。

修复、再制造或修改已投入使用的部件是 AM 加工的一个重要应用。更换的高成本，或提升性能和延长使用寿命的潜力，促使人们对易磨损、断裂、腐蚀或一系列使用条件影响的金属部件进行更新。从火车车轮到喷气式涡轮叶片和船用轴，使用焊接熔覆进行更新是一种常见的做法，因为这一应用已被广泛验证。AM 提供了扩展这种修复能力的潜力，可以对零件进行更复杂的修复。保存有关部件的信息，例如 CAD 设计及其运行的使用寿命条件，能够有利于使用 AM 进行修复、更新和再制造。专门为 AM 制定的清洁和准备程序可以进一步增强这类修复的吸引力。为了使用自动 AM 来表征、计划和完成修复，需要获取原始 CAD 模型零件定义，并结合 3D 零件扫描和自动决策。在零件的整个使用寿命期间，访问原始数字设计定义的能力将加快对故障或损坏零件修复的再制造方法的开发和采用。

使用多种工程材料的设计已经普遍用于需要硬面和耐蚀性的应用，如焊接或激光熔覆。AM 有望将这一应用提升到另一个水平，从而为使用多种材料、梯度材

---

③　LPW 技术，提及 Rapid 2014 会议上的演示，以及在粉末使用前用于保持可追溯性、记录粉末老化和突出粉末使用前污染的软件。http://www.lpwtechnology.com/lpw-technology-presents-new-research-recycling-additive-manufacturing-powders-rapid-2014/（2015 年 3 月 21 日访问）。

料或混合材料构建复杂形状的可能性开辟了设计空间。服务提供商目前提供多种材料、熔覆或梯度材料修复服务④。由于零件的可及性,使用多个送丝器或送粉器的 DED-L 系统为修复提供了最大的实用性和材料选择。在某些情况下,使用复合材料和高性能塑料的 AM 可以为过去由金属制造的零件提供由 3D 塑料打印技术制造的全功能零件固定装置。对于生产设备有限或小批量生产,这可能是一个有吸引力的替代方案。

9.2.2　工艺选择

一旦你有了一个设计的功能需求和一个材料需求的好想法,那么就需要考虑候选的工艺。在本书的前面,我们描述了主要的 AM 金属加工系统:它们的优缺点,以及如何最好地应用它们。这些知识与你的设计理念和材料相结合,有助于你在这些工艺中选择最适合的工艺。

当选择工艺时,零件尺寸、材料、应用和服务要求都会发挥作用,可用的 AM 服务及其资源也是如此。有哪些服务提供商可以满足你的需求? 塑料和金属原型制作行业已经发展到能够提供即时在线报价,以便现场定价和交付。随着更多机器和服务提供商的出现,则材料价格和交付选项将使金属更具吸引力。供应商仍在学习如何对当前提供的各种材料和形状进行定价和制造零件。资深的服务提供商可以更好地估计与失败的构建尝试相关的不可预见的费用,或者需要多个试验构建来优化零件的打印方向。查找 AM 打印服务提供商的最佳方法是网络搜索。我们在本书末尾“AM 机器和服务资源链接”中列出了一些链接,但是没有给出具体的评价。在这个瞬息万变的领域,新的、更具成本效益的选择将不断出现,因此请务必查看网络信息。

AM 机器供应商通常拥有首选的服务提供商,或者在某些情况下自己提供服务。与服务提供商建立关系的机器供应商通常提供最先进的工艺流。由于在这个新兴市场中,在工艺开发的早期阶段,知识产权的价值非常高,所以卖方会对买方掩盖工艺的细节,并将其视为供应商和机器制造商专有的工艺。保护与工艺和材料相关的知识产权(intellectual property,IP)是一场永无止境的斗争,客户希望工艺透明,而卖方公司则试图开发并保护自己的技术。

对于中小型企业主来说,常规的 CNC 加工经常会由于熟悉程度、材料选择和当地资源等因素而胜出。但是随着低成本 3D CAD 软件的出现,中小型企业经常会从模型开始,并且可能会提交模型以获取 AM 报价,或者将其转换为工程图纸,以便获取当地 CNC 机加工车间的报价,又或者两者兼而有之。

越来越多的用户通过“多次跳过 AM 的圆圈”提升了学习曲线,获得了信心,并

---

④　DM3D 技术有限公司应用 DMD® 技术提供多种熔覆修复服务. http://www.dm3dtech.com/(2015年 3 月 21 日访问)。

且通过权衡短期投资和长期利益后，即将采用 AM 加工。但许多小型企业还是由于低估了建立新能力或新供应商流的前期成本和学习曲线而蒙受损失。在快速变化的制造业世界中，高资本企业很难保持敏捷。除非你是一家大公司或 AM 服务提供商，否则你近期的最佳决策可能是严格依靠 AM 服务提供商的资源，而不是购买一台可能在 5 年内就会过时的机器。附录 G 提供了一份 AM 技能评分表，可以帮助你评价自己与 AM 相关的技能以及采用 AM 技术的就绪水平。

工艺和供应商选择也可能受到其他因素的影响。如果你碰巧已经有了热处理炉、HIP，或者有能力在内部对完成构建的 AM 零件进行后处理或精加工，这也可能对你有利，并改变你的选择过程。正如后文所讨论的，你公司使用适当的工具和技能进行前期 AM 设计工作的知识和能力也可能是一个考虑因素。必须进行多少后处理？谁来做？是否有材料、设计或工艺选择方面的考虑因素会受到后处理需求的影响？只要你的设计工具、知识和技能可以胜任，概念设计、材料和工艺选择可以进行迭代、修改和再次选择，直到你准备好开始正式的 AM 设计。

9.3 实体自由形状设计

实体自由形状设计是一个包罗万象的术语，它源于人们希望摆脱常规设计限制，同时又能提供功能性的块体材料。AM 设计的自由度摆脱了常规形式的束缚，使我们远远超越了商业形状、铸模、冲模和工具的几何限制。此外，AM 沉积材料表现出多孔或重复工程子结构，如点阵结构或蜂窝结构，这使我们在描述均匀块体材料时远远超出了常规思维。正如你将在下面看到的，AM 工艺约束人们必须将设计的最终形式限制在所使用的 AM 工艺可以实现的范围内。

AM 可以沉积多孔结构，这为过滤或骨科骨长入提供了益处，如图 9.3 所示，也可以减轻重量或者具有其他一些功能。通过设计结构以提供与方向有关的力学性能或热性能，可以实现额外的益处。此外，零件设计可以包括功能特征，例如提供能量吸收、气体或流体流动控制或声波传播的特征。你如何了解复杂内部通道、

图 9.3 具有用于骨长入的复杂多孔结构的髋关节植入物[5]

点阵结构[6]（图 9.4）、蜂窝结构和工程表面的所有设计和可能的应用？使用 AM 可以做什么？有什么限制？你有工具吗？更不用说技术了。

---

[5] 由 Arcam AB 公司提供，经许可转载。

[6] EPSRC 网站. 采用增材制造构建的 ALSAM 铝点阵结构. http://www.3dp-research.com/Complementary-Research/tsb-project-alsam-/13174（2015 年 4 月 27 日访问）。

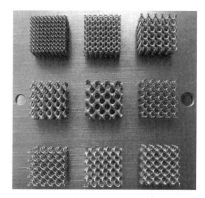

图 9.4　采用 SLM 工艺,使用不锈钢在基板上构建的 9 个螺
旋多孔点阵结构,尺寸为 25 mm×25 mm×15 mm[⑦]

设计复杂性是一把双刃剑。虽然可能有很大的好处,但是理解、优化和应用 AM 制造复杂设计的困难可能是一项艰巨的任务。如果巧妙的设计难以构建或完成,或者在原型测试中继续失败,那么设计的复杂性就不是免费的。数百个设计变量的优化选择可能超出了人类的能力,那么这种选择充其量只是一个猜测。基于计算机的 AM 优化算法将不可避免地受到追求更好的 AM 工艺的驱动。正如前文所述,毫无疑问,我们将看到新软件的出现,它将提供多物理建模、多尺度建模、降阶建模和大数据映射的组合,以预测如何最好地设计零件和工艺。经验将帮助我们制定流程图,从而辅助参数选择和设计决策。来自团队的设计也可能会发挥作用,但是在此之前,我们需要通过反复试验来学习,我们中的一些人会变得比其他人更加专业。当我们用开发工具来帮助自己优化这些工艺时,确实会看到自己创建 3D 功能物体的模式发生了转变。

设计工具

正如前文所讨论的,3D 实体建模软件已经伴随我们有一段时间了,它为常规加工进行了优化,将我们把设计带到主要集中在常规加工行业的 CAM 上。基于完全参数化模型的工程可以对 CAD 模型进行有限元分析,再进行 CNC 加工和检测。直接金属沉积和混合系统可以利用这些常规的 CAD/CAM 方法,尽管一些机器供应商正在提供特定的应用软件,以提高易用性或增强 AM 功能。

将模型转换为 STL 文件格式一直是粉末床系统的支柱,开发的软件允许修复和编辑 STL 文件、设计支撑结构、进行切片以及转换为机器特定的指令。软件工具提供了不同程度的功能,从免费的开源软件到花费数万美元的高端工程环境,价格各不相同。

---

⑦　来源：Chunze Yana,Liang Haoa,Ahmed Husseina,David Raymon. 国际机床与制造期刊,第 62 卷,2012 年 11 月,第 32-38 页。经许可转载。

选择 AM 设计工具的一个起点是评估你当前的建模能力。现有的大多数 CAD 软件包都提供了某种程度的 STL 文件转换。如果你有购买 3D 金属打印机的计划，则你可能需要通过购买更多的软件来扩展你的建模能力，以便能够在内部构建你的零件。STL 文件错误，如非水密设计、间隙、共享边、反向法向量、非体积几何体和缩放问题，这些将阻止 STL 文件打印。这些错误可能在设计或转换为 STL 格式时出现，必须在创建最终控制文件之前解决。你的软件可能不支持创建蜂窝、多孔或点阵结构，则需要购买和使用其他第三方软件。如果你计划利用 3D 金属服务提供商，你可以简单地发送你的 STL 模型，让他们进行修改和制造，并获得最终结果。对许多人来说，这是一个很好的开始。

创建 AM 设计

到目前为止，你已经有了自己的设计理念和设计工具，选择了材料和工艺，并考虑了后处理的基本需求。在当前的讨论中，我们将使用基于特征的参数化方法描述 AM CAD 设计。并非所有 CAD 软件都支持此功能，因此最终你必须在 CAD 功能的限制范围内工作。如前文所述，参数化模型允许使用变量而不是固定值定义尺寸。这允许通过在一定范围内更改变量值对模型形状进行后续调整，并重新生成模型以呈现其新的尺寸和形状。特征可以定义为父子关系，也可以被定义为增加或减少体积。例如，法兰可以作为螺栓孔阵列的父特征，后者则作为法兰的子特征。

一个功能特征可以被认为是部件内用于特定用途的形状、参考位置或材料。基础特征可以是外壳或结构，而次要特征可以包括通孔、凸缘、肋或通道。功能特征还可能包括配合面、通道或螺栓孔的位置。我越来越多地听到被修改后的口号："为设计而制造"，而不是过去的"为制造而设计"。一切都会很顺利，直到你遇到包括 AM 在内的所有工艺中存在的一系列工艺约束和限制。

一个制造特征可能没有功能上的最终用途，但是可以被添加以辅助制造过程。例如，平面的方向、夹具特征、减少焊接过程中变形的衬垫、铸件的通风孔和内部 AM 体积的除粉孔，或者简单地通过向表面添加额外的材料层来确保后续加工或精加工操作的成功。

材料定义的形状特征通常与在设计中使用的市售材料的库存相关。在常规制造中，例如使用金属板时，可用壁厚或表面光洁度可被视为材料特征。在 AM 中，由沉积工艺施加的最小壁厚限制也可以被认为是材料相关特征。最小的细节尺寸或表面光洁度可以是 AM 粉末材料、模型或工艺本身的函数。还可以考虑其他特征，例如检查特征，清洁、粉末去除或后处理精加工特征。

9.3.1　AM 提供的设计自由

如果你有幸成长于一家金属加工车间，你就会知道所有的大型设备，并知道如何运行并使用它们加工金属。在你的车间或制造商的车间里走一圈，就会提醒自己需要什么样的资本设备、占地面积和工具储藏室。铸造厂将包括熔炼炉、铸造和模具准备车间,而机械加工车间将配备铣床、车床、表面研磨机、钻床、电极放电加工(EDM)和镗床。钣金设备包括剪切机、冲床、折弯机和一系列其他工具。AM设计可能无法大部分取代这些设备的使用或需求,但是,采用AM可以避免哪些常规工艺是值得考虑的。你还会看到其他设备,如热处理炉和切割设备(如带锯)、抛光和精加工设备。对你的AM金属部件进行后处理和精加工时,需要其中的哪一台设备?

如果你足够幸运,并非传统的金属加工行业出身,并且设想在一家只有AM打印机的车间成长,那么你无论如何都应该找一家金属加工车间参观。不要忘记参观工具储藏室、金属库存室和非常重要的废金属垃圾箱。若要选择AM设计,了解常规金属加工的“盒子”里面和外面都有什么,并且了解需要什么以及不需要什么,这都是很有用的。图9.5显示了一些设计注意事项。

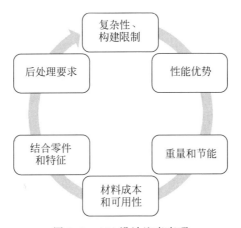

图 9.5　AM 设计注意事项

以下是 AM 在常规加工限制以外提供的一些设计自由度。

* 不受商业金属形状限制,如板材、管材、角钢、棒材、大块坯料或块料等。
* 不受常规工艺对形状的限制,如线性弯曲、直钻通道、方铣角或锐边。
* 不受某些常规的后处理限制,例如,如果取消了后续的加工操作,就可以不受刀具接触的限制。
* 能够将多个零件组合成一个复杂零件,减少或免除后续的组装和连接,如焊接、铜焊、锡焊或螺栓连接件,并减少了与其他形式永久接头相关的缺陷和故障风险。在某些情况下,管道可以成为零件本身的组成部分。
* 能够因机加工或形成废品的减少而减少损失的材料(如冲孔的相框)。昂贵的、难回收的或回收成本高的材料是 AM 的良好候选材料。
* 能够设计复杂的内部通道,如气体、液体、冷却剂或润滑剂的流道。
* 能够通过改变壁厚,消除不必要的质量并且仅在需要时增加强化功能,从

而创建刚性和轻质部件。

- 能够设计定制的内部或外部表面，优化热流动或空气动力学流动，或与复合材料的粘合界面。
- 自由地集成复杂的线性或旋转特征，如平衡补偿器。
- 能够集成湍流器、漏斗、喷嘴、过滤器、旋流器、过滤器或挡板，用于液体或气体的混合、流动或燃烧控制。
- 自由地集成阻尼和隔离功能，用于声学、谐波和振动控制。
- 自由地添加非成像的光波导特征，例如吸收器和聚光器。
- 能够为压力和膨胀控制设计定制形状的储存器和蓄压器。
- 自由地创建复杂的内部结构，以获得力学强度或涂层锚固。
- 能够添加轻质支撑和加强物，例如肋、板、衬垫和角撑板。
- 能够创建复杂的保形配合或匹配表面，如固定装置或夹具。
- 能够在过程中改变材料。在某些情况下，可以创建合金成分或自定义表面状态。
- 能够集成热特征，如内部传导叶片、冷凝器、膨胀节和外部散热片或双金属开关。
- 自由地使用多种材料（如热管和热虹吸管）来集成相变系统和热管理系统。
- 自由地集成机械或热执行器，提供包括时间的 4D 或基于条件的功能。
- 能够在设计中加入复杂的几何特征，以优化重量、强度或性能，而对制造的影响很小或没有影响。复杂的形状，如带有内部支撑的壳状结构，将很容易实现，或者在某些情况下比常规的墙、角撑板、肋或厚填充截面更容易实现。
- 能够将重复的子结构纳入工程设计中，如线性挤压结构。
- 能够创建多孔结构，例如用于医疗植入物的骨长入结构或用于过滤的结构。
- 能够使用高温、坚硬或难加工的材料制造结构，如刀头或燃烧器尖端。例如，钨或高温合金的复杂结构是难以钻孔、加工、弯曲或成形的两种材料。
- 能够创建个性化并且与患者匹配的医疗结构，例如通过 CT 或患者自身的医学成像而获得的颅骨或种植牙。
- 能够在远程位置按需设计和构建部件，如服役中的远洋船舶或野战医院。

上面概述的设计自由度可能是假设你是从一张白纸开始的。然而，如果你正在设计零件来替换或升级现有的零件，你可能会问："它是否需要完全相同、功能等效、功能增强、修改或定制？"原始零件中存在哪些设计、制造或材料限制？AM 设计和加工能克服这些问题吗？是否存在一个现有的实体模型作为修改 AM 设计的基础，还是需要进行逆向工程？

在设计零件时，还必须考虑在构建过程中它将如何定向以及如何设计支撑结构。图9.6所示为带有支撑结构的零件,支撑结构用于在构建室中定向和锚固该零件。我们将在后文提供有关这个工艺的更多详细信息。

图9.6　支撑结构使零件相对于构建板定向[8]

更换零件时,你可以从考虑所有原始设计特征,每个特征的用途以及如何制作开始:它是如何磨损或失效的? 本质上,需要分解每个设计特征的功能,然后设想在 AM 新定义的范围内重建设计。面向制造的设计考虑了生产要求和加工约束,以确保前者得到优化,而后者不被违反。这种理念在设计大规模生产运行时会有很大的回报,但也适用于 AM 生产。在设计可能最终会从常规方法过渡到生产的 AM 原型时,必须牢记 AM 和常规方法的限制。

另外,还要研究包含该部件的系统的功能:它与什么相连接? 这些物体可以组合成一个零件吗? 可以将多个部件的功能集成到一个部件中吗? 对于需要钎焊或焊接的小批量部件,可以在整合的 AM 设计中获得经济效益。在制造工序之间需要较长转换时间的部件,或者需要复杂工具或精确对准的部件,它们可能是 AM的候选部件。在某些情况下,构建 AM 部件所需的支撑结构和基板本身可能是在后处理操作(如机加工)设置的组成部分。这时,这些结构可以在后处理序列中的后期从基板上移除。

Gary P. Pisano(2012)在《制造繁荣》一书中第 114 页说:

有时,对产品设计进行逆向工程比找出别人的专有制造工艺要容易得多。

在 nextlinemfg. com 网站上提供了一个有用的 AM 设计指南[9]。

9.3.2　AM 金属的设计约束

与流行的观点相反,你不能只用 AM 来构建你心中所想到的任何东西,尽管它确实开启了设计可能性的新世界。你可以将自己从许多常规的制造设计约束中解

---

⑧　由 PSU CIMP-3D 提供,经许可转载。

⑨　Nextline. AM 设计指南. http://offers. nextlinemfg. com/hs-fs/hub/340051/file-1007418815-pdf/Metal_3D_Printing_Design_Guide. pdf? submissionGuid＝7460b10f-3fc0-4d29-bbf1-41496e33a133(2015 年 3月 21 日访问)。

放出来,但是根据你选择的材料和 AM 工艺,你仍然可能会遇到限制。但是,请记住,用于模拟热流、机械运动和流体流动的工程分析工具可能会受到这些新的复杂设计的挑战。如前所述,对于关键材料或应用,并不存在大量的服役性能数据,因此需要谨慎选择设计裕度。

以下是 PBF-L 系统的一些设计约束。

- 你不能只是在粉末床上形成自由浮动的零件。它需要被锚固在构建平台上,以防止它在开始构建时被重铺器扫走。必须限制变形和翘曲,以允许每层粉末的铺展不受底层熔合层的干扰。这些锚称为支撑结构。除了将零件锚固到板上以外,它们还有助于支撑延伸超出前一层边界的悬垂零件特征的构建。散热是支撑结构的另一个功能。

- 设计支撑结构的关键是使它们足够坚固,可以承受构建周期中的应力,但是也要足够脆弱,便于从板上轻松地拆下零件,并从零件上拆除支撑,以便进行精加工。支撑上被称为齿的小突起,可以作为支撑结构和零件之间的连接被添加,以便更加容易拆除。遗憾的是,零件支撑的设计往往依赖于试错法,经验在成功的设计中起着重要作用。零件可能需要分块设计和制造,以便在应用焊接等常规方式进行连接之前拆除支撑结构。

- 悬垂和平坦的向下表面需要额外的支撑结构。如果这些是在零件体积的内部,则设计必须提供孔或清理特征,以允许去除支撑材料。零件在构建室中的方向可能有助于减少对支撑的需求,但这同样需要经验来完善你的技能。

- 必须提供端口和通道,以便从内部体积中清除粉末。

- 构建空间中的零件方向可能会影响重铺层的质量、表面质量,以及与构建层平面成小角度的各种表面上的阶梯效应。

- 最小壁厚和特征尺寸都有规定,必须遵守每种材料的参数集。

- 最大构建体积的尺寸限制可能会迫使零件被分割成若干部分,以便在后处理过程中进行连接。一些可用的软件包可以辅助解构设计和创建分割面,以允许构建多个零件,然后通过焊接或其他连接方法组装和重建完整的设计。这些方法包括在分型接头设计中增加互锁或对齐特征。

- 高纵横比特征或厚度的快速变化可能导致翘曲或变形。

- 可能需要在零件设计中应用收缩补偿,这需要通过试错原型得出。

- 后处理精加工的要求可能需要改变外部或内部特征的尺寸和几何形状。

- 快速冷却可能会影响沉积物的冶金结构,需要在设计或工艺上进行调整。

- 为了减轻重量和降低材料成本,则只要可以从内部通道或体积中去除所需的支撑结构和粉末,就可以减小壁厚,并且可以使实体物体成为带外壳的结构。

- 必须重视和维护活动零件之间的空间。

- 孔的尺寸必须适当,以便进行后处理钻孔、攻丝或铰孔,以达到尺寸公差。
- 厚段之间的薄段必须有适当的支撑或定向,以便于构建。
- 可能需要更高的曲面细分分辨率来实现适当的表面分辨率。
- 可能需要避免角和锐边,以便于控制构建分辨率、后处理精加工或特定材料/工艺的限制。

以下是送丝电子束和电弧 DED 系统的设计约束。

- 送丝系统的大熔池可能会将设计限制在具有大截面的零件上,从而避免由热量积聚和变形而导致的薄截面和小特征。
- 大熔池可能会将零件构建限制在平坦位置,从而阻止沉积悬垂特征,并将墙限制在垂直方向,或减小横截面特征。
- 如果没有工艺中断和嵌入件、天花板或引出板的放置,则可能无法制造带有天花板或悬垂特征的通道。
- 设计师必须考虑到可能出现的大变形和残余应力相关的缺陷,如热撕裂或开裂。
- 由于真空中的热导率降低,从而在真空室内,很大甚至巨大的零件会缓慢冷却。这可能导致沉积物中出现不理想的晶粒长大。
- 冷却时间过长可能会导致不希望的间隙污染物的出现,例如氢气扩散进入块体材料中。
- 可能需要相对于基板的镜像沉积,以抵消冷却过程中的变形。可能需要增加约束特征来控制构建过程中的变形,并在热处理之前甚至之后的后处理中去除。
- 可能需要添加肋和其他支撑结构,以支撑易翘曲的大面积平面或较薄部分的构建。

以下是 DED-L 系统的设计约束。

- 3~5 轴沉积可能需要沉积头倾斜角度,否则无法实现沉积。
- 粉末和激光头的间隙可能决定了构建的位置、方向以及零件几何形状的考虑因素。
- 分辨率和边缘保持性的降低可能会进一步限制角和边的几何形状。
- 如果零件被铰接,则可能需要了解重心或质量的信息。
- 基板或基础特征可能需要固定装置连接点、夹紧或定位位置。
- 将基础特征集成到最终设计中则可能需要设计师对现有的 3D 基础特征模型进行创建或逆向工程。
- 与 PBF-L 设计相比,某些几何特征可能无法构建。
- 在混合系统中,AM 沉积头的选择可能需要为制造的每个特征开发一系列参数集,这导致 CAM 设计过程复杂化,并且需要高水平的专业知识和手动编程。

至此，你已经考虑了所有适用的约束和权衡，并完成了零件设计。你已经创建了实体模型，对于粉末床系统，已经检查了 STL 文件并修复了所有的错误。零件方向和支撑结构已经在构建室中设计并定位。

DED 工艺遵循从模型到 CNC 沉积路径的类似路径，将所有机器功能代码嵌入控制文件中。当使用铣削或车削 CAM 软件时，刀具轨迹和材料添加顺序的模拟为你提供了额外的信心，使你能够无误地进行运动控制，并最终获得所需的形状。在下一章中，我们将描述原型或生产零件的实际构建。

9.4　额外的设计要求

9.4.1　支撑结构设计

考虑支撑结构设计（图 9.7）是设计和制造 AM 零件的关键步骤。图 9.8 显示了在单个构建体积中构建的零件和支撑结构。对于使用激光的粉末床型工艺通常需要支撑，而 PBF-EB 对支撑的需求程度较低。基板、基础形状或结构也可用于 DED 和混合系统。电子束工艺，如 Arcam 公司的 EBM 工艺，可以部分地固结与正在构建的部件相邻的粉末，因而不需要专门设计的支撑结构。

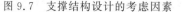

图 9.7　支撑结构设计的考虑因素　　　图 9.8　单个构建体积中的零件及其支撑结构[⑩]

遗憾的是，支撑结构的设计可能是一个反复试验的过程，需要依靠经验和技能优化该过程。构建支撑结构可能占用很大一部分的构建时间和材料，如果它们失败，那么原本可能是完美的一个零件将会报废。可能需要仔细考虑支撑结构和零件的方向，以避免在构建过程中产生的收缩应力使零件从基板上剥落或分层。

在《现代机械车间》的一篇文章中[⑪]，相同的 CAD 模型被发送给三家不同的

---

⑩　由 Renishaw 公司提供，经许可转载。

⑪　现代机械车间．http://www.mmsonline.com/articles/additives-idiosyncrasies（2015 年 3 月 21 日访问）。

AM 服务提供商,使用他们的 PBF-L 机器制造一个具有与涡轮机部件相关特征的零件。在彼此不知情的情况下,这三家独立地选择了不同的方式来确定零件的方向,而且产生了不同的结果。

9.4.2　固定装置、夹具和工具的设计

AM 零件的后处理通常需要设计和制造固定装置、夹具和工具,以实现钻孔、攻丝、铰孔、机加工、EDM、焊接、雕刻或检查等操作。可能还需要用于精确操作的固定装置,如机器人的抓手。这些制造辅助工具可以通用于一系列零件,也可以针对单个部件进行定制。相同的优化标准也可以应用于这些零件的制造。

一次性使用的固定装置可以与零件整体制造,以便在后处理中进行正向定位,并且可以在以后移除,或者它们可以采用可调节的特征,以便在多个部件或多个设计中使用。这些部件通常使用金属,但在某些情况下也可以使用高性能塑料。符合实际零件的表面可用于制造定制的夹具和处理、运输或储存辅助工具。用于辅助人机界面的复杂人体工程学设计特征可以提供处理、抓握表面、伸展或平衡特征。必须将 AM 制造的固定装置的成本与不太复杂的夹钳或夹具的成本进行比较。仅仅因为你可以使用 AM 来制造并不意味着它就是最好的方式。

9.4.3　试样设计

部分保真度的试样和测试通常是工艺开发的一部分。可以限制试样的尺寸和形状,以节省时间和材料,但是它们必须准确地代表被测零件功能中的一部分。一个例子是将圆柱形棒材加工成标准拉伸试样。另一个例子是制造零件几何结构的一部分,如一个小特征或通道,以确定该工艺沉积一个困难的或小尺寸特征的能力。AM 有可能一次性沉积一整套标准机械或冶金试样,从而缩短单个样品的制备时间。所有样品可以在同一个构建序列中,以相同的参数或一个参数范围沉积,从而探索或确定工艺参数空间。

9.4.4　原型设计

原型制作历来是一个缓慢而昂贵的过程。原型制作用于评估和优化设计,并开发制造工序。除了确认设计以外,原型制作还可用于开发无损的或有损的测试程序。在此阶段未能满足要求则可能导致需要彻底回到最初的模型设计,并根据学到的经验进行修改。在其他情况下,只需要简单地更改工艺参数即可。定制工具和固定装置的设计和制造通常伴随着重新设计的迭代、成本的增加和首件产品生产的推迟。最初的原型可以由塑料制成,以确定形状和配适度,而后来的迭代则由金属制作,以测试功能特性。AM 提供的快速原型技术可以在零件的制造和测试过程中改进设计并加快重新设计过程,从而生产出更好的最终部件。通过采用更快速和更强大的原型制作工艺,可实现降低最终设计风险的目的。

9.4.5　混合设计

混合设计可以以不同的形式实现。一个例子是在混合或改装的 AM/SM 加工系统上将增材设计特征与减材设计特征结合。另一个例子是，通过添加增材特征来修改现有商业形状的基础零件，形成混合生产的最终部件。

商业化生产的混合机床集成了 CNC 加工和 AM 沉积能力。迄今为止，这种混合集成主要限于 CNC/DED 系统。与 CNC 加工一样，设计从商业金属原料开始，依次创建减材和增材特征，以实现最终形状。过程中的尺寸检查或其他操作，例如局部热处理、上釉或精加工，也可以集成到一个平台中。将 AM 零件的特征与商业形状的原料相结合，可以利用从简单商业形状开始的成本和加工优势，加速最终形状的制造。

如上所述，另一种混合应用是使用模块化设计，通过将部件设计拆分或分割成小尺寸的子部件，以适应小型构建室尺寸的限制，满足构建室的尺寸约束。可以添加新颖的接头设计特征，以适应后续装配和连接，如用于常规钎焊或焊接的搭接接头或互锁接头。例如，用 AM 制造的凸耳接头搭建自行车车架，定制设计成适合骑车人的尺寸和形状；然后将商业形状管材切割并连接到凸耳上，从而形成定制尺寸的自行车车架。

9.5　成本分析

成本估算、商业考虑和 AM 的经济性需要在整个设计和工艺开发周期中进行考虑(Atzeni et al.，2012；Frazier，2014；Sames et al.，2015)。图 9.9 明确指出了 AM 设计时的一些成本考虑因素。图 9.10 显示了基于德勤盈亏平衡分析方法的典型交叉收支平衡分析[12]，其中将常规方法生产零件的成本与 AM 生产零件的成本进行了比较。常规的零件生产需要与长期生产流程中的工具和工艺开发相关的大量前期成本，必须依靠生产数量和销售来收回前期成本并实现盈利。AM 零件生产可以降低前期工具成本，这对小批量昂贵的零件是有意义的。值得注意的是，AM 生产零件目前确实存在学习曲线，并且在成功生产第一个零件之前需要多次迭代，因此增加了生产第一个零件的成本。采用 AM 方法的另一个重要考虑因素是当前 AM 零件、材料、设计和制造总成本的不确定性。重要的是要注意，粉末质量、数量和纯度方面的价格范围很广。一个经验法则是，金属丝制品的价格是商用型材的两倍，粉末制品的价格是金属丝制品的两倍。然而，AM 粉末原料的价格将随着 AM 采用量的增加而下降。随着经验的积累、采用量的增加和市场的竞争，

---

⑫　Mark Cotteleer，Jim Joyce. 3D 机遇：增材制造的绩效、创新和增长之路. 德勤评论，第 14 期，2014 年 1 月 17 日. https://dupress. deloitte. com/dup-us-en/deloitte-review/issue-14/dr14-3d-opportunity. html(2017 年 1 月 28 日访问)。

AM 生产的盈利区域将更加明确。如果你计划购买 AM 机器并建立内部能力,则表 9.2 中列出了一些成本考虑因素。

表 9.2　AM 的一些成本考虑因素

固 定 成 本	经常性成本	AM 零件成本
资本成本	硬件维护	零件设计成本
初始设施和安装成本	软件维护	技术和人工成本
摊销	耗材、构建板等	AM 金属、惰性气体等
	工程和设施支持	能源成本
	培训	后处理
		原型制作、试错
		失败的构建

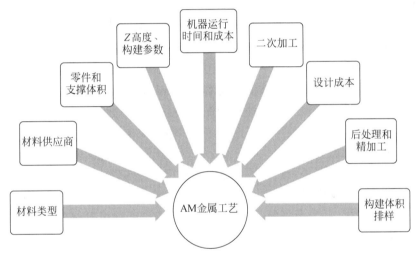

图 9.9　AM 设计时需要考虑的成本因素

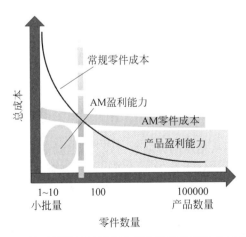

图 9.10　基于德勤盈亏平衡分析方法的典型盈亏平衡分析

在购买 AM 金属打印机的过程中，你可能会花费 100 万美元建立一个车间，购买机器并将其投入运行。如果你打算使用更昂贵的合金，最初对材料的投资可能会增加：根据你的选择，仅金属粉末原料就可能花费数万美元。如果你计划构建自己的零件或者为别人提供构建零件的服务，还需要考虑额外的成本，如机器购买成本回收、机器操作员成本、材料成本、惰性气体等消耗品、公用事业、折旧、维护、维修和机器的使用寿命。质量成本、文档生成和保留要求的成本都会产生影响。

虽然零件尺寸很容易确定，但是零件在构建室中的方向将影响所需支撑结构的体积和类型以及实际零件的构建时间。将零件放倒则可以最小化 Z 高度和层数，从而加快构建速度；但是使零件立起来则可以允许同时构建更多其他客户的零件。可能需要使零件相对于重铺刮刀成一定的角度，以确保粉末均匀分布，但同时是以时间和可用构建空间为代价的。客户是否指定了构建方向？则其他需要考虑的因素包括单件制造和批量制造的成本、零件尺寸，以及构建单个零件或批量时构建失败的成本。可以返工吗？如果可以，成本是多少？则材料转换成本将包括额外的腔室清洁和材料处理。在某些情况下，服务提供商将特定的机器专用于特定的材料，因此在构建下一个零件时无须完全清洁腔室，并且避免了上一个构建的材料对随后构建零件的污染。精加工成本取决于支撑材料的移除以及客户选择的各种选项。在《增材制造技术，快速原型制作到直接数字化制造》一书中（Gibson，2009，第 374 页）描述了一种考虑了许多这些参数的成本模型。

如果你计划由服务提供商构建零件，那么该提供商是否有多台专用于特定材料的机器？他们的机器是否具有适合你的部件尺寸的构建体积？你是否需要为了在一个大的构建体积中构建一个小零件而支付额外的费用？他们是会选择最佳方向以达到最佳精度，还是会将零件放倒以降低构建高度并缩短构建时间？你的零件是否会与其他客户的具有风险设计的零件同时构建？他们是否会在你的零件上构建支撑结构，以堆叠填充构建体积？他们是否会等待其他客户的订单来填充构建体积？如果进程中断并重新启动，你会被告知并得到重启数据吗？假设你正处于快速原型制作计划中，这些延迟会给你带来什么成本？AM 服务提供商对这些材料的经验丰富吗？如果你在一个月后订购相同的零件，它会是相同的吗？这些都是很好的问题，当然也并不是全部的问题。

9.6 关键点

- 艺术和工程应用从相反的方向进行设计，也就是分别从所需的形式或功能开始。正确使用 AM 方法和工艺可以为这两种应用提供优势。
- AM 使常规方法无法制造的复杂设计或形状成为可能。
- 有效的 AM 设计必须包含对材料、特定 AM 金属工艺、支撑结构和其他加工或后处理操作的深入了解，以确定有效的设计。

第10章

工艺开发

摘要 AM金属加工的力量是通过设计的自由度和消除了商业形状(如平板、圆管等)施加的许多限制以及常规加工施加的一些限制(如直钻孔通道、线性弯管等)来实现的。这个自由度是以工艺复杂性为代价的,因为AM工程师通常对许多可用的工艺参数知之甚少,并且难以控制。虽然AM机器供应商将为一组特定的材料集提供参数集,并且经常提供设计和工艺咨询,但是AM用户经常面临着设计和优化原型工艺以及设计和优化原型零件的问题。本章将引导读者完成AM工艺开发和参数选择过程,以优化零件密度、表面光洁度、精度和可重复性,同时减少构建时间、变形、残余应力,以及其他可能影响零件质量或性能的缺陷和条件。

10.1 参数选择

在选择了设计、材料和工艺之后,接下来是工艺开发和参数选择(图10.1)。工艺参数是指产生所需沉积物,满足部件要求、整体质量和可重复性的机器设置的参数。领先的AM机器制造商已经开发出标准参数集,可以与他们的机器和专有粉末配合使用。在某些情况下,他们用了数年时间为他们提供的每种材料开发这些参数集,并且在许多情况下将这些信息保留作为专有信息。当使用AM机器供应商推荐的条件进行构建时,这些参数集可以产生高质量的、接近完全致密的沉积物。在提升了部件和支撑的设计和放置的学习曲线之后,这些参数可以在生产过程中提供很高的可靠性,几乎不需要用户干预。对于希望自己进行工艺开发的公司,可能会使用自己的特种粉末或专有设计,用户可能会发现自己被排除在工艺开发或工艺改进周期以外。在这些情况下,你的内部开发的知识产权和工艺知识会依赖于他人的专有知识产权。

供应商提供的标准参数集可能受到加密技术的保护,这些加密技术阻止用户查看实际参数或修改它们以满足内部开发的需求。你可以期望为硬件密钥支付额

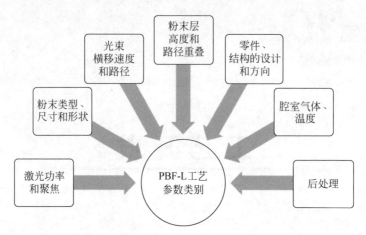

图 10.1　PBF-L 工艺的参数类别

外费用，使每种感兴趣的材料都能使用标准参数。如果你希望使用多种材料，那么可能需要花费大量资金来获取每种材料类型的授权集。专有参数或系统架构的其他不利方面是在工艺认证或者标准化程序认证过程中遇到的困难。如果供应商没有向你提供用于构建零件的主要工艺参数，那么如何确保这些参数在软件升级后是相同的或等效的？在你将生产扩展到需要进行较大的升级或更新下一代 AM 机器类型时，可能会遇到同样的问题。

一些机器制造商正在提供开放式架构和软件平台，以消除专有材料和参数集的限制。开放式架构可以让用户自由地进行内部工艺定制、集成和开发。然而，AM 工艺的复杂性可能使得开发自己的工艺参数需要大量的时间和精力，结果可能是既昂贵又耗时，因此在自行设置时需要仔细考虑利弊。

AM 机器类型在硬件、软件和功能上有很大的差异。在本章中，我们将探讨哪些类型的参数可以调整，哪些可以监测和控制，哪些可以保持不变。然后，本章在不专门关注任何一种类型的机器的前提下，介绍参数选择的过程和程序规范。

你可能需要对工艺参数进行试错开发，以优化沉积材料，从而最大限度地减少缺陷并达到预期的最终结果。凭借经验和良好的记录，你就可以针对你的材料和零件类型提升学习曲线，将开发周期缩短到只是简单地验证现有的参数集。在前文中，我们介绍了激光、电子束、电弧和等离子弧等热源的主要工艺参数。我们还讨论了通常保持不变的粉末和填充丝的规格。回顾一下，热源参数包括热源类型、功率和聚焦条件；粉末参数包括化学成分、颗粒尺寸分布和形状。例如，更换不同的粉末供应商，并使用不同的粉末规格，可能需要对主要工艺参数进行其他更改。AM 工艺开发的困难在工业界是众所周知的，也是该技术得到广泛采用的障碍之一。目前人们正在努力创建数据库和计算机软件，以协助工艺参数的选择。例如,美国政府的"美国制造"计划①已经向通用电气(General Electric,GE)公司和劳伦斯·利弗莫尔国家实验室(Lawrence Livermore National Laboratory,LLNL)提供了资金②,用于开发一种算法,帮助选择和调整基于材料的主要 SLM 参数。

热源与工件相对运动的工艺参数包括扫描速度和行进速度。供应商开发的一些复杂扫描路径或扫描策略包括在层内的交替扫描位置,使用方形或带状区域进行扫描(图 10.2(a)、(b)),在层与层之间旋转或随机化扫描方向。这些方式将减少热致应力的积累和变形,并促进沉积物的完全熔合。平整、平滑和改善表面状况是改变层间或沿着层边缘轮廓或周边外表面的扫描路径方向的另一个原因。

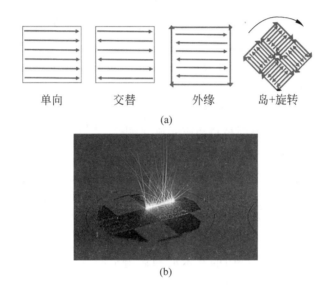

(a)

(b)

图 10.2 (a)PBF 的扫描路径和扫描策略;(b)激光束依据预设的路径扫描粉末床表面③

如果沉积路径是一个轮廓或填充型区域,则扫描条件可能会改变。与进料相关的参数可以包括粉末层厚度、DED-L 的送粉速率,以及 DED-EB 或基于电弧的系统的送丝速度。当进行梯度金属沉积时,使用多个送丝器或送粉器的直接金属沉积可以指定混合比例,并作为零件内位置的函数。惰性气体参数包括类型、纯度、流速、吹扫时间,或者在 DED-L 的情况下,参数包括送粉气体、流量和压力。预热或构建后的冷却时间属于热条件,是可调参数。对 PBF 参数的逐层更改包括轮

① 美国政府的"美国制造"计划正在资助一系列 AM 技术开发,将大学、领先的企业和小企业聚集在一起. https://americamakes.us/(2015 年 3 月 22 日访问)。

② LLNL 新闻."美国制造"支持劳伦斯·利弗莫尔国家实验室和 GE 开发 3D 打印的开源算法. 2015 年 3 月 13 日. https://www.llnl.gov/news/america-makes-taps-lawrence-livermore-ge-develop-open-source-algorithms-3d-printing/(2015 年 5 月 14 日访问)。

③ 由 Beamie Young/NIST 提供。

廓路径的数量或光栅路径的旋转角度。上述参数以及这些参数带来的工艺自由度不是一个完整的列表，但是正如你所看到的，存在很多的自由度，它们都会产生影响。

如上所述，可用参数的数量以及每个参数可以调整或更改的范围导致了一系列高度复杂的选择。在了解工艺可用参数的数量和范围后，问题就变成了上述所有参数的哪种组合将优化块体材料沉积，提高构建效率，从而满足零件要求，并最终优化零件性能。因为其中许多参数是以复杂和非线性的方式相互作用的，所以这不是一项容易的任务。

如果你正在开发自己的参数集，那么从哪里开始？如果你希望拥有一个允许调整的商业系统，那么你可以从基本设置开始，前提是你能看到它们。如果你有一台开源机器，你就可以与协作者工作组进行交互，并使用他们的基准设置。否则，在构建开源数据库之前，反复试验可能是你唯一的选择。对于烧结金属的优化，你可以将重点放在最大化沉积密度或构建速率上。对于 DED 系统，你可以将重点放在变形控制和零件精度上。在选择大量工艺参数时，反复试验可能是一项低效并且耗费资源的任务。直到有一本类似于《机械手册》的《AM 手册》出现：你只需将它从书架上拿出来，查看不同材料相应的速度、进给量、刀具选择和前角，而在这之前，你就只能任由一种新技术摆布了。

功率和行进速度是两个通常被称为主要工艺输入变量的条件：它们可以提前设置，并且在整个工艺过程中保持不变，或者在闭环控制下，它们可以在加工过程中由操作员或自动控制系统进行更改和控制。理解这些主要输入变量在控制烧结或熔合中的作用和关系，对于理解如何获得所需的沉积材料的密度和性质至关重要。这些熔化和凝固的基本原理适用于所有的热源和熔池，但是对于非常高的速度和非常小的熔池，这些工艺的特点则使它们难以被观察，甚至不可能被观察到。在焊接相关的工艺中，行进速度和焊接电流的变化将引起焊道形状、宽度和熔深的变化。在 AM 金属加工中也可以看到相同的关系，但是规模要小得多。若用焊接工艺术语描述这种关系，则对大多数学生来说更容易理解掌握。

在工艺开发周期中，被称为次要工艺输入变量的其他参数通常保持不变。惰性粉末输送气体或构建室气体选择，如氩气或氮气，就是次要输入变量的例子。例如，虽然氮气的热导率比氩气高 40%，并且可以改变冷却速率的化学效应，但是气体成分保持不变，从而有效地消除了它作为一个变量的影响。

主要工艺输出变量是 AM 操作员在加工过程中或在构建过程后通过检查沉积物就可以看到的变量。熔珠轮廓或熔透深度就是这样的两个例子。常见的 AM 输出变量还包括表面状况或沉积物密度。

次要输出变量，如由干扰引起的变量，包括瑕疵产生或缺陷形成。其他输出变量可能包括由热膨胀、热软化、变形和收缩产生的应力。在构建失败之前，操作员可能看不到弯曲、屈曲、卷曲、撕裂分层等问题（图10.3）[④]。这些影响很难预测、观察和控制，但是可能会影响零件质量。这完全取决于零件的规格。通过对移动热源、零件固定装置、支撑设计、工艺选择的了解，以及严格的开发，这些问题可以得到控制或降低到可接受的水平。

图10.3　从构建板上撕下的标准试样[⑤]

10.2　参数优化

到现在为止，你或者是有了根据供应商提供的标准条件的参数集，或者是从其他人的参数开始，又或者是从空白粉末层开始。如果是后者，你必须开发自己的参数集。你需要足够高的束流功率，在一定的行进速度下开始熔化粉末，并将其熔合到构建板或支撑层上。一旦你做到了这一点，你就会想要优化沉积条件。下面列出了一些条件和其他相关的工艺考虑因素。

10.2.1　块体沉积物密度

一般来说，在固定的行进速度下，对局部热源施加的功率越大，熔池或烧结区域就越大。更快的行进速度和固定的热源功率将导致更长、更窄的熔化区域，直到无法实现熔化。然而，也存在一些限制，因为功率和速度都可能超过工艺的稳定性，导致不能平滑地连续沉积或者完全不能熔化。为了获得工程合金所需的力学性能，通常需要接近完全致密的沉积物。连续熔池为完全致密的熔体演化微观结构提供了最佳条件。增加熔池尺寸的折中方案是过量的热输入，但这可能会导致凝固应力、变形的产生和沉积精度的损失。在某些情况下，沉积方案可能需要多道次扫描和扫描方向路径变化（交叉或旋转），以确保与底层的完全熔合。如果功率密度太低，你将无法达到所需的熔化程度。如果功率密度太高，可能会转变为锁孔模式，导致工艺不稳定，形成空洞、冷隔、飞溅和过度蒸发。

10.2.2　缩短构建时间

构建一个物体所需的时间受到多个因素的限制。构建序列的分辨率是一个主

④　Christopher Brown，Joshua Lubell，Robert Lipman. NIST 技术说明 1823. 增材制造技术研讨会总结报告. http://www. nist. gov/manuscript-publication-search. cfm? pub_id＝914642(2016 年 5 月 14 日访问)。

⑤　来源：John Slotwinski. 增材制造的材料标准. 附录 4：增材制造技术研讨会总结报告//Christopher Brown，Joshua Lubell，Robert Lipman. NIST 技术说明 1823. 国家标准与技术研究所，马里兰州盖瑟斯堡，2013 年 11 月. Doi：http://dx. doi. org/10.6028/NIST. TN. 1823。

要因素。你的重铺层有多薄？每个扫描轨迹之间需要多少重叠？轨迹或光栅图案之间的距离与光束功率和构建速度直接相关。如果扫描路径之间的距离过大，则有可能无法将一个轨迹完全熔合到下一个轨迹。如果轨迹之间的距离过小，则可能会导致热量积聚过多和构建时间过长的情况。其他因素包括用于铺展粉末或铰接材料沉积硬件的机械系统的尺寸、重量和惯性。一些 DED 系统可以铰接或移动零件，另一些系统则是移动焊炬或激光头、送粉或送丝系统。还有一些系统则是通过简单地移动光学元件，在系统的构建范围内扫描光束，从而通过激光运动来减少这些限制。OEM 公司正在进行的 R&D 和工艺开发希望通过整合多个激光扫描仪或热源来提高构建速度，并缩短粉末层铺展时间，或者是进一步实现构建前和构建后的序列步骤的自动化。

10.2.3　表面光洁度

　　由熔合粉末制成的物体具有部分熔合粉末的表面光洁度，并且显示出分层熔化的轨迹，如图 10.4 中所示的 SLM 和 EBM 构建的部件（Triantaphyllou et al.，2015）。在一定程度上，在通常称为阶梯的不规则表面状态下，一条轨迹熔合至下一条轨迹，一层构建在另一层上，这样形成的典型沉积表面变化是明显的（图 10.5）。SLM/PBF-L 的表面粗糙度可以在 $300\sim600$ μin，EBM/PBF-EB 的表面粗糙度可能在 $800\sim1000$ μin。

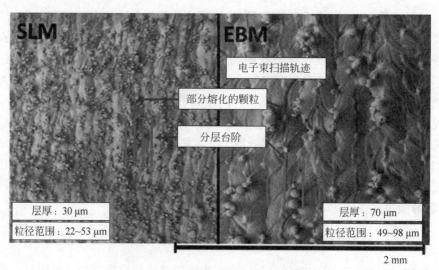

图 10.4　SLM 与 EBM 形成的沉积态表面[⑥]

---

　　⑥　来源：Andrew Triantaphyllou 等. 增材制造的表面织构测量. 2015 年 5 月 5 日出版，表面形貌学：计量和性质，第 3 卷，第 2 期. http://iopscience. iop. org/article/10. 1088/2051-672X/3/2/024002。© IOP 出版。经许可转载。版权所有。

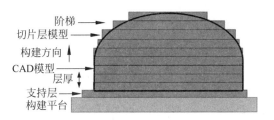

图 10.5 阶梯结构随构建板表面角度的变化

由熔丝沉积产生的表面特性将在阶梯状图案中显示出非常大的材料重叠珠,这与材料类型、熔丝尺寸和沉积条件相关。与高沉积速率相对应的大型熔池将导致粗糙的沉积特征和表面。金属的流动性可以有很大的变化范围,会改变熔池和最终沉积物的形状。这也会影响表面状况。由于意识到了这一点,制造商们正在提供更小的粉末直径尺寸,从而可以使用更薄的粉末重铺层。然而,这些优化总是有代价的。可以改变轮廓或周边路径的参数条件,以允许更精细的细节、更平滑的表面和更小的阶梯,但是要以构建时间为代价。现在基于 DED 的混合 AM 系统提供两种激光头沉积类型,一种用于精细的细节,一种用于更快的沉积。如前文所述,较小的粉末尺寸可能会使粉末处理复杂化或产生额外的危害。

所有常规的金属工艺和材料都具有其自身的表面特性,根据应用的不同,可以采用不同的方式进行调整。铸件表面可能需要机加工、抛光或涂层密封,以达到所需的性能。热轧钢或焊接结构可能需要精加工,以去除轧屑和锈斑,或改变表面状况。AM 表面状态可以通过参数选择进行部分的优化,或在后处理过程中进行额外的优化。对于给定的材料,设计师和工艺工程师必须了解其可以实现的某种表面状态的性质,并选择最佳方法来优化所需的最终结果。零件模型尺寸可能需要一定的偏移,以提供通过机加工或抛光去除的额外材料,这通常称为机加工或精加工余量。AM 零件的其他优化目标如图 10.6 所示。

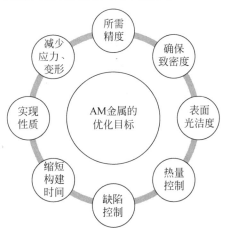

图 10.6 AM 工艺的优化目标

10.2.4　精度与变形

构建精度受许多条件的影响，例如零件设计、粉末的类型、尺寸和形态、路径分辨率和加工参数。正如前文所述，热膨胀和收缩是每种特定的金属和合金固有的性质，其他影响收缩和变形的性质也是如此。收缩补偿可以内置在计算机模型中，也会受到构建空间内零件方向的影响。通过优化工艺参数的选择，如预热、后热和支撑结构的设计，可以减轻收缩或变形。热膨胀和收缩会在零件沉积和冷却时起作用。在制造过程中，通过选择适当的约束来控制变形是至关重要的。直接金属沉积系统可以利用沉积路径的定向来抵消前一道次的变形。沉积层或扫描轨迹的交错偏移类似于以相反方向焊接一部分，然后再焊接另一部分的常见做法，例如在板的两侧交替焊接，从而用一个位置的收缩帮助抵消另一个相对位置的收缩。弯曲、翘曲和卷曲是一个永远无法消除的问题，但是可以通过零件方向、设计几何形状和参数选择来控制，例如控制热量输入的那些设置。可以设计一些特征，如带壳蜂窝结构，或者是在构建过程中局部地释放零件内应力的薄内壁，从而将最终部件的变形减小并控制在可接受的水平。

变形的预测和控制是在大学层次上的一个活跃的研究领域。例如，一篇研究论文（Moroni et al.，2015）试图创建一种算法来解决这个问题，以确定零件设计的方向，从而优化结构中的精度。

10.2.5　热量积聚

与所有金属熔合工艺一样，使大多数金属熔化的能量是巨大的，而将足够的能量局域化以形成熔池的过程是低效的。正如前文所讨论的，指向金属表面的集中能量源（电弧、激光、电子束等）会经历低效的能量耦合和熔化。来自能量源的一些能量无法到达零件，有些能量被反射出去，只有一部分被吸收到材料中。在吸收的能量中，一些被重新辐射出材料并损失掉，一些被传导到零件中，如果能量足够局域化，则将提高材料的温度并使其熔化。热量将继续从熔化区域传导到零件中，从而提高其温度。根据零件的尺寸，热量积聚可能会过度地提高温度，从而导致不良影响，如表面氧化和其他化学反应。这些反应可能对表面化学成分或微观结构产生不利影响，例如杂质偏析、晶粒过度长大、过时效或不必要的软化。如上所述，局部热量积聚还可能导致不必要的变形或残余应力，从而引起开裂或其他零件性能问题。在 PBF 的某些情况下，熔化程度和吸收的能量随时间的变化可以忽略不计，因此热量积聚可能不是问题。在其他情况下，在构建周期中的预热或保持较高的粉末温度可以减少这些影响。

这里的目标是在添加材料（粉末或丝）时实现熔化和熔合沉积，同时限制总体热量积聚，或者减少熔池区域局部热量条件与整体部件热量条件的差异。从热源开始，高度集中的热源（如激光或电子束）可以更有效地产生所需的熔化程度，同时限制零件过度地额外加热。较不集中的热源,例如无约束的 GMA 焊接电弧,会加热与熔池相邻的较宽区域,从而将不需要的热量积累到零件中。

通常,我们利用热源将填料熔化成基体金属。另一种熔化填料的方法是利用熔池中的能量熔化填料。从热量积聚的角度来看,这种方法效率较低,因为填料有淬灭熔池的倾向,所以需要将更多的能量耦合到熔池中。商业焊接系统可以利用焊丝预热器来提高沉积速率并减少对零件的热量输入。人们正在努力为 DED-LAM 提供相同的填料预热[⑦]。PBF 工艺的粉末床加热可以通过降低高能热源的强度和减少熔化区域附近的热梯度来实现相同的效果,最终达到提高沉积速率,以及减小变形和残余应力的目的。

在最大限度地提高沉积速率和减少变形的同时,减少热量输入的其他方案可能包括热丝 PA-DED。可变极性等离子弧可以偏置极性,使波形的反极性部分产生更多的能量,以帮助填充金属熔化,同时尽量减少波形能量的直极性部分,从而仅产生足够的表面熔化,以确保沉积的填料熔合。

提高行进速度和功率水平还可以减少每英寸沉积物的总热量输入,同时还能保持基板和相邻沉积物的充分融合。在某些时候,束流能量密度将使熔化从传导模式转变为锁孔模式,形成一个对沉积质量有害的蒸气腔,从而导致孔隙、封闭的空洞,以及飞溅增加和蒸发。这可能会对零件、回收粉末供应产生不利影响,并且增加腔室内、激光窗口或电子枪内不希望有的冷凝金属蒸气。

工具路径规划和优化的停留时间可用于避免精细特征中的热量积聚,或是与提供散热功能的块体零件进行热隔离。复杂的设计特征,如热障、散热片或其他特征,可以专门设计到零件或支撑结构中,以提供功能增强,控制构建过程中的热量或应力积累。

10.2.6　力学性能

优化熔化或熔融金属的力学性能通常是通过控制沉积物的密度、尽量减少缺陷,以及控制熔化和热影响区域内的冷却速率来实现的。需要了解和控制缺陷的产生、凝固过程中的微观结构演变以及冷却后的固态转变,以优化和控制沉积物的性质(Frazier,2014;Herzog et al.,2016;Sames et al.,2015)。如前面关于烧结金属性质的章节中所述,了解和控制烧结程度随位置和工艺参数的变化,是控制烧结金属性质的关键。确定力学性能是一个漫长而不断发展的过程,需要制作测试样品和进行广泛的测试,并根据公认的标准测试方法进行表征。与 AM 相关的一个大问题来自于层状沉积,以及沉积物的力学性能随着测试样品中层状结构方向的

---

⑦　"美国制造"资助研究项目,利用激光热丝工艺的高通量功能材料沉积——凯斯西储大学(4032),与 Aquilex 公司技术中心(AZZ 公司),林肯电气公司、RP+M 公司、RTI 国际金属公司合作。https://americamakes.us/home-2/item/501-high-throughput-functional-material-deposition-using-a-laser-hot-wire-process-case-western-reserve-university(2015 年 3 月 22 日访问)。

变化而变化的事实。热处理和 HIP 加工已被证明可以减少或有效地消除这些各向异性特性，但是对于所有的材料和所有的机器配置，还需要做更多的工作。在没有对特定工艺、材料和参数集进行详细描述的情况下，最佳的选择是参考供应商提供的技术数据表中的力学性质。好消息是，供应商提供的数据和参数集可以达到甚至超过常规材料的性质。坏消息是，由工艺参数不完善或缺陷导致的材料性质的下限仍不能确定。

10.2.7　化学与冶金学

表面化学的优化可以简单到在构建之前控制构建室吹扫时间，或者增加在惰性气氛中冷却的停留时间以避免变色。选择惰性气体质量或遵循压力气瓶的转换程序，以避免气体管线污染，并且可能需要在构建序列内进行规范和控制。惰性气体净化和再循环系统对某些材料的化学成分有很大的影响。其他程序，如重复使用粉末的筛分、处理和烘烤，也可能影响最终沉积物的化学和冶金学性质。控制块体的化学和冶金效应涉及晶粒生长、相变和其他冶金过程的预测、传感和控制。这是许多大学和国家实验室中的一个活跃的研究领域，其中将建模、模拟和数据驱动的材料开发结合起来，最近其被称为"材料基因组"[⑧]。定向凝固、单晶生长和复杂金属间相的形成超出了本书的范围，但是在 AM 应用中，尤其是涉及航空航天材料的应用中，存在于所有这些技术领域，读者可以对其进行研究。谷歌学术等资源是开始搜索的好地方。

10.2.8　缺陷控制

需要进行参数优化，以减少或消除零件内所有位置的不连续或缺陷。对 AM 缺陷的检测和控制是正在进行的工业 R&D 的主题。了解缺陷的类型、它们如何形成，以及如何检测和控制缺陷的形成，这是实现整体工艺质量和某些关键应用的工艺认证的关键。这些缺陷的检测和表征将在后文的有损和无损检测章节中介绍。

10.2.9　试样的制备

如上所述，通过样品和早期原型的制造和测试，可以对参数的优化进行评估和迭代。简单的测试样品（制作为小试样）可以根据性能要求用于评估参数集。一些商用软件包允许为每个特定参数条件下制作的试样分配和标记识别码或数据矩阵 ID。也可以评估后处理条件，验证加工余量、抛光或其他操作，如热处理。这是通过有损和无损的方法来实现的，如后文中更详细的描述。通常是采用目视检查和金相评估来指导参数选择。如果计划使用功能原型，则关键应用可能需要制作拉

---

⑧　材料基因组计划. http://www. nist. gov/mgi/（2015 年 3 月 22 日访问）。

伸或力学测试样品。然后进行向下选择,以确定在整个原型开发阶段使用的、最有希望的构建计划。

10.2.10　评估原型的性能

测试样品可用于确保候选参数的成功选择,从而能够构建具有部分保真度或功能测试质量的原型。全金属原型也可用于开发无损检测程序,如尺寸测量、表面表征和其他有损或无损测试程序,以表征部件内多个感兴趣区域的块体沉积物状态。

检验成功后,可对零件进行进一步测试,以确认其功能是否合适。结构测试零件或成品部件可以在实际工作负载条件下进行模拟测试,而压力或真空泄漏测试则适用于储存容器。测试结果可能表明需要重新设计、返工或修改工艺参数,或者在发生故障时,则需要回到重新设计阶段的绘图板上。

10.3　指定构建前和构建监测程序

至此,你已经设计了零件模型、支撑结构、后处理固定装置、试样和任意一个早期原型。你已经选择了材料和一组或多组候选构建参数。如果你使用的是粉末床系统,那么你已将文件转换为 STL 格式,并修复了所有的错误或问题。如果你使用的是 CNC 控制,你已经创建了一个 CAM 或 CNC 控制文件,并对沉积路径进行了干运行模拟,以确保运动平稳并避免碰撞。在开始构建周期之前,需要记录构建前、构建监测和构建后的程序。

美国国家标准技术研究所(The National Institute of Standards Technology, NIST)技术说明 NIST1801《建立 NIST 金属增材制造实验室的经验教训》(Moylan et al.,2013),很好地确定了粉末床型系统的构建前和构建后的程序。它还详细阐述了与安全、环境、设计考虑因素、软件、机器设置、操作和零件精加工相关的许多问题。

这不像买一台机器、加载一个文件和按下一个启动按钮那么简单。AM 涉及危险的操作,需要专门的设施、训练有素的工人、严格遵守的程序、陡峭的学习曲线、适当的维护,以及金属、气体和其他设备的相当高的运营成本。这就是为什么直接使用你自己的 AM 系统能力时需要仔细考虑,以及为什么在开始时使用服务提供商可能是你的最佳选择的原因所在。

首先,我们将带领你完成一些步骤,让你了解设置 AM 工艺所涉及的内容。实际程序将取决于你的机器类型、材料和要构建的零件,但是它们都有类似的步骤。AM 系统制造商在识别和减轻危害、简化工艺和程序方面不断取得巨大进步,从而将操作员从循环中解放出来,并简化了工艺设置。

将安全放在第一位,就需要检查并确认所有必要的设施、机器和个人防护措施。AM 系统产生的危险超出了典型机械车间的危险，需要额外的知识、规划和控制来确保操作安全，例如使用激光、粉末和高压气体的操作。张贴房间出入限制标志或检验个人防护设备（如呼吸器、眼镜和防护服）的可用性就是几个典型的例子。惰性气瓶，是否到位，类型是否正确，体积和压力是否足以完成构建？原料，是否已妥善储存，是否准备好适用的手推车、小车和其他安全装置进行运输和装载？防静电装置（如站立垫）是否就位并正确连接？所有系统维护日志是否都是最新的？旧的过滤器是否已妥善处理？新的过滤器是否已安装？

　　由于处理和装载粉末的危险性，必须建立并遵循适当的程序。制造商将提供指导和培训，但是如果你使用的是非标准材料，你可能需要聘请专家来确保安全流程，例如环境、安全和健康（environment，safety and healty，ES&H）专家，以确保你了解并遵守适当的安全程序。可能需要咨询其他专家，如激光、通风或电气安全专家等。构建室的设置将包括确保腔室清洁。如果先前使用过其他金属粉末，则需要全面的腔室清洁。如果使用相同的粉末类型，清洁工作可能只需要擦拭腔室表面、门和其他硬件上的冷凝金属蒸气。每次使用后都需要清洁激光光学元件上的蒸气沉积物。电子束或电弧热源有自己特定的检查和程序。一些系统提供测量光束功率或光束分布特性的诊断程序，以确保光路的清洁。电子束枪的诊断也可以用相同的方式进行，包括检查以确保电子灯丝的寿命足以完成构建。

　　可以检查粉末铺展和重铺机构，以确保构建板与重铺刮刀正确对齐和定向。需要检查构建板本身的厚度和状况，以确保其平整，没有先前构建产生的碎屑、翘曲或损坏。原料粉末的装载需要进行最后的检查，以确保先前使用过的粉末经过适当的筛分、烘烤和储存，并且所有可追溯性和使用记录都是最新的。在腔室关闭并密封后，可以开始预热至工作温度，并进行惰性气体吹扫。可以检查室内氧传感器液位或门锁的系统联锁装置，以确保其正常工作。

　　为了充分利用你构建的第一个零件，可以考虑你的系统提供哪种类型的过程检测和数据收集，或者可以安装哪种类型的第三方监控设备，以深入了解构建过程。

10.3.1　过程质量监测

　　试样和原型的制造提供了一个在开发过程中表征工艺过程的机会。建立正常运行和受控过程的特征或基线，是验证正常和非正常运行条件的关键，特别是在不能使用统计质量控制方法的小批量情况下。可以使用各种方法来监测系统，以确定可接受的过程性能范围。捕捉异常特征或失去过程控制的特征同样重要。若在没有过程监测的情况下盲目地生产测试样品则会错失机会。为外形、装配、营销或概念验证而生产的零件，可能不需要与功能原型或预生产开发单元相关的严格程度，但如果信息可用，就应该收集并存档。

　　如前文所述，束流特性是验证热源条件的既定方法。可以在实际构建周期之前对热源进行表征,这是在实际构建之前测试子系统性能的一个例子。随着时间的推移,所有这些高能热源的性能都会下降,从而需要监测、维护和维修。热源监测可能涉及激光束轮廓检测,或电子束枪和阴极状况检查,或电弧系统线电极接触的检查。在构建周期中可能发生其他工艺干扰,可对其进行检测和记录,从而记录完整过程。电源性能监测通常由制造商提供,可以用于为每个试样或零件的构建建立数据集。AM打印的成本可以证明,在关键应用中使用第三方数据收集系统是合理的。这些系统的工作周期长达数小时或数天,对保证系统在整个构建周期中正常运行具有重要意义。过程中的监测可用于推断零件的质量,但是在构建过程中对实际零件进行的测量可以提供更高水平的保证。

10.3.2　过程中零件质量监测

在构建周期中监测零件质量可以提供额外的保证,以确保零件的代表性区域按计划沉积,从而不会出现导致不连续或缺陷的偏差或干扰。由于将常规无损检测技术应用于AM金属零件的复杂性,则能够进行监测的方法尤其具有吸引力。并非所有的AM供应商都提供过程中质量保证(quality assurance,QA),因为市场上的一些系统仍然处于功能演示级别。

如果在构建期间能够确认零件有缺陷,那么中断长时间的制造周期会带来巨大的经济效益。困难在于构建周期中零件质量的可观察性和表征。粉末床系统中的零件可视性仅限于最后熔合的一层,可能无法代表最终零件的内部位置,这是因为熔化金属可能会渗透到前几层以重熔和修复表面不连续和明显的缺陷。沉积物的完全致密或完美质量可能只能在你当前观察位置的三层以下实现。此外,后续沉积道次的熔化和渗透可能产生表面下的体缺陷,如空洞,或者不良的表面状态,如在检查最后一层沉积物时无法观察到的悬垂向下表面区域中的缺陷。

视频监测、热成像、过程中测量和加工数据的收集是建立零件基线记录的方法,用于正在构建零件的实时评估或在构建周期完成后进行评估。PBF工艺可以记录构建每一层的数据,可能允许查询构建周期中沉积的每一层表面。同样地,如上所述,该过程的观察是否能够告诉你需要了解的关于过程和最终产品质量的所有信息?

工艺和零件质量记录的归档存储,可以允许对服务中出现故障的零件进行后续分析。工艺开发数据的数据库存储以及原始CAD设计可以积累和存档,其跟随零件从摇篮到坟墓,超越了制造和整个服役寿命。正如后文又将详细提到的,了解你要查找的内容和查找的位置,对于检测至关重要;对检测到的内容进行分析,对于与标准进行比较以及最终验收至关重要;了解你正在寻找的有缺陷或瑕疵的材料和类型,对于确定过程监测方法的需求和作用有很大帮助。

与PBF工艺相比,DED工艺的可观察性更高,其允许在构建过程中对零件进行更细致的观察,具有观察熔池区域的能力和观察整个零件的可能性,例如在构建期间监测变形，而不会被粉末床遮挡。粗糙的表面质量可能会影响测量的能力，并且可能中断、影响或控制过程。其他质量问题（如变形）可能无法完全表征，直到构建完成、零件冷却并从工作环境中移除时才能完全确定。尽管如此，过程中的零件质量保证是研究和开发的一个活跃领域。用于 AM 的质量保证系统已经上市，供应商正在帮助客户了解如何应用这些系统并最大限度地发挥其优势。AM 零件的关键应用将需要获得认可的标准认证的质量体系。集成了 CNC 和 AM 的混合系统还具有在机测量、接触测量或 3D 扫描的功能。根据你的最终要求，可能已经存在一个过程中零件质量保证系统来满足你的需求。

将过程中的零件检测数据与建模和仿真结果相结合，这也是一个研究领域。基于数据驱动的模型，而不是基于第一性原理物理学，可以通过拟合低阶函数，以较低的计算量将输入映射到输出条件，这个方法已经证明在其他应用中非常有效，并且被建议用于 AM。基于计算机的有限元分析建模和预测的快速发展也可以通过构建前的过程模拟来帮助预测和控制零件精度和变形。在零件构建前，可以借助模拟对零件模型几何补偿来适应零件变形。许多 AM 系统已经提供实时熔池检测和控制，但是还需要进一步的工作来优化这些功能，以便收集足够的过程质量保证数据。

10.4　修复或重启程序

如果在构建过程中出现问题，需要停止序列，或者在构建后的检查中发现缺陷，那么会发生什么情况？是否可以重新启动该过程或者修复该部件？构建持续时间长可能被视为 AM 工艺的一个弱点。构建过程可能由于多种原因而中断，包括任何主要过程参数的故障或中断、机器子系统故障，如惰性气体中断，或一般设施故障，如断电。制定维修程序或与 AM 服务提供商就故障恢复计划达成一致，可以节省每个人的时间和金钱，同时仍然能够产生可接受的结果。

重新启动一个过程可能取决于过程终止的条件。如果是由于断电或惰性气体供应问题而中断了粉末床系统的过程，则重新启动可能只需要重新建立预热或惰性气体供应条件。重新启动 DED 工艺则可能需要预热、平整或在不添加填料的情况下进行表面平滑，以重新建立可接受的沉积条件。在 DED 工艺中，进料条件出现故障，如喷嘴堵塞，可能导致终止熔坑，则需要对沉积物的区域进行平滑处理，或通过修改重启步骤来弥补填充不足的缺陷。

重新启动的一个关键条件是准确地知道在构建序列期间过程是如何进行的并在何处终止，并且能够在应用任何所需的预启动条件时重新开始。重新启动的前提条件可能要求在运动前束流有一段停留时间，或者在进料时有一段停留时间（或跳过第一个重铺层）。这要求系统将其位置和所有当前构建参数存储在非易失性存储器中（如循环缓冲区），从而允许访问、修改和重新启动。修改可能涉及停留时间、功率增加和聚焦条件或任何其他主要变量。

　　修复方案可能包括修复在后处理或检查操作中发现的缺陷。如果需要重建表面或特征,则可能需要重新设计构建序列,使用全部或部分原始 STL 或 CNC 文件,并对其进行修改,以允许重新沉积一个全新的部分。这可能需要机加工去除损坏或有缺陷的区域,扫描零件并将其与原始模型进行比较,以确定缺失区域,创建新的构建序列,更换新的夹持固定装置,并最终沉积缺失区域。昂贵材料制造的大型或复杂零件可能需要大量的返工工作。

　　复杂形状的激光熔覆修复,如涡轮叶片尖端、燃烧器尖端或密封表面,在工业中具有普遍的应用,因此查看这些类型的程序就可以深入了解从失败的 AM 构建中回收零件的过程[9]。

　　在下一章中,我们将概述构建后的程序。如果你让服务提供商制造零件,你应该知道你的后处理要求是什么,供应商可以提供什么,以及他们将收取多少费用。你也可以考虑是否要自己处理,或者是让第三方来做这项工作。

10.5 关键点

- AM 工艺提供的许多参数或自由度为构建超出常规方法制造能力的零件提供了巨大的机会。这种自由度的缺点与工艺选择和优化的复杂性有关。
- 常规加工方法需要数十年甚至数百年才能理解、优化和改进。虽然 AM 金属工艺已存在数十年,但是随着商用 AM 金属机器的数量增加和工业应用的普及,大部分应用和工艺开发都是最近才出现的。
- AM 金属工艺生产的大多数零件需要某种形式的后处理。复杂的 AM 设计或先进的材料会对常规的后处理操作产生独特的挑战。
- 实时监测或工艺性能和构建零件都受到了观察和准确测量工艺条件的限制。在加工过程中收集的数据可能会增加对现有检查方法的挑战。

---

　　[9] EU Cordis 公司,Fraunhofer,SLM 修复. http://cordis. europa. eu/news/rcn/32171_en. html(2015年3月22日访问)。

第11章

构建、后处理和检查

摘要　AM 零件的构建周期可以分解为构建前操作、实际构建、后处理和检查。本章为读者提供了与这些操作相关的典型范围、操作步骤和注意事项。这些知识对于考虑购买和建立 AM 系统能力的用户以及利用服务提供商的用户非常有用。后处理和精加工操作的知识对设计过程至关重要,并在后续设计或工艺改进中起着关键作用。本章讨论了粉末回收、热处理、热等静压、机械加工和表面处理等操作,以及无损、有损评估和缺陷检测在 AM 金属零件上的应用。进而,介绍了行业内起草标准和认证 AM 生产零件的持续努力。

11.1　构建零件

在过渡到全自动操作之前,启动步骤对于建立和验证正确的工艺性能至关重要。一旦你确信所有的子系统都能正常运行,并启动所有的过程检测,你就可以开始了。让一名 AM 操作员待命,随时参与或停止操作,以确保正确终止、移除零件,并为下一次构建做好系统准备。某些 AM 系统设计通过使用双重配置或模块化粉末床配置,从而减少了构建一个部件与下一个部件之间的停机时间,允许在启动下一个部件的同时移除已完成构建的零件或粉末模块。

构建周期的成功完成通常包括一个冷却间隔,特别是对于 DED-EB 和基于电弧的系统。由于采用高能热源,PBF-EB、PBF-L 和 DED-L 的熔化效率更高,热量积聚更少。然而,PBF-EB 使用高达约 700 ℃ 的粉末床预热,并在真空室中进行操作。由于粉末床的预热以及电子束的额外热量输入,使得该真空室在构建循环后减缓了传热和冷却。这就可能需要对腔室进行惰性气体吹扫,以协助传热和冷却,直到零件低于反应温度,并允许在空气中冷却至可以有效地处理、粉末去除和后处理的温度。

对于 PBF-L 系统,由于粉末床加热温度比 PBF-EB 低,所以只需要更短的冷却间隔。冷却后,粉末的去除将包括特殊的粉末处理程序,以允许移除构建平台、零件和支撑结构。

粉末回收

为用于 AM 而优化的粉末通常价格昂贵,因此回收和再利用这些粉末对该工艺至关重要。现在关于使用过的粉末可以被重新筛选并无限期重复使用的说法存在争议。粉末的变化可能包括由正常加工或不当处理或储存导致的重熔、蒸发、氧化和吸湿造成的损失。在许多情况下,这些变化可能是微不足道的,对于颗粒尺寸分布只有轻微的影响,但是也取决于所用的合金和粉末的类型。这是一个活跃的研究领域(Ardila et al.,2014),但是目前最好遵循供应商推荐的程序。粉末供应商已经开始通过提供粉末表征服务和跟踪软件来满足客户需求,帮助客户维护其AM 粉末库存[①]。

从构建板移除支撑结构和零件可能需要常规加工,锯切或电极放电加工(electrode discharge machining,EDM)操作,以及构建板的精加工和测量,以确定满足最小构建板厚度和平整度规范。构建后的程序可能包括清洁腔室或通过筛分对粉末进行后处理,以允许再利用和回收。在某些情况下,零件可以保持连接到构建平台,以作为后续精加工操作(如机加工或检查)的支撑固定装置。在其他情况下,在完成所有后处理和加工操作后,构建板可能成为最终零件的组成部分。

11.2 后处理和精加工

我们需要什么样的后处理操作呢(图 11.1)? 你可以自己执行这些操作,还是将零件发送给服务提供商以完成构建后的精加工操作?

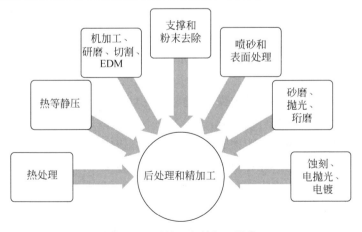

图 11.1 后处理和精加工操作

① LPW 网站介绍了他们的 POWDERSOLVE 服务、软件和在线数据库. http://3dprint.com/53072/lpw-powdersolve-metal-powders/(2015 年 3 月 26 日访问)。

　　为了获得沉积金属零件的全部功能则通常需要后处理和精加工，以实现所需的尺寸和性能。金属的后处理操作可能需要热处理、机加工操作，以及获取所需的专业精密设备、专业知识，而不仅仅是简单的介质喷砂、打磨或涂敷。了解这些后处理操作，在何处以及如何获取这些资源，将有助于你更好地选择工艺和材料，从而作出最佳的前期设计决策。了解如何以及何时应用这些操作，对于有效地实现金属零件所需的全部性能至关重要。

　　完成构建周期和冷却后的第一项操作是将零件从粉末床、构建板或固定装置中取出。如上所述，这将包括粉末去除、回收，物理移除支撑结构或固定装置，通过排泄孔清空零件内部的粉末并清理内部通道。图 11.2(a)和(b)分别显示了喷嘴部件的支撑结构及其拆除情况。根据粉末类型和构建条件，回收粉末并将其再循环应用于后续构建过程则可能需要不同的程序。根据应用、标准和仍在开发中的认证，跟踪和混合新的原始粉末与筛分和重复使用粉末的推荐做法将有所不同。

(a)　　　　　　　　　　　　　　(b)

图 11.2　(a)构建态的喷嘴结构及其支撑结构[②]；(b)去除支撑后的成品喷嘴[③]

　　精加工可以包括介质喷砂、喷丸、砂磨、磨料浆珩磨或研磨至光滑表面特征，并允许目视检查。清洗可用于帮助去除内部特征中的粉末。在医疗应用的情况下，可以要求进行消毒处理。塑料原型精加工中使用的涂层和喷漆可以改善表面光洁度或外观。另外，平滑化或精加工可采用软膏抛光、电蚀刻、电抛光或电镀操作。这些操作可能需要专门的服务提供商提供的专用设备和流程。

　　部分熔融的粉末颗粒可能会脱落，并影响在役零件的性能。机械加工、研磨、抛光或涂层都是修改粉末沉积物的候选方法，但是与常规加工相比，你的设计所需的后处理越多，你就越发偏离了从机器直接获得功能物体的能力，从 AM 制造中获得的好处也就越少。激光光学和光束传输方面的改进结合起来的混合系统可以扩展功能，将自动精加工或检查纳入构建空间中。

　　外部支撑或基础特征可能需要在构建后的精加工操作中被移除。支撑结构的

　　②　图由劳伦斯·利弗莫尔国家实验室提供，经许可转载。
　　③　图由劳伦斯·利弗莫尔国家实验室提供，经许可转载。

设计和为了便于移除所做的优化需要借助软件整合到构建周期中,支撑的移除通常利用锯切、切割、机加工、研磨、EDM 或其他机械手段进行。了解哪种后处理方法最适合特定的材料和设计,对于优化特定零件的 AM 工艺至关重要。

为了获得 AM 金属的工程性能,通常需要进行热处理。热处理可能需要在惰性或真空炉中进行,在 650~1150 ℃ 的温度范围内进行 2~4 h。可能需要这些处理来改善或满足所需的强度、硬度和延展性、疲劳或整体性质。如前文所述,可能需要热处理,如退火、均匀化、固溶或再结晶,以获得均匀的整体性能或所需的微观结构。逐层沉积可以产生与方向相关的性质,并且可以随着构建室内零件的方向而变化。在处理某些材料时,用于处理金属零件的高温炉可能需要在高温下运行,并使用惰性气氛,如氩气或真空。消除 AM 零件中存在的残余应力也可能需要高温,以确保尺寸稳定性。所有这些操作都需要专门的高温设备,可能需要数小时才能完成。目前正在进行研究,以了解和确定 AM 沉积材料的热处理条件。在一个示例中(Mantrala et al. ,2015),研究表明需要对同一材料进行不同的热处理,以优化硬度或耐磨性。

如前文所述,热等静压(HIP)是一种利用高温和高气体超压将零件加热到熔化温度以下的工艺,压力为 100 MPa,温度范围为 900~1000 ℃,保温 2~4 h,以帮助闭合和熔合内部孔隙、空洞和缺陷。HIP 还可以通过优化温度和压力循环来提供热处理的益处,以改善部件的力学性能,例如强度、伸长率、延展性,并改善部件的结构完整性。该设备体积庞大并且昂贵,可能需要专业的服务提供商。HIP 压力室的尺寸通常从 75 mm 到 2 m,这限制了要压实的 AM 零件的尺寸,尽管行业内有定制的 HIP 系统设计和服务④。

高精度零件通常需要减材后处理操作,例如机加工、磨削或钻孔,以实现最终功能形状的尺寸公差和表面光洁度。为了获得铸模、冲头和冲模的最终表面轮廓,则可能需要特殊操作,如切入式 EDM 或抛光。在沉积态零件的精度、表面光洁度或微观结构与零件所需最终光洁度之间的权衡,需要一系列复杂的决策。无论采用哪种工艺制造零件:PBF 或 DED、激光、电子束、电弧、粉末或丝,对最终要求的仔细评估都将有助于你在工艺、材料和程序选择过程中作出决定。

制造机加工毛坯可以放宽对沉积物的尺寸要求。在诸如 DED 的情况下,则沉积速率可能比精度更重要。如果沉积的近净形状需要机加工以达到最终尺寸,则表面光洁度或变形可能就没有优化构建速率重要。作为前文讨论的一个示例,DED-EB 可用于创建非常大的物体,以便随后加工到最终尺寸。由于不必加工非常大的坯料而避免了大量的材料浪费,从而节省了成本。在这样的情况下,表面阶

---

④ 例如,Avure 公司目前在技术上能够生产直径达 3 m(118 英寸)的 HIP 压力容器。可以提供 1035~3100 bar(15000~45000 psi)的标准压力,也可提供其他压力容器设计,以满足个别的加工要求,这些压力容器具有多种样式、热区材料、快速冷却技术和先进的温度测量技术. http://industry. avure. com/products/hot-isostatic-presses(2015 年 3 月 26 日访问)。

梯、变形和相对粗糙的近净形状沉积程度就不太重要，因为最终的形状和公差将通过机加工实现。

DED 和 CNC 加工的混合组合有望将使用激光和基于电弧系统的 DED 集成到多轴加工中心。同样，如果所有 AM 沉积物都将被加工到最终尺寸，那么速度可能优先于精度。

11.3　块体沉积缺陷

图 11.3 显示了 AM 金属零件中存在的一些常见缺陷。沉积物的质量由所获得的性能和满足设计要求的能力来判断。如果你正在用 AM 为关键服务构建部件，例如航空航天零件，则零件失效会导致严重后果。因此，适当水平的检查和质量控制变得非常重要。AM 设计和沉积要求由工程师设定，工程师应了解允许的缺陷尺寸、数量和类型，并确信工艺是受到控制的，能够满足这些要求。合格的操作员、程序、正式检查和记录与零件本身一样重要。

部件的功能要求不限于结构和审美需要。例如，如果零件遇到高压、高温、脉冲载荷或高腐蚀性环境，则其性能应适合这些服役条件。了解可能影响材料性能或导致失效的 AM 缺陷至关重要。了解缺陷是如何发生的以及如何使用有损和无损检测方法检测缺陷的，将有助于你为这些特定类型的缺陷选择最合适的检测方法。

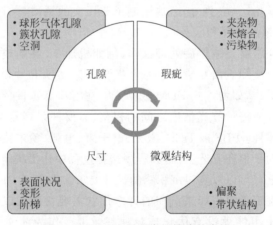

图 11.3　AM 金属瑕疵和缺陷的类型

由于 AM 工艺的复杂性，沉积物的块体材料特征或形态在不同工艺中可能会有很大差异。对于不同的材料，也会有所不同，并且在零件的不同位置也会有很大的差异。这可能是由于沉积过程中许多变量和条件的变化。例如，能量输入的变化可能会改变热条件和准确沉积某些特征的能力。也可能产生不在块体材料内而是在部件特性内的缺陷，如变形。

瑕疵是沉积物内的不理想状况,而缺陷是超过验收标准的瑕疵。缺陷检测可触发返工、修理或零件拒收等行为。AM 金属缺陷可能包括未熔合、孔隙、空洞、开裂、氧化、变色、变形、不规则表面轮廓或表面台阶。稍后我们将讨论常见的 AM 检测技术,包括目视检查、尺寸检查、着色渗透、泄漏检测、射线照相、计算机断层扫描和验证测试。

熔合或烧结金属加工的典型缺陷经常在 3D 熔合金属零件中以某种程度出现。鉴于 PBF 零件对精度的内在需求,熔池尺寸通常较小,冷却速度通常比普通焊接结构更快,导致其缺陷形态比激光或电子束焊接而不是大型电弧焊接或铸件更加典型。具有大熔池和高沉积速率的 DED 工艺会产生焊接结构常见的缺陷。

未熔合是较常见的缺陷之一,其中焊道或沉积物未完全熔化并熔合到相邻轨道或基板中。未焊透是指未能深入熔合零件、构建支撑或构建板上,这可能导致零件从构建板分离或沉积零件内各层之间的分层。未熔合可以被目视检测到,但是也可能在零件测试或维修失败之前未被注意到。射线照相检查也有可能检测不到未熔合缺陷,这是因为可能检测不到粘合不良的位置。冷搭接是一个术语,有时用于描述未熔合缺陷,其中材料的固结被氧化层或薄膜阻止。如图 11.4 所示,熔合不良的粉末颗粒边界可能在使用中破裂或失效。在有损测试、功能测试或在役期间发生失效时,应检查是否是由于未熔合,并相应地修改 AM 构建计划。在某些情况下,导致断裂起始点的瑕疵可能只有在高放大倍数下应用扫描电子显微学(scanning electron microscopy,SEM)和被称为断口学的冶金检测技术才能观察到。我们稍后将在失效分析中讨论这些问题。

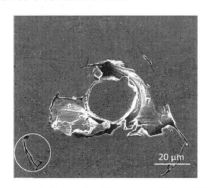

图 11.4　未熔合缺陷,显示未熔合的粉末颗粒[⑤]

坦塌是一种尺寸缺陷,通常产生于支撑结构不充分的区域。坦塌缺陷可能与小尺寸设计特征、薄壁、向下表面(也称为下表面)或悬垂有关。如果熔池对于该位

---

⑤　来源:Hengfeng Gu,Haijun Gong,Deepankar Pal,Khalid Raf,Thomas Starr,Brent Stucker.能量密度对选择性激光熔化 17-4PH 不锈钢的孔隙率和微观结构的影响.D. L. Bourell 等编.得克萨斯州奥斯汀(2013),第 474-489 页。经许可转载。

置而言太大,则重力会使熔池下垂或坍塌,从而产生这种类型的缺陷。当表面张力将熔池拉成圆形时,导致锐边或棱角的尺寸保真度损失,可能会出现倒圆或边缘质量损失。如果热源功率过高并且沉积或横移速度太快,则表面张力会将焊道拉伸成绳状,从而使沉积物两侧未熔合。这些不稳定性还可能导致熔体区域熔滴或部分熔化的粉末颗粒飞溅,进一步破坏沉积质量。正确的参数选择,如控制束流功率或速度,有助于熔合和压平沉积焊道。根切是熔合加工的典型缺陷,可能发生在重力或表面张力将熔融金属从熔池表面的边缘拉离的区域,从而留下可以作为应力升高点或裂缝起始点的填充不足区域。

局部熔化和凝固会导致收缩和变形。收缩引起的应力可能会产生翘曲和变形,并且在某些情况下达到导致未熔合和分层的程度,如图 11.5 所示。正确的设计、材料和参数选择以及工艺开发可以减少或消除此类缺陷的风险。

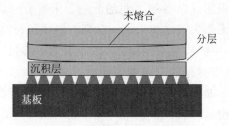

图 11.5　未熔合或分层缺陷

不规则的表面状态可能反映了零件设计、支撑或定向不良。不完善的开发或控制不当的工艺可能导致阶梯、球化、未熔合、表面破裂分层、根切、孔洞、孔隙或空洞。从熔化区域喷出的过多的熔合粉末颗粒飞溅可能熔合到沉积物的任何一侧,表明不恰当的束流功率、聚焦条件、受污染的粉末或填充丝。不规则的表面状况会形成应力集中位置,从而降低零件强度,在使用过程中可能出现失效或疲劳。缺口、空洞或根切可能会集中应力并引发开裂。未满足要求的外观和表面将需要进行后处理,以去除或修整外表面。

孔隙是在熔化和熔融材料中产生的常见缺陷,通常为球形或椭圆形,由气体产生,例如滞留在熔池内的氢气,并在冷却和凝固时气体释放而形成气泡。另一个孔隙来源是未熔合区域或空洞的熔化,其中空洞内的气体在液体内形成气泡并被截留在凝固的金属内。在激光或电子束熔化过程中的锁孔塌陷会在凝固过程中将气体夹带到熔池中。

区分气体孔隙和其他形式的空洞(如未熔合空洞)很重要,因为它们是由不同的机制导致的,需要分别考虑以确保适当的控制。这些气体的来源可能是湿气或惰性气体气氛、构建室、粉末或填料供给的污染。氢作为一种气体很容易被熔融金属吸收,在凝固过程中会从熔体中排出,并被捕获成为气泡或气孔。在构建周期之前或期间,原料或工艺中的氢污染可能由多种来源造成,如拉丝工艺的质量控制不当或储存不当。对于某些材料而言,孔隙是一个比其他材料更大的问题,例如铝和那些在粉末或熔体加工过程中更容易吸收气体的材料。需要严格的处理、储存和加工程序来控制孔隙的来源。由于气体雾化过程,氩气可能被捕获在粉末中,可能是微孔的另一个来源。诸如此类截留的气体可能在熔化过程中聚结,并且在凝固过程中导致孔隙长大。

孔隙会减少沉积物的横截面积,从而降低强度,尽管球形孔隙对降低强度的作用不如角裂纹引发的缺陷那样严重,因为角裂纹在载荷作用下更容易扩展。表面破裂的孔隙和空洞可以保持水分或湿气,加剧腐蚀和污染。AM 设计者或制造者需要考虑所有可能的缺陷形成情况,以确保满足沉积物的要求,并确定可接受的孔隙或缺陷含量水平。熔合区域内的孔隙分布也有助于确定其来源。球形孔隙可以指示粉末、气氛中的污染源,或者在储存、处理或加工过程中的污染而产生的污染源。图 11.6 显示了通过干燥粉末和改变工艺参数得到的 AlSi10Mg SLM 沉积物中的两个孔隙率水平。

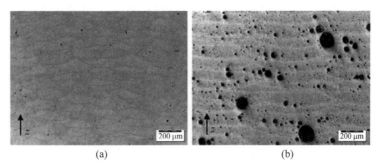

(a)　　　　　　　　　　　　　(b)

图 11.6　AlSi10Mg SLM 沉积物中的氢孔隙[⑥]

不是由于凝固时气体排出或气体截留而形成的空洞可能有多种不同的形式,并且可以是许多不同加工条件的结果。AM PBF 工艺常见的未熔合空洞包括那些与粉末堆积密度相关的空隙,或者粉末颗粒之间的空隙,当逐层铺展粉末并且未充分熔合时,会导致熔合不良的沉积物。烧结粉末的微观结构会显示不完全致密的沉积物,以及未熔合区域或空洞,需要通过后续的沉积层或额外的 HIP 后处理进行重熔。由于烧结时液相不足,或在其他情况下熔池内熔化或混合不充分,这些区域可能含有未熔化的粉末颗粒或者未充分熔合的颗粒。例如,由于光学元件未对准或者需要清洁,使束流能量密度降低,从而导致未熔合缺陷。相反,扫描速度偏差导致的能量密度增加(如在扫描方向改变期间)可能会产生局部气化事件,或者意外过渡到锁孔熔化模式,从而由于锁孔坍塌而导致截留孔隙。

局部夹杂物缺陷可能是由粉末或填充丝中的污染物造成的,这些污染物可能在加工过程中蒸发,产生足够的力将熔融材料从熔池中喷出,留下一个孔洞或空

⑥　来源:C. Weingarten 等. 材料加工技术. 221,(爱思唯尔,2015),112-120. http://dx.doi.org/ 10.1016/ j.jmatprotec.2015.02.013。经许可转载。

隙，在后续层的熔合过程中可能无法填充。例如，对重铺刮刀布粉器或耙子的侵蚀或损坏可能会在构建材料供给中留下异物颗粒。

约束是讨论形成和避免与金属熔合相关的裂纹时经常使用的一个术语。如前文所述，金属在加热或冷却时会膨胀或收缩。因此，零件可能会膨胀、收缩、扭曲或弯曲。如果加热或冷却并限制移动，例如通过夹紧、使用支撑结构，或由于设计本身的机械约束，应力将会积聚。这些应力是机械力，既可以锁定并驻留在扭曲的晶体结构中，也可以通过变形、开裂或撕裂来释放。允许或阻止移动的程度可以被称为约束。残余应力难以测量，虽然不常归类为缺陷，但是在使用中可能会导致变形或开裂。它们通常通过零件设计、加工条件选择或构建后热处理进行控制。

开裂可以由多种热、机械和冶金条件引起。图 11.7 显示了通过染色渗透测试检测到的焊接反应堆容器中的裂纹。AM 部件可能容易受到焊接或焊接熔覆结构中存在的相同类型的开裂机制的影响。一些更常见的裂纹类型是熔坑裂纹、热裂纹、热撕裂和冷裂纹。有些材料对因 AM 金属加工过程中产生的裂纹比其他材料要敏感得多。熔坑开裂是指 AM 沉积路径终止时在最后凝固材料内可能发生的开裂。在加热软化的金属中，当温度低于熔化温度时，热撕裂可能发生在直接靠近熔合边界的区域。热裂纹可能在凝固边界附近冷却时直接出现，而冷裂纹（也称为延迟裂纹）可能在冷却数小时或数天后出现。产生这些类型缺陷的冶金学原因非常多，超出了本书的范围，但是读者应该知道这些情况的存在，并在使用新合金或潜在的裂纹敏感材料时咨询专业冶金学家。AM 供应商已经制定了严格的材料控制和参数集，以避免许多这类问题，但是如果你正在为裂纹敏感材料开发自己的参数，则请准备好解决这些问题。在 AM 熔化轨道或焊缝的终止点或端点处可能出现裂纹。焊道的最后一部分凝固会产生凹陷和收缩，并可能导致开裂。带有裂纹的熔坑凹陷会集中由使用荷载引起的应力，并使裂纹扩展，可能导致失效。正确制定的程序，如供应商提供的程序，以及正确选择和控制材料将避免此类缺陷出现。

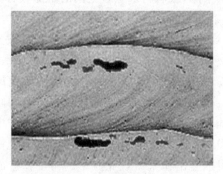

图 11.7   使用染色渗透剂检测到的焊接反应堆
容器中的裂纹[⑦]

⑦   由 Enspec 技术公司提供，经许可转载。

熔池凝固时会形成热裂纹和撕裂。由于凝固区、部分熔化或低塑性热影响区的化学、冶金和机械条件的组合,冷却过程中产生的收缩应力通常会形成这些缺陷。在高度受约束的零件位置无法因热膨胀和收缩而弯曲和变形,则在冷却过程中,当金属仍然较热且强度较低时,它们可能会拉裂或撕裂。可以回想一下前文关于金属热软化的讨论。与孔隙一样,裂缝位置和特征可以指示其形成机制,并有助于检测、预防和控制。与熔焊一样,许多类型的裂纹可能与 AM 沉积物有关。图 11.8(a)和(b)显示了在实验条件下制造的直接金属激光烧结 Inconel 718 合金中的微裂纹。微米级裂纹可以沿着晶界出现,并穿过晶粒,可以被最后固化的材料回填,而使其难以被检测。适当的参数选择、预热条件或 HIP 处理可以减少或消除裂纹敏感材料中裂纹和粘结缺陷的形成。在循环荷载等使用条件下,部件内未检测到的微裂纹可能会最终导致裂纹的扩展和部件使用中的失效。

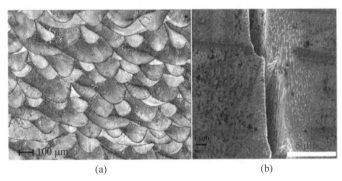

(a)   (b)

图 11.8 (a)直接金属激光烧结 Inconel 718 合金中的微裂纹[⑧];(b)扫描电子显微镜观察到的 Inconel 625 合金中的微裂纹张开[⑨]

热裂纹在铝合金中经常遇到,但是通常可以通过正确地选择零件几何形状、金属和参数来避免。可以在零件或支撑结构中设计应力释放特征,以释放裂纹敏感区域附近的应力。冷裂纹,顾名思义,是指在部件使用寿命的数小时、数天或更长时间后形成的裂纹,所以有可能导致灾难性失效。

裂纹的类型和形成原因有很多,但是可以说 AM 沉积物中的裂纹可能是更严重的缺陷之一,因为很小的裂纹萌生位置就可能导致使用中的灾难性失效。前文我们讨论了一些用于避免变形和开裂的设计技术。在后文中,我们将讨论一些方法来检测 AM 零件中的裂纹和避免开裂,因为正在开发中的、推荐的操作可能与常规加工方法不同,例如通常用于焊接制造的操作。

当熔池或周围的热金属没有与空气和大气条件适当隔离时,可能会发生氧化

---

⑧ 来源:Ben Fulcher,David K. Leigh. 收获技术公司的金属增材制造开发. SFF 研讨会论文集. D. L. Bourell 等编. 得克萨斯州奥斯汀(2016),第 408-423 页。经许可转载。

⑨ 来源:Li Shuai,Qingsong Wei,Yusheng Shi,Jie Zhang,Li Wei. Inconel625 零件的微裂纹形成和控制. D. L. Bourell 等编. 得克萨斯州奥斯汀(2016),第 520-529 页。经许可转载。

和变色。化学反应在不同温度下发生，在零件表面形成不同颜色的化合物。构建计划的变化、工艺干扰、中断或其他污染源可能会影响表面化学成分。定期维护、原料控制和适当的设置有助于减少污染和变色源。通过定期设备检查寻找问题也是必要的，例如配件松动或供气问题。

11.4   尺寸精度、收缩和变形

所需零件的精度在很大程度上取决于其设计、加工条件和材料。如前所述，设计师必须考虑所加工材料的热特性和力学特性。构建序列或计划必须恰当地规定沉积条件，充分考虑构建周期内的局部热膨胀和收缩。轮廓条件或沿着每个 AM 层的周边所使用的构建参数必须进行调整，以达到所需的精度和表面平滑度。需要在构建室内对零件进行定向，以最大限度地减少表面阶梯和分层效应，并需要适当地设计支撑结构，以辅助悬垂特征的沉积。在设计中可能需要考虑从基板或支撑结构拆下零件时的回弹。当构建需要后续加工的近净形状部件时，需要有材料或加工余量。例如，材料余量使加工过程能够去除足够的沉积表面，从而得到优质的金属表面，实现所需的表面状态。对于要求高尺寸精度的零件，则需要一个机加工基准面或检查面来定义其他检查特征的位置。另一种描述这种情况的方式是"能够在近净形状的范围内找到该零件"。应力消除、退火等热处理或 HIP 加工可能引起额外的尺寸变化，这可能需要修改原始设计，因为在第一次设计迭代期间，由热处理引起的尺寸变化可能是不可预测的。将来，可以开发计算机模拟和预测工具，如有限元分析建模，以帮助准确预测大型复杂零件的收缩。但就目前而言，试错和经验可能是唯一的选择。当涉及块体材料或零件缺陷时，了解你正在寻找什么以及缺陷是如何形成的，这是检测和预防的关键。

11.5   AM 金属零件的检查、质量和测试

用于金属的 AM 工艺存在一些与检查、质量保证和测试相关的独特问题。在 11.3 节中，我们讨论了 AM 金属零件典型缺陷的产生和类型。正如金属制造商所周知的，检测焊缝中的瑕疵和缺陷是很困难的，但是当零件完全由焊接填料构成时，这些类型的缺陷可能存在于零件内的任何位置。由于沉积层薄，冷却速率快，堆积物的精细特征将导致复杂的缺陷形态和几何条件，甚至于挑战目前使用的最佳的检查方法。在某些情况下，当前应用于经完全热处理或 HIP 处理且 100% 机加工的 AM 生产零件的检查方法可能是合适的，而在其他情况下，可能需要制定替代的验收方法。一般而言，随着零件复杂性的增加，无损检测评估（non-destructive evaluation，NDE）检测的能力降低。AM 工艺可以显著增加设计复杂性，成为传统 NDE 技术的挑战（Todorov et al.，2014）。在本节中，我们将讨论现有的检查方法

和 AM 金属制造带来的一些挑战。

11.5.1　无损检测方法

图 11.9 确定了适用于 AM 零件的无损检测方法。通常采用目视检查来识别严重缺陷,如变形、表面状况和严重异常。摄像机和图像检查可以准确、快速地捕获和分类零件特征,并将其与标准定义或零件模型进行比较。摄像机还可以利用区域的放大视图,根据标准或零件总体情况来确认状态。内视镜检查可用于验证封闭空间或通道内的间隙或沉积条件。多个图像摄像机与软件相结合,能够测量AM 零件的距离和其他特征。在目视检查的另一个示例中,钛表面变色可能表明加工前或加工过程中粉末受到污染,并且可能导致零件被拒收。支持这个例子的是 AWS《焊接工艺和性能评定规范》[⑩],其中规定了 A 类、B 类和 C 类关键焊缝的颜色验收标准。AM 对目视检查提出的挑战可能是超出检查员或摄像机视线的复杂形状和内部特征。除非指定使用相同的支撑结构和构建参数,并以相同的方向构建零件,否则表面缺陷(如表面阶梯)可能出现在相同的 3D 模型构建零件上的不同位置。

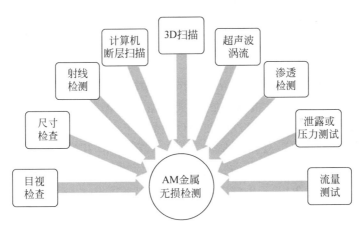

图 11.9　适用于 AM 的无损检测技术

尺寸检查依赖于测量工具进行尺寸验证,而量规可以提供一种更快的方法,通过使用通止规来验证零件尺寸或范围。可以使用各种无损方法来确保内部通道和体积内的清除,例如通过使用置换液体、压力-体积-温度、流速,或测比重法。坐标测量机(coordinate measurement machine,CMM)是一种精密测量设备,其使用接触探针,通过 CNC 或机器人运动进行操作,以测量零件特征的位置。软件可以进行这些测量,并将其与零件定义模型上的位置进行比较。机上测量则可以将检测仪表直接安装到 CNC 铣削或车削环境中。随着 AM/SM 混合机器的出现,合乎逻

---

⑩　AWS B2.1 M:2014,焊接工艺和性能评定规范。

辑的下一步是将 CNC 与 AM 和过程中的实时测量相结合。这样的方法目前正在开发中，从而使单个机器就能够生产完全合格的零件，而无需后续的检查步骤。

3D 数字扫描指的是使用一系列技术，捕获物体的几何范围，生成近似于物体表面的数据点云，并将几何表面或实体描述拟合到点云，从而创建数字模型。然后，可以将该点云生成的实体模型与原始零件模型定义进行比较。数字扫描仪通常是基于结构光或基于激光的系统，相对于零件表面移动，感应反射光束，以定义 3D 空间中数据点的位置。表面光洁度、颜色、反射率、平滑度和光照会影响扫描精度，并可能限制某些 AM 应用的有效性。与目视检查一样，对于关键特征没有视线的复杂形状可能会导致其失去在某些 AM 应用中的使用价值。可能无法捕获深部特征、高纵横比孔和内部特征。商业扫描系统的精度和成本范围很广，支持软件也是如此。软件用于将点云与几何特征和曲面进行最佳拟合，但是同样地，点云的精度和拟合算法将影响被检零件的最终定义。

射线照相检测（radiographic testing，RT）多年来一直用于检查管道、压力容器和各种关键用途金属部件的焊缝。沿着 X 射线路径的不规则表面状态，或者多个或复杂的内部特征可能使感兴趣的特征模糊或使图像的解释复杂化。数字射线照相技术提供 2D 灰度图像，可以使用彩色或其他数字技术进行增强。微焦点射线照相技术在狭窄视野内为给定的壁厚提供了更高的分辨率。

计算机断层扫描（computed tomography，CT）依赖于一系列图像，例如通过 X 射线或磁共振成像（magnetic resonance imaging，MRI）获得的图像，这些图像以特定的角度拍摄，并通过计算机软件重建，形成显示内部和外部特征的 3D 数据集。然后，可以使用 CT 检查模型与原始 CAD 模型进行比较，从而实现零件之间的比较（图 11.10）。扫描的质量和分辨率以及用于重建和渲染几何体算法的精度将影响结果。能量源、探测器分辨率和设置将有助于提高测量精度。这些方法已被证明可以表征孔隙、夹杂物、最小壁厚和其他内部特征等结构特征。一个问题是，某些构建态的 AM 零件的复杂微观结构会导致存在缺陷的误报。虽然这项技术已经在 AM 金属零件的分析和检查中得到成功验证，但大型数据集的成本、复杂性和计算要求通常限制了专业服务提供商和高价值部件客户的应用[①]。

超声波测试（ultrosonic testing，UT）使用超声波穿透金属物体，反射内部特征，将声波反弹到探测器，以显示这些特征的大致尺寸和位置。它通常依赖于探头和物体外表面之间的液体耦合。它可能受到弯曲的、复杂的内外表面或 AM 沉积零件粗糙表面的限制。在应用 UT 之前，可能需要进行后处理和精加工。

渗透测试（penetrant testing，PT）通常用于检测裂纹或表面微小的断裂缺陷。它使用液体渗透剂，通常是染料，喷涂在待测表面上，并被吸收到缺陷特征中。擦

---

① 更多信息可在 Jesse Garant 及合伙人的网站上找到. http://jgarantmc.com/（2015 年 3 月 26 日访问）。

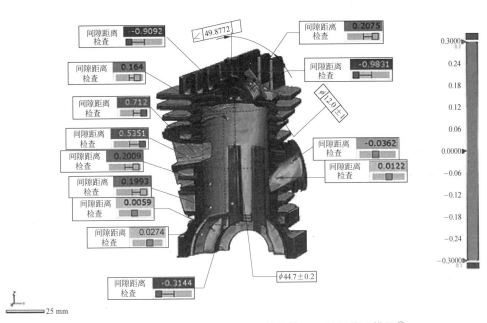

图 11.10 使用 Geomagic Control X 软件的 CT CAD 检查模型[⑫]

掉多余的表面染料,并喷涂一层液体显影剂,用于干燥和吸收裂纹、裂缝、空洞或孔隙中的渗透剂,从而显示出缺陷的位置(参见图 11.7)。虽然由于表面粗糙度的原因,该方法在基于粉末系统的沉积态 AM 表面上的使用可能受到限制,但是它可以提供一种有效的方法,用于检测基于 DED 丝工艺的焊接沉积物中的裂纹、未熔合或根切。

磁通量检测通常用于大型铸件,以检测钢和其他磁性材料中的裂纹。它通常用于查找发动机部件中的裂纹,但是也可以应用于 AM 修复的零件。

涡流检测(eddy-current testing,ET)使用电磁感应检测导电材料的表面和表面下的缺陷,如裂纹和凹坑。它对表面和近表面状态以及材料类型敏感。

真空泄漏测试是确保容积或安全壳密封的有效方法。将该技术应用于 AM 制造产品的复杂性包括需要用于沉积态 AM 零件粗糙表面的密封表面或者密封剂,或者需要进行后加工以获得平坦的密封表面。烧结的多孔产品或部分熔合的粉末表面可能产生虚漏或隐藏的抽气体积,从而降低工艺的实用性。

流量测试提供了一种确保复杂通道通畅的方法,而无需 CT 系统的成本和复杂性。虽然这些无损检测(NDT)程序中有许多可能难以应用于沉积态 AM 零件,但是将开发标准试样和标准化验收标准,以提供使用 NDT 方法结合有损检测

---

⑫ 由 3D 系统公司提供,经许可转载。

（destructive test，DT）方法表征块体沉积物的能力，如下文所述。美国无损检测协会（American Society for Non-Destructive Testing，ASNT）是获取更多信息的一个很好的来源[13]。

11.5.2　有损检测方法

在本书前面的"工艺开发"部分中，提到了在参数研究和试样制造过程中有损检测的应用。样品被切开，并进行各种金相测试，以确定沉积物的微观结构特征、缺陷形态和力学性质。小批量生产可以依靠逐层制造的试样或者同一构建周期内制造的实际零件的有损测试，以推断机器的正常功能。图 11.11 列出了应用于AM 零件的有损检测方法的类别。

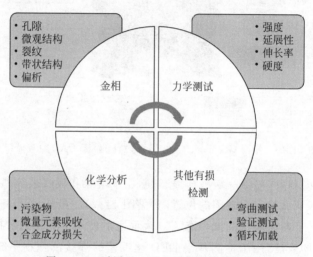

图 11.11　适用于 AM 金属的有损检测方法

微观结构分析通常需要制备零件内有代表性的、感兴趣区域的小样品，并通过镶嵌、抛光和在某些情况下蚀刻样品，从而显示晶粒、相、夹杂物，以及孔隙、空洞、裂纹和其他不连续的缺陷结构。经过抛光的样品可以借助带有摄像头的显微镜检查，再加上图像处理，以提供对沉积物致密度的估计（％空洞），或其他半定量测定。硬度值和相的识别可用于验证与冷却速率相关的时间-温度变化，并推断标准力学测试程序确定的性能。微观结构分析与无损检测和验证测试相结合，通常就是鉴定非关键部件或工艺的全部工作。用于微观结构分析的程序来源可以在 Beuhler 公司[14]网站的技术资料中找到。

对于商业形状的普通工程材料，工程数据手册中包含的力学性质数据通常足

<hr />

[13]　美国无损检测协会. https://www.asnt.org/（2015 年 3 月 26 日访问）。

[14]　Beuhler 公司网站支持提供了有关金相制备的额外支持信息. http://www.buehler.com/（2015 年 3 月 26 日访问）。

以提供质量跟踪所需的证据和文件,例如汽车工程师协会(Society of Automotive Engineers,SAE)、军事规范(military specifications,MIL)和美国机械工程师协会(American Society of Mechanical Engineers,ASME)提供的数据。如果无法获得标准试验数据,则可能需要进行完整的材料和工艺鉴定,以确保材料性质和零件性能。AM 机器的供应商通常为其专有材料提供这些信息,这些材料是使用其标准参数集并使用其规定的测试条件生产的。在某些情况下,这可能足以推断功能原型的完整性,尽管所引用的材料测试条件和性质可能无法代表所有 AM 生产的零件。

冶金和微观结构分析的服务提供商可通过网络轻松找到,并且可以快速地提供全方位的服务,为工艺开发和认证需求进行表征和正式的分析。可以增强标准试样的设计定义,以包括标准的 AM 沉积和测试条件,用于比较材料批次间的化学变化或机器间的差异。

化学分析可以用于验证 AM 中使用的材料和加工条件的完整性和纯度。可以将样品发送给服务提供商,以确定氧、氢、氮[15]等污染物和铁、钒或铝等微量元素的含量。该分析可用于确定污染物的吸收或合金成分的损失。根据工艺或零件验收的要求,可以将结果与粉末或丝进料的化学规格进行比较。

标准化的力学测试试样和测试程序已经被用于技术开发,以协助合金开发、加工材料和工艺认证。ASTM 国际组织(简称 ASTM)牵头制定并实施自愿共识标准,以提高产品质量,提升健康和安全,加强市场准入和贸易,并建立消费者的信心[16]。美国国家标准协会(ANSI)负责管理和协调私营部门的自愿标准化体系,为美国工业创建、传播和使用提供其标准和规范[17]。他们与 ISO 等类似的国际组织密切合作[18],使产品符合这些标准,并提高产品的全球一致性。这两个组织都积极确认并加快了与增材制造发展相关的标准,例如为 AM 标准的发展而建立的美国制造 ANSI 增材制造标准化合作组织[19]和 ASTM 增材制造技术委员会 F42[20]。

适用于金属的常见标准试样包括拉伸棒、夏比 V 型缺口试样和蠕变试样。许多材料科学家和材料工程师用他们的整个技术生涯研究金属的力学性能。这些测试方法正在被积极地研究、改进并应用于 AM 材料。这些活跃的发展领域正在产生确定新标准的需求,以加快 AM 工艺和材料的表征、认证和采用。ASTM 标准

---

⑮ 根据标准的规定(如 ASTM E 1447 或 1409)。

⑯ ASTM 网站提供了更多细节.http://www.astm.org/ABOUT/overview.html(2016 年 11 月 28 日访问)。

⑰ ANSI 网站提供了更多细节.http://www.ansi.org/(2015 年 3 月 26 日访问)。

⑱ 国际标准化组织(ISO)网站 http://www.iso.org/iso/home.html(2015 年 3 月 26 日访问)。

⑲ 美国制造 ANSI 增材制造标准化合作组织网站.https://www.ansi.org/standards_activities/standards_boards_panels/amsc/Default.aspx?menuid=3(2016 年 11 月 28 日访问)。

⑳ ASTM 增材制造技术委员会 F42.https://www.astm.org/COMMITTEE/F42.htm(2016 年 11 月 28 日访问)。

的介绍性说明可在其网站上提供的学生会员资料中找到[①]。

其他可能应用于 AM 材料的有损测试可以包括适用于 3D 焊接沉积物的标准引导弯曲测试这样简单的方法。引导弯曲测试用于焊接加工或金属，以揭示焊接沉积物和热影响区（HAZ）区域的内部缺陷。在表面或近表面区域中可以出现空洞、冷搭接、未熔接、熔合不良、孔隙或其他微观缺陷等瑕疵。从块体 AM 试样中获取的平板样品可以进行表面机加工，并对与 AM 构建室内零件的 X、Y、Z 方向相关的方向进行弯曲测试。

上述的机加工试样可能更容易用 UT、RT 和 PT 进行无损检测。虽然不测试实际零件，但是用这些样品可以推断出块体 AM 材料、参数和构建程序的代表性特征，从而可以认为实际构建程序是否达到标准。从上面的讨论中可以看出，因为程序和技术仍在开发中，AM 零件的检测仍然是一个挑战。

11.5.3   形状、配合、功能和验证测试

原型设计的形状和配合是 3D 打印零件的基本功能。能够可视化和处理 3D 零件，而不是围绕一套蓝图或计算机生成的模型，这是 3D 打印具有的优势，特别是对于与技术设计阶段不密切相关的客户和利益相关者来说。将 3D 模型安装到原型系统中也是如此。虽然可以将 3D CAD 模型组装成虚拟系统来模拟零件和系统功能，但是若能够实际地用螺栓固定零件，并确认可以在上面扳动扳手，则这是非常有价值的。原型不需要是金属，就可以为原型开发的形状和配合阶段增加价值。

复合材料正在使用于配适度测试和功能测试原型的塑料和金属的边界变得模糊。复合材料在提供耐高温和高强度上的进步，如金属填充的塑料复合材料，已被应用于越来越广泛的功能测试。这些混合材料的优点主要是成本低。但金属原型可以更好地提供零件性能的全功能范围的测试，尽管成本更高。金属原型零件也可用于短期生产，如铸模、冲模、工具和嵌件，用于通过注射成型或铸造等常规方法生产其他原型零件，而不会产生大批量生产工具的高成本。

对快速生产的原型进行全功能测试，节省时间和金钱，一直是 AM 技术的主要功能。尽管许多应用正在进入全面生产阶段，但是原型制作仍将用于展示该技术。拥有高水平技术团队的大型企业正在将该技术用于越来越大的零件，其材料范围也越来越广泛。这项技术能做的事情的界限正在以非常快的速度推进。规模较小的企业发现，他们需要依靠服务提供商进入这个市场以保持竞争力。有可能实现小批量部件全面生产的应用正在出现，但是就目前而言，通过使用 AM 以跟上竞争对手进入市场的步伐，就足以促使小型企业探索 AM 的使用。由于工程技能、AM 机器和专业设施的成本和可用性有限，中小型企业正在转向成熟的服务提供商以

---

① ASTM 标准介绍. http://www.astm.org/studentmember/Standards_101.html（2015 年 3 月 26 日访问）。

满足他们的需求。在某些情况下,大公司正在收购或兼并这些服务提供商,以建立内部技能,或阻止其竞争对手获得这些服务。

　　验证测试是一种在使用环境中对原型零件、工艺鉴定批次或从生产批次中随机抽取的样品进行模拟测试的方法。例如,在测试阶段,你可以点燃火箭发动机喷嘴,把车开到赛道上,或者给储存容器加压,观察它的工作情况。通常情况下,部件要经受比标准操作条件更大范围的测试,以证明其功能性能超出了通常使用中可见的性能。多年来,用于执行这些测试的精密机器一直用于评估准备制造的测试零件。我们都见过所谓的振动、摇晃和滚动系统,在这些系统中,你用螺栓将汽车固定起来,并使其承受数万个加载循环的高周疲劳,我们都知道碰撞试验中假人的命运。不久之后,这些机器和假人将采用3D打印零件。

11.6　标准和认证

　　用于内部测试和评估的原型部件通常不需要那么多的手续和质量文件,而这些是关键应用中生产零件的认证所必需的。与发送给第三方或客户进行测试或使用的AM硬件原型相比,内部使用的AM硬件原型构建相关的风险可以得到更好的管理和控制。原型通常是在没有正式操作员培训、规范、标准或认证材料的情况下制造的。在这个开发阶段,可能不会使用昂贵的检测技术。

　　然而,对于出售给公众或引入商业市场的生产项目,则需要生产者和消费者的额外严格要求和信任。关键部件或部件系统,如用于航空航天、汽车部件、能源或医疗应用的关键硬件,都需要遵守通用标准,并要符合管理机构制定的法规或规范。美国国家标准协会(American National Standards Institute,ANSI)等组织促进、推动和批准标准的制定,而ASTM国际(ASTM International)、国际标准化组织(International Organization for Standardization,ISO)、美国焊接学会(American Welding Society,AWS)和美国汽车工程师学会(Society of Automotive Engineers,SAE)等组织组建了专家委员会,领导制定基于自愿的共识标准。对个人、组织、产品和服务进行授权和认证的管理机构包括联邦航空管理局(Federal Aviation Administration,FAA)、食品和药品管理局(Food and Drug Administration,FDA)以及职业健康和安全组织(Occupational Health and Safety Organization,OSHA)。建议读者搜索这些组织的网页链接,了解这些组织与AM相关的最新活动。

　　几十年来,法规、规范、标准和建议措施不断发展,对硬件、原材料的生产以及实践和程序的资格进行控制,从而使行业、个人和广大公众受益。关键应用和系统中使用的金属部件的认证是一个长期且不断发展的过程,包括从摇篮到坟墓的材料控制和文件记录、制造工艺、程序和操作员的资格认证以及检验和质量记录的存档。例如,新涡轮叶片的设计成本可能为1000万美元,新叶片的认证成本可能为5000万美元,而新系统(如飞机发动机)的认证成本可能为10亿美元。图11.12显示了用于部件和系统的验证和确认的系统"V"形开发周期。这种类型的开发周期可以针对各种部件和系统进行修改，最终目标是确定如何使用验证过程来确保零件符合特定的设计要求，以及如何通过评估来确保零件的功能符合预期。

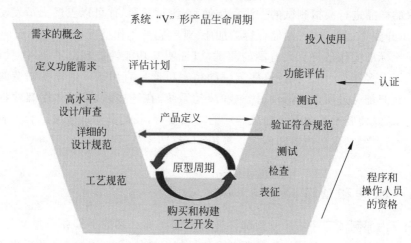

图 11.12　系统"V"形产品生命周期

　　所有这些组织都积极参与开发和修改认证程序和流程，以适应 AM 制造零件使用的各种新材料和工艺。解决当今 AM 金属零件认证的挑战使其在许多方面落后于技术开发、示范和市场接受度的提高。转向生产认证 AM 零件的经济性和成本效益正在被需求拉动。然而，在生产测试样品、功能测试硬件与完全认证的零件之间仍有很大的距离。越来越多的用于医疗和航空航天领域的 AM 零件正在被逐一认证使用。这种逐个认证的过程成本高昂且耗时，但是也为确定将 AM 制造应用于更广泛的部件所需的新行业标准提供了更多理由。

　　对于那些不熟悉生产要求的人，这里有一些建议。从原型制作到生产所需的一些正式操作包括设备校准、操作员认证、标准制定、ISO 9000 质量控制、文件编制、记录保存和正式规范，适用于合格的材料操作员和供应商进行标准工作。对于那些不了解这些要求的人来说，这些很容易超过设计、原型制作和工艺开发的成本。将产品投入生产的成本可能是巨大的，如果产量低，那么每件产品的价格肯定很高。认证过程还可能需要额外的部件构建，并验证零件是否满足所有要求、法规和规范，例如测试和工艺验证所需的要求，然后进行功能验证，以确保满足客户要求。AM 认证可能需要专门设计和构建的自动化系统，以自动表征 AM 材料，进而完善材料性质数据库。

　　读者可以使用本章和本书末尾提供的链接，了解关于这些组织的更多详细信息，并及时了解 AM 技术认证的最新进展。更好的情况是，如果你认为自己有知识或见解可以提供，那么就参与进来，加入其中一个组织，为这一改变世界的工作作出贡献。

11.7　关键点

- 与 AM 金属加工相关的操作序列不同于需要手动干预或持续监督的其他金属加工操作。许多 AM 金属工艺可能需要数小时才能构建一个零件,需要现场专家监督,以确保工艺设置正确,验证安全范围并遵循程序。
- 后处理操作、检查和质量保证主要依赖于修改现有的检查方法,以确保可重复的工艺、允许的缺陷水平和符合质量标准的部件。在某些情况下,AM 金属缺陷的尺寸、分布、性质和来源对现有的 NDE 方法提出了挑战。
- 正在制定标准,以协助关键部件的认证,并需要这些标准来充分实现 AM 金属加工在大规模工业生产中的应用。

第12章

AM、政府、工业、研究、商业的趋势

　　摘要　本章中,我们将介绍政府资助项目、大学、工业和私营企业、技术开发和采用的当前趋势。从更高层次的角度来看,我们预测该技术将如何连接这些行业,以及在未来几年中我们将在哪里看到其最大的影响。3D 打印和 AM 技术已经发展了至少 20 年,大学、国家实验室和企业研究实验室都在科学和工程方面进行了辛勤的工作。先进制造业的巨额投资高达数十亿美元,推动了更高水平的活动和媒体的高度关注。随着政府、大学和主要公司层面大量资金的投入,增材制造业的全球影响力正在增强。新兴经济体看到了在没有历史基础设施负担的情况下发展 AM 能力的优势,并且作为一种潜在的手段,他们可以开发昂贵的基础设施或创建一个非常适合区域需求的先进制造基础设施。本章将讨论商业、商务、知识产权、全球和社会问题,并参考重要的国家和全球情报报告。最后,作者将对 AM 金属技术最具影响力的趋势和目标进行总结。

　　最近,随着政府资金的注入、行业采用和投资的进展,以及个人 3D 打印机的引入,媒体的关注度越来越高,所有这些都在提高人们的认识和期望。现实主义者正试图打破 Gartner 技术成熟度曲线中显示的夸大预期(图 12.1)。更详细的分析可在 Gartner 网站上的报告《3D 打印的技术成熟度曲线》中找到[①]。值得注意的是,虽然 AM 在这些市场领域的广泛采纳和应用可能需要几年的时间,但是许多产品在整个采用周期中都取得了成功,并全面达到了可工业化生产的水平。

　　我们有必要保持正确的观点,并提供我们对技术载体指向何处的看法。毫无疑问,原型的 3D 打印、直接数字化和 AM 已经跨越了采用的鸿沟,唯一的问题是主流生产将在多大程度上跟进,以及何时跟进。

---

　　① 3D 打印的技术成熟度曲线,2016. 可在 Gartner 网站查阅. https://www.gartner.com/doc/3383717/hype-cycle-d-printing(2016 年 1 月 29 日访问)。

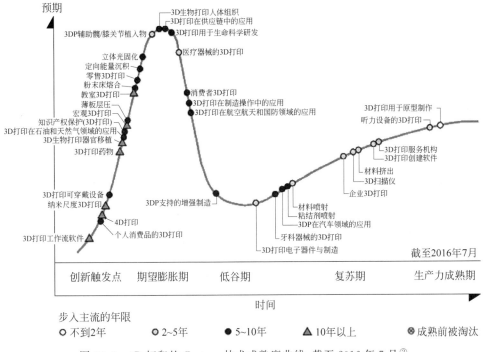

图 12.1　3D 打印的 Gartner 技术成熟度曲线，截至 2016 年 7 月[②]

12.1　政府和社区

政府资助的项目正被用于刺激、转型和建设经济，以及培育竞争前研究，以促进和协助财团提供符合国家利益的愿景、使命和动力。这些项目有助于整合企业和学术研究资源，而不是单独在公司或大学范围内开展研究。最近联邦政府对 AM 和先进制造业的支持旨在重建和振兴制造业基地，刺激经济，恢复和刺激制造业的就业增长。

美国的"美国制造"（前身为 NAMII）[③]、欧盟的 AMAZE[④] 和澳大利亚研究委员会（Australian Research Council，ARC）[⑤]就是三个例子。中国、印度和环太平洋地区正在紧随其后开展一系列项目。美国政府正在为各类机构和项目提供大量资金，尤其是自 2012 年以来每年可达 1000 万美元的水平。在美国以外的地方也看到了资助，并且势头正在增长。这笔资金已经在商业和金融部门引起了大量的新

②　由 Gartner 公司提供，经许可转载。

③　美国制造网站. https://americamakes. us/（2015 年 3 月 26 日访问）。

④　AMAZE 项目网站. http://www. amaze-project. eu/（2015 年 3 月 26 日访问）。

⑤　澳大利亚研究委员会网站. http://www. arc. gov. au/（2015 年 3 月 26 日访问）。

闻报道,在某些情况下,还引发了狂热的热情。诸如此类的计划允许分级的会员费用和福利,支持技术发展,鼓励大型、小型企业和大学参与。政府对学生和工业实习的支持,加上公司对会员的实物资助,使得广泛地参与成为可能。

以美国为例,"美国制造"计划资助一系列技术开发活动,这些活动的重点是克服工程挑战,推进 3D 打印和 AM 技术。例子包括 AM 材料的开发、AM 系统尺寸和速度的提升、AM 硬件与混合机器的集成,过程中实时质量保证系统的集成,以及新计算模型和 AM 工艺数据库的创建。产生的益处包括技术分拆、建立大大小小的合作伙伴关系、创造更多经验丰富的劳动力、推广技术,以及在劳动力中建立科学、技术、工程和数学(science, technology, engineering and math,STEM)人才的培养通道。

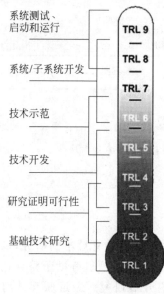

系统测试、启动和运行

系统/子系统开发

技术示范

技术开发

研究证明可行性

基础技术研究

TRL 9
TRL 8
TRL 7
TRL 6
TRL 5
TRL 4
TRL 3
TRL 2
TRL 1

图 12.2　技术就绪水平[6]

技术就绪水平是评估一项技术从开始到最终使用和采用的准备程度的一种方法。图 12.2 显示了 NASA 技术开发的一张图表。其他技术部门以及制造业也有类似的图表,它们经常被称为制造就绪水平(manufacturing readiness level,MRL)。

与 AM 相关的美国政府项目和研究由美国国防高级研究计划协会(Defense Advanced Research Program Association,DARPA)、美国国家航空航天局(National Aeronautical and Space Administration,NASA)、NIST、美国海军和美国商务部(Department of Commerce,DOC)赞助。例如,NIST 特刊 1163《美国增材制造业经济学》[7]中强调了与 3D 打印相关的许多优点和缺点,总结了本书中提供的一些信息。一个好消息是,这些信息正在政府最高级别中以准确的方式传播。我将在下面重点介绍几个例子,但是最好的办法是关注这些组织的链接,搜索"增材制造"或"3D 打印",以获取最新的报告和对最新信息的技术建议和合作的征集。

美国政府针对先进材料和先进制造业的其他举措和计划将融入 AM 技术,并提供更加平衡的技术环境。虽然 3D 打印已经引起了媒体的广泛关注,并以其"迷人的歌声"吸引了投资者,但是它同时也引起了人们对 AM 的益处和潜力的讨论,并吸引了年轻人和更广泛行业的兴趣。先进材料、先进制造和数字工厂是已富有

---

⑥　由 NASA 提供。

⑦　NIST 特刊 1163. 美国增材制造业经济学,Douglas S. Thomas,应用经济学办公室工程实验室,2013 年 8 月。http://nvlpubs. nist. gov/nistpubs/SpecialPublications/NIST. SP. 1163. pdf(2016 年 5 月 14 日访问)。

成效的研究和开发领域。尽管这些领域受到的关注较少,但是它们是相互关联的,并随着当前对 3D 打印的兴趣而发展。硅谷也在意识到这一点,因为汽车和个人物品等信息的输入和访问正在加速。与 AM 有关的其他政府计划包括轻金属政府计划[8]、国防制造和加工国家中心[9]、材料基因组计划[10]和材料基因组战略规划[11]。建议阅读的其他信息包括国际贸易协会的可持续制造计划(Sustainable Manufacturing Initiative,SMI)[12],该协会提供了一个在线可持续制造度量工具包[13],提供了衡量和改善制造设施和产品环境性能的度量标准。

美国商务部最近的一项研究[14]列出了四种技术趋势:知识工作自动化、物联网、先进机器人技术和 3D 打印,并参考了麦肯锡全球研究所最近的一项研究[15](图 12.3)。这项研究主要针对"制造业的民主化",即拥有 3D 打印设备和设计的个人可以在家中生产自己的产品。

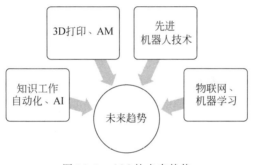

图 12.3 AM 的未来趋势

科学与技术政策研究所提供了很好的白皮书来源,描述了美国政府在先进制造业投资中的作用,例如《为总统科学技术顾问委员会关于通过科学、技术和创新

---

⑧ 轻金属政府计划. http://lift. technology(2015 年 3 月 27 日访问)。

⑨ 国防制造和加工国家中心. http://ncdmm. org/(2015 年 3 月 27 日访问)。

⑩ NIST 材料基因组计划网站. http://www. nist. gov/mgi/(2015 年 3 月 27 日访问)。

⑪ 国家材料基因组战略计划,最终版本. 2014 年 6 月. http://www. nist. gov/mgi/upload/MGI-StrategicPlan-2014. pdf(2015 年 3 月 27 日访问)。

⑫ 国际贸易协会可持续制造网站. http://trade. gov/competitiveness/sustainablemanufacturing/(2015 年 3 月 27 日访问)。

⑬ 可持续制造度量工具包. http://trade. gov/competitiveness/sustainablemanufacturing/metrics. asp(2015 年 3 月 27 日访问)。

⑭ 美国商务部研究. 四项热门技术将推动制造业的未来. 2014 年 10 月 24 日星期五,David C. Chavern. https://www. uschamber. com/blog/4-hot-technologies-will-drive-manufacturing-s-future(2015 年 3 月 27 日访问)。

⑮ 麦肯锡全球研究所. 颠覆性技术:将改变生活、商业和全球经济的进步. 2013 年 5 月,作者:James Manyika,Michael Chui,Jacques Bughin,Richard Dobbs,Peter Bisson 和 Alex Marrs. http://www. mckinsey. com/insights/business_technology/ disruptive_technologies(2015 年 3 月 27 日访问)。

来创造新产业的研究的先进制造研讨会准备的先进制造问题》[16]。

过去，洛斯阿拉莫斯国家实验室（Los Alamos National Laboratory，LANL）和桑迪亚国家实验室（Sandia National Laboratory，SNL）等美国国家实验室在 AM 技术的开发中发挥了主导作用（Lewis et al.，2000），但是现在包括 ORNL[17] 和 LLNL[18] 在内的其他美国国家实验室已经占据了领先地位。

所有这些关注都是有益的，但是不要忘记 20 世纪的历史，我们目睹了由政府和企业资金的注入而引起的对技术的兴趣激增。人工智能（artificial intelligence，AI）、机器人技术或微波炉烹饪、超导体或其他技术大规模引进的繁荣和萧条周期，这些技术都曾被吹捧为具有"改变世界"的潜力。这些技术中的一些确实可能改变世界，但是在某些情况下，它已经到来了很长一段时间，在其他情况下，它已经这样做了，但是悄无声息。无论媒体和投资预期如何，3D 打印和 AM 将在世界上占据一席之地，而其他快速发展的制造技术部门也在取得进步。

欧盟（European Union，EU）的 AMAZE 项目（旨在实现零废弃物和高科技金属产品高效生产的增材制造）的目标是快速生产大型无缺陷 3D 打印金属部件，并实现成品部件的成本降低 50%。该项目将投资 2000 万欧元。法国、德国、意大利、挪威和英国正在建立中试规模的工业 AM 工厂，以发展工业供应链。项目中的 28 个合作伙伴包括空中客车公司、Asithic 公司、Renishaw 公司、沃尔沃技术公司、挪威钛业公司、克兰菲尔德大学、EADS、伯明翰大学和 Colusion 能源中心等。

欧洲航天局（European Space Agency，ESA）也推出了其他此类项目[19]。在下面的链接中可以找到一个很好的欧盟路线图[20]，确定了项目、参与者和需求，其中欧盟的 Diginova 项目专注于数字制造创新[21]，Merlin 项目专注于使用激光增材制造开发航空发动机部件的制造[22]。

澳大利亚对 AM 的兴趣可以在《澳大利亚增材制造技术和合作研究路线图》中找到[23]。

---

⑯ 为总统科学技术顾问委员会关于通过科学、技术和创新来创造新产业的研究的先进制造研讨会准备的先进制造问题白皮书. 2010 年 4 月 5 日. 科技政策研究所，华盛顿特区 20006. http://www.whitehouse.gov/sites/default/files/microsites/ostp/advanced-manuf-papers.pdf（2015 年 3 月 27 日访问）。

⑰ 美国能源部橡树岭国家实验室. 增材制造创新网页. http://web.ornl.gov/sci/manufacturing/research/additive/（2015 年 4 月 6 日访问）。

⑱ 劳伦斯·利弗莫尔国家实验室. 增材制造网页. https://manufacturing.llnl.gov/additive-manufacturing（2015 年 4 月 8 日访问）。

⑲ 欧洲航天局新闻稿，2013 年 10 月 3 日. http://www.esa.int/For_Media/Press_Releases/Call_for_Media_Taking_3D_printing_into_the_metal_age（2015 年 3 月 26 日访问）。

⑳ FP7 和地平线 2020 中的增材制造. 2014 年 6 月 18 日举行的增材制造 EC 研讨会的报告. http://www.econolyst.co.uk/resources/documents/files/EC_AM_Workshop_Report.pdf（2015 年 3 月 26 日访问）。

㉑ 欧盟的 Diginova 项目. www.diginove-eu.org（2015 年 3 月 26 日访问）。

㉒ MERLIN 项目网站，www.merlin-project.eu（2015 年 3 月 26 日访问）。

㉓ 澳大利亚增材制造技术与合作研究路线图. Martin, J.. 2013 年 2 月 28 日. http://amcrc.com.au/aamtsummary（2015 年 3 月 27 日访问）。

中国[24]和印度正在效仿,资助建立 AM 技术,促进航空航天、交通运输和医疗等领域的发展。《经济学家》期刊最近发表的一篇文章提到了 AM 的发展[25],其中包括了生产 AM 零件的公司,如北京隆源自动成型系统有限公司(Beijing Longyuan Automated Fabrication Systems,AFS)。在 Engineering. com 上最近发表的一篇文章引用了中国增材制造业的增长情况,并探讨美国是否正在失去优势[26]。印度增材制造协会[27]正在推动 3D 打印和 AM 技术,AM 正在印度占据一席之地。

最近,日本和其他环太平洋国家的政府正在提供更多的投资,并通过全球商业伙伴看到更多的企业研究和应用。在全球范围内启动 AM 制造中心的投资和建立能够帮助所有参与者。因为劳动力、监管环境、市场和经济需求差异很大,每个参与者都可能在技术和商业应用的某些领域处于领先地位,而在其他领域进行跟踪和学习。

也许在未来,这些政府和企业赞助的项目将为认真的学生和学徒提供免费的工程质量云和软件资源。在某些情况下,可以采取支持住宿、工作环境的形式,在这些环境中免费提供房间、食宿和硬件资源,以支持认真的自学者和创客。

目前政府支持的趋势是有利的,但是可能会发生什么来减缓或阻止这种增长呢? 当然,美国作为一个领先的国家,由于从经济衰退中复苏和强劲的企业增长,已经拥有了经济优势。值得称赞的是,奥巴马政府优先考虑了制造业项目资金,吸引了企业参与。政府的更迭和这些政策的逆转可能会减缓增长,但是 AM 已经站稳了脚跟,肯定不会出现逆转。

需要建立 AM 设计和工艺的国家数据库,并允许上传、共享和下载。一些设计和产品功能可能最适合在公共和开源论坛上发布,例如政府资助的研究或由政府资助项目产生的设计。需要制定政府激励措施,创建和提交设计或处理数据,以实现这些设计。这些政府激励措施可以采取免费获取政府资助工具的形式,免费使用软件或硬件,如访问扫描仪、打印机或政府数据库等。还可以给予税收减免以鼓励贡献。贡献可以被适当地监管,以帮助控制分配或质量。例如,从事竞争前研究的商业贡献者和联盟成员可以在完全公开发布之前获得优先访问权。可以对等待验证或证实的 β 级内容的发布作出限制或设定条件。

州政府和大学在联邦资金的支持下联合起来,将联邦、公司和大学的活动与社

---

[24]　为设计工程快速准备网站上的文章. 中国将投资于增材制造. 由 John Newman 于 2012 年 12 月 18 日发表. http://www. rapidreadytech. com/2012/12/china-to-invest-in-additive-manufacturing/(2015 年 3 月 26 日访问)。

[25]　《经济学家》文章. 长城上的一块新砖. 2013 年 4 月 27 日. http://www. economist. com/ news/science-and-technology/21576626-additive-manufacturing-growing-apace-china-new-brick-great-wall(2015 年 3 月 26 日访问)。

[26]　http://www. engineering. com/3DPrinting/3DPrintingArticles/ArticleID/5716/US-Losing-its-Edge-in-Additive-Manufacturing. aspx(2015 年 3 月 26 日访问)。

[27]　印度增材制造协会网站. http://amsi. org. in/(2015 年 3 月 26 日访问)。

区联系起来，并作为获取地方教育和商业资源的渠道。一个例子是扬斯敦州立大学的 AM 创新中心[28]，提供了直至博士学位的教育和劳动力发展机会。

在地方一级，城市和社区支持已经发展到包括社区学院、贸易学校和其他组织的教育机会和活动。也许有远见的联邦、州或地方政府可以向有教育折扣的本地或远程打印服务的公司提供税收减免、补贴或其他补偿。

创客俱乐部、工厂、技术空间和社区资源，如社区学院和技术学院项目，可以作为学习和创新中心。资源的汇集将允许人们参与，即使只是适中的水平。虚拟创客空间的存在可以利用广泛分布的专业技能网络。灵感/创意、CAD 模型构建、CAM 构建路径规划、有限元分析、特种材料生产，甚至监控和控制都可能存在远离用于构建零件的实际机器资源的地方。Fayetteville 免费图书馆的神奇实验室[29]就是这样一个例子，在那里，免费开放的 3D 技术被用来培养创造力和进行教育，并为人们提供制造物品的资源。数字教育空间的另一个例子是 Brighton 创客实验室[30]。开源、共享、汇集或实物服务、技能和知识产权可以进一步将创客团体成员联系起来，以合理的成本为那些本来无法在一个空间内维持所有这些资源的人构建环境。通过开放资源、成员资格和共享，将使广泛的地理分布和众源合作成为可能。

基于网络的商业制造俱乐部已经实现并扩展了这些用于制作、学习和发明的论坛。例如 Fab 实验室[31]和 Fab 基金会[32]，它们提供了对现代发明手段的访问。创客运动将继续吸引年轻人进入工业艺术领域，体验用双手工作的满足感和回报。生活质量与生活物品的数量将反映在一个可持续的工作环境中，一个人的工作价值更多地通过卓越的创造来实现，而不是通过不懈地追求消费和积累。在《作为灵魂工艺的车间课程》中提供了对工作价值的调查（Crawford，2009）。创客社区也得到了企业的支持，例如 Autodesk[33] 和 Intel[34] 等领导者扩大了创新设计工具的允许访问范围。

竞赛和比赛是激励尖端思考者和创客团队的好方法。例如：DARPA 和 NASA 等政府赞助商举办了大型自动驾驶汽车和机器人竞赛，吸引了来自学术界和工业界的最优秀、最聪明的团队；GE 等大型企业赞助商与 GrabCAD 和 NineSigma[35] 等公司合作，正在举办全球竞赛，如 GE 探索，以吸引和推动众源创新。《GE 创新宣言》的原则包括透明度、公共评估标准、薪酬、知识产权和知识，并

---

[28]　扬斯敦州立大学的 AM 创新中心. http://newsroom.ysu.edu/ysu(2015 年 3 月 27 日访问)。

[29]　Fayetteville 免费图书馆的神奇实验室网站. http://www.fflib.org/make/fab-lab(2015 年 3 月 27 日)。

[30]　Brighton 创客实验室网页. http://makerclub.org/makerlab/(2015 年 3 月 27 日)。

[31]　Fab 实验室网页. https://www.fablabs.io/(2015 年 3 月 27 日访问)。

[32]　Fab 基金会. http://www.fabfoundation.org/(2015 年 3 月 27 日访问)。

[33]　PSFK 实验室，Intel IQ. 将 3D 打印扩展到创客的全部技能. Nora Woloszczuk 撰写. http://www.psfk.com/2014/10/expanding-3d-printing-makers-repetoire.html(2015 年 3 月 27 日访问)。

[34]　Intel IQ，PSFK 实验室. 数字化模拟：21 世纪制造者不断扩展的工具包. http://iq.intel.com/digitizing-the-analog-the-ever-expanding-toolkit-for-21st-century-makers/(2015 年 3 月 27 日访问)。

[35]　九景社区. www.ninesights.com(2015 年 3 月 27 日访问)。

将这些汇集,形成被称为"全球大脑"的概念。其他商业实体正在赞助一些奖金较少的比赛,目标是对技术和开源工具的访问感兴趣的其他技术和艺术群体。

在车库、车间和俱乐部会议中,创客们进行修修补补的开源思维空间正在各地兴起。虽然创客可能不容易在家中制造新的电子枪或进行零重力实验,但是AM技术的许多当前和未来挑战都可以从创新的、跳出定势的思维中受益,无论这些思维是来自于个人还是专注于特定的或高度通用的解决方案的群体。公共创客资源、开源信息、自由软件、在线学习和信息共享,赋予公众兴趣和想象力,这将有助于推动这项技术和其他AM技术的进步。

小型企业和创新者将继续利用竞争前研究、开源出版物和联盟成员的合作研究,并在新开发的AM技术基础上推出产品和服务。小型企业研究补助金和小型企业获得政府主导的各种项目的成员资格,这将有助于防止工业巨头垄断技术领域。

教育通道正在形成,用以吸引和培养新一代的创客、技术人员和崭露头角的工程师。从中小学教育开始,学校和社区团体可以提供学习项目,将创造的乐趣融入社交和团队思维环境中。构建物体的趋势(想想乐高联盟)无疑将应用建模软件、3D游戏化设计软件,以及制作、打印和移动应用程序。社区将免费提供开源软件和硬件资源,以作为注册学生的教育福利。

团体学习和虚拟工艺协会将从技术车间和创客空间中产生,云计算服务将允许按使用量付费,而不是按固定费率或会员费率支付。eCo-ops或eCraftGuild的会员费可能取决于你对信息主体、资源库或云内容的贡献。在下载和使用你的设计或方法时,可以获得认证的工艺状态。小额支付和小额融资可以直接或间接地提供给内容提供者。

12.2　大学和企业研究

通常由政府或企业资金支持的全球各地的大学正在继续开展竞争前研究和赞助研究,以确定和应对AM各个方面的挑战,包括材料、软件、建模、传感器和硬件集成以及工艺开发。开源期刊和前沿的科技期刊正在展示一系列令人印象深刻的新AM技术工作。谷歌学术是一个了解谁是谁,以及他们在开创性研究和创新方面做了什么工作的好地方。标题、作者、摘要、专利和参考文献有助于确定最活跃的研究领域以及谁在进行相关的研究。设置谷歌学术提醒是跟上科学和技术进步的好方法。开源技术论文和博士论文是深入挖掘面临的挑战、提出的问题、回答的问题和提出的解决方案的来源。一个优秀的技术论文开源网站是国际固体自由形状制造⑯的网页。这个资源提供了AM技术演变的历史时间线,并确定了AM加

---

⑯　国际固体自由形状制造网页.得克萨斯大学奥斯汀分校.http://utwired.engr.utexas.edu/lff/symposium/proceedingsArchive/(2015年3月27日访问)。

工技术的技术先驱和当前的领导者。

- 各类工程学院提供直至博士水平的科学和技术学位。创建一个名单是不公平的，因为许多优秀的学校都在提供课程，而且名单的变化和发展速度与资金一样快。我发现有助于撰写这本书的几个大学的资料来源，包括得克萨斯大学奥斯汀分校、宾夕法尼亚州立大学 CIMP-3D、加州大学欧文分校、路易斯维尔大学、得克萨斯大学埃尔帕索分校和宾夕法尼亚州立大学、诺丁汉大学应用研究实验室，以及脚注链接中提到的那些来源。
- 政府、大学和企业参与者名单也可以在"美国制造"成员名单上找到[37]。

随着更好的材料性质数据，包括从固体直至熔化和气化，提高了精度，基于第一性原理的物理模型研究将继续发展，并且软件和计算硬件可以加快计算速度和提高分辨率（《金属工艺模拟，ASM 手册》，Furrer et al.，2009）。

材料数据库和微观结构模型将更好地理解过程驱动的冶金响应，而大型数据库和数据驱动的解决方案将提供与输入和输出参数之间复杂的因果关系相关的信息，从而有助于优化参数选择。逆向、降阶和数据驱动模型与实时监控相结合，将进一步优化 AM 速度和质量。多尺度模型将分子、冶金和块体尺度的响应与工艺条件联系起来，并最终与零件和系统性能相关联。

大学开发的计算机模拟技术开始走出学术界，进入私营部门。例如，3DSIM公司（图 12.4）提供软件和技术服务，预测残余应力、变形，并利用高效算法和先进计算方法帮助设计 AM 工艺和支撑结构[38]。

图 12.4　3DSIM 工艺求解器[39]

　㊲　"美国制造"成员名单. https://americamakes. us/membership/membership-listing（2015 年 3 月 27 日访问）。

　㊳　3DSIM 公司网站. http://3dsim. com/（2015 年 8 月 13 日访问）。

　㊴　由 3DSIM 公司提供，经许可转载。

其他政府资助的项目,如材料基因组计划⑩,将与 AM 相关联。企业研究通常侧重于应用、材料、设计、工艺,以及与其工作方式最相关的价值流。企业研究实验室中当前的工程应用往往受到企业重点、企业文化和企业发展需求的指导和约束。许多大型跨国公司正在采取大胆的行动,建立领导地位,分享他们的愿景,并用巨额投资证明他们的承诺,同时接受早期采用的风险。其他人在评估各种技术选项的同时也在跟随并加入进来,在采用曲线上将自己定位在一个更安全的位置,同时作为“AM 游戏”的玩家保持可见。

如上所述,大公司正在获得进一步的关注,通过赞助比赛和竞赛来发现和吸引新人才。例如,LayerWise 公司在 GE 赞助的 3D 打印制作探索创新挑战赛中获胜⑪,使用难熔金属制作了复杂的医学成像设备。

企业参与非营利技术组织、大学和政府机构的联盟,提供了另一种利用成员和政府资金、捐款推进 AM 技术的方式。位于俄亥俄州哥伦布市的爱迪生焊接研究所(Edison Welding Institute,EWI)就是这样一个非营利组织,它成立了增材制造联盟(Additive Manufacturing Consortium,AMC)⑫,其使命是将 AM 用户聚集在一起,促进技术交流,执行集团赞助的项目,就政府资助的机会和路线图进行合作。

在某些情况下,老牌公司发现自己在思考这些新技术将如何发挥作用以及最终如何在不断变化的市场中开展业务方面落后于潮流。与专利、版权和商业秘密信息相关的投资细节和法律都将发挥作用。敏捷的新来者将跳进游戏并跃居前列,摆脱了常规工厂基础设施和历史资本投资的负担。有些人会在这条路上死去。其他人可能会以适度的投资对这项新技术提出要求,同时等待参与者的洗牌和明确的增值途径的验证。毫无疑问,一些公司正在建立自己的 AM 打印功能,通过保持内部原型制造来保护知识产权。

专业学会正在继续赞助与 AM 相关的会议和委员会,将 AM 技术的用户和开发者聚集在一起,并成立委员会,提出和协调国内、国际的标准、实践和术语。本书的“专业学会和组织的链接”部分没有提供会过时的信息,而是给出了一个列表,读者可以去那里搜索最新的 AM 会议、研讨会或委员会活动。在某些情况下,AM 技术的采用和认可一直是缓慢且慎重的。例如,尽管 AM 开发已有 20 年的历史,但是金属粉末工业联合会⑬一直到 2014 年才举办第一届粉末金属 AM 应用会议,这显示了整个行业在采用全新技术方面的谨慎态度。

⑩　材料基因组计划,最终草案,2014 年 6 月. https://www. whitehouse. gov/sites/default/files/microsites/ostp/materials_genome_initiative-final. pdf(2015 年 3 月 27 日访问)。

⑪　《医疗设计技术》文章. LayerWise 公司赢得 GE 全球 3D 打印制作任务. 2014 年 4 月 6 日,作者 LayerWise 公司. http://www. mdtmag. com/news/2014/06/layerwise-wins-ge% E2% 80% 99s-global-3d-printing-production-quest(2015 年 3 月 27 日访问)。

⑫　爱迪生焊接研究所增材制造联盟. 网址: http://ewi. org/additive-manufacturing-consortium/,(2015 年 3 月 27 日访问)。

⑬　金属粉末工业联合会网站. http://www. mpif. org/(2015 年 3 月 27 日访问)。

专业学会的兴趣和支持是赞助论坛的一个重要组成部分，用于认可、竞争前分享想法和应用分享。例如，矿物金属和材料学会（Minerals Metals and Materials Society，TMS）论坛[44]解决了与粉末加工、使用高性能材料的 AM 制造和新的 AM 加工方法相关的关键问题。

在另一个例子中，SME 顾问团队与密尔沃基工程学院在"美国制造"项目支持下，战略性地定义了 AM 知识体系，成为了 AM 认证计划的基础[45]。

12.3　工业应用

AM 的行业趋势主要集中在供应商、用户和支持技术基础设施的人员采用、建立和优化各种直接或支持技术上。如上所述，这些趋势通常与政府资助、企业研发或大学研究相关联，以提供杠杆作用或拉动市场。

工业用户和 AM 机器制造商认识到，需要不断提高加工速度、精度、表面光洁度、材料性质、质量和可重复性。每年的产品展示会上都会看到新的激光技术、电子枪、多光束、更快的铺粉，以及完全集成的建模、优化、打印软件的开发和改进。创新的解决方案正在迅速发展，以降低成本，提高粉末、丝材的质量，并优化价值链。

依赖于直接从生产机器、过程监控、嵌入式传感器、无线连接，互联网和云资源收集的信息，将生成大数据和更大的数据库，并且最终生成数据驱动的解决方案。分析这些数据的算法将通过融合和映射这些分布式源数据，从而更好地理解所有的工艺，从而提供超出数据来源的洞察力。这当然取决于高质量数据提供商的参与，同时解决知识产权和专有数据的问题。可以通过进一步开发一些方法来克服安全问题，例如为数据库捐赠者提供安全的匿名捐赠会员身份，以换取会员级别的数据库访问。

高度混合的数字化工作单元系统将把 AM 与先进的 CNC 和无损检测系统结合起来，以提供具有前所未有的能力和灵活性的工作单元。除激光粉末熔合以外，这些系统还可以提供激光钻孔、激光切割、激光釉化、激光辅助加工、雕刻、扫描和测量等功能。完全集成的可移动运输的集装箱大小的工作单元将通过陆路、海路或空运交付，可以通过远程无线链接到云端进行控制，只需极少的现场支持。

AM 在表面制造的数据矩阵代码和 ID 将允许在目前的标记或读取技术无法

---

④　矿物金属和材料学会.2012 近净形状制造研讨会.2012 年 4 月 11 日至 13 日,美国伊利诺伊州莫林市,TMS. http://www.tms.org/meetings/2012/NearNetShapeManufacturing/home.aspx(2015 年 3 月 26 日访问)。

⑤　SME AM 认证课程链接.http://www.sme.org/rtam-certificate-program/#details(2015 年 4 月 8 日访问)。

工作的远程或恶劣环境中读取代码。这些类似盲文的代码与零件一起构建,可以链接到部件设计、规格、制造商信息和使用记录。它们将允许添加检查报告,或者在部件失效的情况下,直接要求将新零件快速交付到指定的维修接收点。

随着构建体积的增大(立方缩放),大型运动系统的精度降低,成本通常也会增加。高精度驱动机构的成本增加速度远远超过移动它们所需的控制器和电机。随着新技术的发展,这一趋势将放缓,以满足工业需求。对于超大构建体积运动的精度要求将寻求先进的解决方案。CNC系统的动态精度映射将随着实时控制位置的软件补偿而发展。

将为基于粉末的系统开发可扩展或可调节的构建体积,以针对特定几何形状或高纵横比部件调整机器的尺寸。这将减少所需粉末的总体积,并避免立方缩放的资源限制。

工业标准和程序规范的出现,并与生产认证产品定义所需的过程质量记录相关联,使得在地理分布广泛的制造平台上能够离岸生产出功能相同的制品。

文件和信息传输的网络安全将通过使用加密验证码或数据加密方案的软件或芯片级认证算法进行保护,以确保数字产品定义或工艺数据在生成、存储、传输或使用期间未被破坏、黑客攻击或入侵。标准和验证方法将不断演变,因为IT安全的猫捉老鼠游戏永远不会结束。

处理大数据的能力(Mayer-Schönberger et al.,2013)将延伸到单个部件的性能层面,而不仅仅是工业系统层面。如今,成千上万的分布式传感器网络监控着从管道到喷气发动机的一切。这将通过物联网(internet of things,IoT)扩展到所有的部件。AM将在传感器如何嵌入金属物体中发挥一定作用。这种持续不断的数据采集和细化水平将使我们能够测量和连接一切。对大数据的分析将带来价值流中的发现和优化。

从摇篮到坟墓的"硬件产品DNA"将在所有虚拟产品定义中进行映射和编码,包括与材料、产品定义、工艺定义、测试、性能和在役数据相关的信息。在役数据将用于修改、改进、更新、修理或更换部件。

改进的硬件产品DNA将包括基础产品DNA的变体和演变,以包括从在役数据演变而来的定制设计,例如包括故障模式或磨损模式,或适应定制服务条件和性能数据。例如,设想发动机排气歧管的设计经过修改(演变)以用于一种应用,然后经过用不同的材料修改用于腐蚀性环境(如海水),或通过较厚的截面强化,用于高冲击(如越野)服务环境。

重建的产品DNA可能成为一种商品,因为历史物体没有现存的设计信息,或者只有纸质设计定义,它被转换为3D CAD模型供AM使用。将开发能够读取蓝图并能将其转换为3D模型的智能系统。专利法和版权法需要考虑到这一点以及其他逆向工程。退休的设计工程师可以在原始设计意图永远消失之前,提供有关原始设计意图的遗留信息,并获得相应的报酬。

可以提供小额支付或信息积分，以鼓励报告与 AM 生产或 AM 部件在役使用相关的数据。可以预测或识别需要维护、修理或再制造的部件。数据积分的支付或赎回可能随着所提供信息的质量或数量而变化。

开发高度混合的设计，其中多个零件、零件功能或构建参数可以组合到单个的优化设计中。实际构建成本的增加将会很小，或者根本不存在，而性能效益可能非常显著。部件设计将侧重于功能，而不是制造方法。

需要对设计、工艺和产品进行验证，以确保安全、质量和知识产权保护。企业内部和财团内部都将继续努力在价值链中共享数据。政府资助的项目将推动开源数据库和标准的持续创建，鼓励中小型企业采用新的 AM 技术，并允许在企业专有 R&D 工作之外更广泛地采用。

亚马逊、沃尔玛和 UPS 等大型企业实体已经开始在云端实现产品零售。作为零售商和分销商，这些公司在整个供应链中展示了对 AM 技术的信心和投资。基于网络的产品可能很快就会提供虚拟的 3D 打印产品，以及传统生产和仓储产品，可能会有折扣或提供用户定义的属性或功能。这种情况将从塑料和聚合物产品开始，但会发展到包括金属、复合材料和陶瓷。

云端仓库的概念将发展到既包含配送仓库中的物品，也包含存储仓库中的物品。产品和工艺的定义将从维护、修理和升级项目开始，为在役机器和系统创建。随着高速数据访问无处不在地扩展到地球上的更多地方，任何地方只要可以访问 AM 机器，就能获得大多数物品的设计。模具和工具的定义将存储在虚拟仓库中，以便为市场的尾部提供服务，满足更换零件服务的小批量、短期或甚至单件的需求。此外，虚拟固定装置、制造辅助设备和工具的仓库将进一步降低存储和库存成本，以满足应用于很少要求更换部件的常规制造方法的需求。

随着后续几代 AM 机器和软件工具的退役或淘汰，将开发制造序列翻译器，类似于现有的用于翻译 3D 模型文件格式（例如 STEP、IGES、STL）的翻译器。重新开发先前使用专有材料、工艺、机器配置、算法或控制装置的制造工艺时，将需要功能等效的替代品，这使得工艺条件无法直接移植。这些翻译器的功能将减轻逐步退回到原始产品定义的需要，以完全重新开发、重新评定或重新认证整个工艺。这些翻译器将能够重新使用大量的历史信息，超越原始的产品定义（现有产品 DNA），以加快在后续型号、技术更新或修改的不同或进化的设备上构建部件的重新认证。

公司将仔细审查其设计数据库，以确定设计、工具和固定装置的数字化退役候选方案，并减少仓库存储需求，实质上是将其转移到数字仓库。

如前文所述，基于模型和企业的软件，如 CAD、CAM、CAE 和 CNC，将继续需要修订和定制，以便在从设计到使用寿命结束的整个产品生命周期内为 AM 提供更大的实用性。专业软件将为工程应用提供特定的实用程序。产品生命周期管理（product lifetime management，PLM）和企业资源规划（enterprise resource planning,ERP)软件,包括工厂模拟和服务网络调度,将需要随着历史价值和包含了 AM 的 IT 链演变而进行修订。

行业标准的发展将继续与技术发展并驾齐驱,以便将 AM 应用于更广泛的工业产品。ASTM F3049《增材制造金属粉末性质表征指南》或 ASTM WK43112《增材制造制备材料力学性质评估指南》等标准将在技术成熟期间进行多次修订。

新一代的工程师将扩大为自由形状制造和工艺规划创建设计的益处。对 AM 采用的历史限制将放宽,因为它们将不再与常规制造和设计思维的文化相联系。规划和控制的自动化系统将基于数据驱动算法和行业中不断增长的数据库,优化机器参数(速度、激光功率、粉末流量等)的选择。设计的美感也将得到提升,而且不会受到复杂性、商业形状或常规加工技术的限制。

设计和机器功能的工艺优化将更广泛地利用有限元分析,朝着有限元件制造的概念发展,其中高分辨率的热和机械模型可以预测诸如完全熔合、潜在缺陷位置、热积聚、微观结构演变的条件,最终将预测零件中每个位置的质量和性能。工艺参数的调整和优化将进一步提高工艺计划的质量,最终提高零件本身的质量。微观结构演变模型和合金设计模型将用于部件内的微观结构和性质的局部定制。

辅助基础零件设计的软件(如拓扑优化)将从一组最低要求开始,输入模拟和分析软件,以实现优化设计。对于有传统/历史处理方法经验的设计师来说,忘记过去是如何完成的,或者至少不被历史设计概念引导,将是很难克服的问题。

随着工业工程和应用技术的开发和推动,固体自由形状制造的新范式将在未来十年内演变。由独立设计师和制造商确定的新应用和需求,将有助于推动这项技术得到更广泛的采用。塑料原型的普遍应用将有助于引领 AM 金属加工的道路。AM/SM 混合系统将在未来十年内激增。专为 AM 加工而设计的新金属合金的独特性能,将使塑料、陶瓷或复合材料所无法满足的应用成为可能。

随着部件设计和系统设计逐渐成为基于模型的设计,则用于常规加工的机床在包含 AM 能力上的维修和升级将得到显著发展。模块化的 AM 系统将与 SM 集成,以更新、升级和重新调整机床用途,使其具有明显超出原始规格的更高的功能。例如,在返工周期内,通过重新表面处理和升级工艺、材料和磨损特征,可以延长冲头和冲模组的使用寿命。

一对一匹配级别的定制和与消费者匹配的产品将在你需要的时候、在你需要的地方,为你量身定制你需要的东西。这种情况已经开始在生产医疗、牙科植入物和牙冠的产品上出现。如果这些都更进一步,在当地制造出预期需要的物品,例如需要更换的髋关节,移动 SM/AM 制造实验室将市场制造本地化,以满足定制产品的需求。

移动混合系统结合了 AM、激光、机械加工、CNC 以及过程检测和实时控制,将允许对越来越多的应用进行现场维护和维修。小批量制造中心将被运送或空投到偏远地区和灾区，以加快重要服务和基础设施的恢复。直接访问云以获取原始设计或制造规范，结合手持式原位激光扫描、能量色散 X 射线荧光(X-ray fluorescence，XRF)或3D 照片重建，可以确定损坏或磨损情况。建立本地化的 3D 维修资源和机器生成的维修序列将能够实现现场制造和维修，最大限度地减少对熟练人工干预的需求。例如，船用轴的轴承表面修复，或者破损、磨损的船舶螺旋桨的重建，目前已经在现场以自动化程度较低的方式进行。AM 将把维修的复杂性提升到一个新的水平，并且可以在新的地点实施，如水下、海上、核禁区或轨道上。

对现有工业工具，如定制冲头、冲模、型锻锤等，寿命延长的需求将日益增加。随着时间的推移，对开发这些工具的过时零件的需求将缓慢减少，使生产新的替换工具的回报率降低，这在经济上是不可行的。需求的减少将导致需要更低成本地维修、翻新和重新制造满足小批量生产的工具。非常小的批量或单件生产可以证明直接 AM 零件本身是合理的。

随着专用的混合 AM/SM 机器被用来制造即时工具，将旧工具和模具在货架上存放多年的经济合理性将会降低。扫描、逆向工程和将纸质设计转化为 CAD 模型，将允许创建历史工具的虚拟设计并存储在云端，可以随时根据需求进行生产。数字化仓储将增加，从而最大限度地减少对备件、历史工具和制造辅助工具的大型实体仓库库存的需求。

在零售层面，云硬件商店的概念可以满足不常见或定制硬件的需求。这可以从定制管道作为示例开始，或者最终扩展到定制工具、替换零件或消费品，例如适合一个用户腿部、手臂伸展范围和握把大小的自行车。

AM 制造工艺和工作车间将全天候无人值守，只需要极少的人工干预和支持，向着实现熄灯工厂的目标发展。知识工作的自动化程度将提高，将设计决策从工程师转移到与不断增长的制造数据库相关的分析软件，并参与持续的机器学习和数据驱动的优化。

功能和设计的集成和整合将使一个部件能够发挥多个部件的功能。复杂的设计将取代过去那种依赖于分散的部件制造、组装和紧固件来实现整体功能。多功能设计和混合部件将实现复杂的内置功能，实现相同功能所需的装配更少。

将基于逆向、直接和数据驱动模型的组合开发先进的 AM 工艺模型和模拟。错误、遗漏、知识缺口、噪声、干扰、零散或不完整的数据将根据文献(Lambrakos 2009；Lambrakos 和 Cooper，2011)中的数据空间特征进行补偿。逆向模型将通过简单的路径加权扩散率表示 AM 热源和工件，从而将所有实验和验证的模拟数据纳入数据空间。逆向函数的结构本质上是为了表示或通过大型数据集确定，并且对强的或非线性转换不敏感，允许嵌入多尺度时间或空间数据，将精细时间尺度数据嵌入粗略时间尺度的解中。

将 AM/SM 制造机作为移动医院的一部分空运到战区、救灾工作或冲突地区内交通不便的地方,以实现紧急需要时的制造。为近海石油平台等偏远位置提供替换零件库存的船载船舶等移动式混合制造装置将取代阀门和泵等库存备件,在这些地方,交付周期长和运输成本高是一个考虑因素。将利用当地来源的材料和能源建立离网制造能力,而不仅仅是用于月球环境。

远程遥控将提供人工控制和决策与半自动远程操作的集成。能够使用 AM 和其他方式进行维修工作的人工智能机器人可以被派遣到偏远或高度危险的地方工作,以高精度并自主地执行困难或危险的任务。

AM 工艺优化算法将加速 AM 沉积,减少缺陷,提高精度,补偿收缩,改善表面光洁度,并生成功能梯度材料。优化与各种技术(设计、材料、工艺工程、制造)相关的大量参数,将显著节省材料、能源和时间。

针对非对称各向异性工程特性的蜂窝和壳体结构的工程开发,如拉伸和压缩强度、热膨胀、能量吸收、振动阻尼、流动阻抗、热传导,将提供额外的方向自由度,以优化和实现广泛的设计自由度和性能优势。将继续开发利用金属、合金、复合材料和陶瓷等功能梯度材料的设计。

专门设计用于增强工艺可观察性和监测的自动化混合机器,将在很少或没有人力支持的连续过程中创建 AM 测试样品、热处理、加工成型、测试和收集材料性质数据。生成的数据将直接发送到数据库。由相同的测试中心组成的分布式网络将有助于对结果进行组交叉验证。

自动化的自行配置实验将为开放数据库和智能系统规划和收集数据,以支持新 AM 合金的设计,从而根据构建条件确定 AM 沉积物的性质,进而创建新的控制算法。那些能够从设计的实验中学习和融合数据的算法将有助于充实现有的数据库,并填补有限的应用经验留下的知识空白。

使用遗传算法创建的进化设计将优化功能和美学。个人偏好将与设计融合,了解如何创建独一无二的物品。例如,如果向你展示 200 款经典跑车设计的图像,让你从中挑选一些,然后陈述你对其性能和经济性的偏好,那么算法可以根据你的情感和技术偏好为你设计一辆汽车。

知识获取和知识回收应用可能会成为一种新的商业模式。随着过时的工厂或夕阳产业中的旧工具被废弃,工具的几何形状被扫描并输入云端,手册、蓝图、其他文档或书籍也是如此(想想 Gutenberg 3D 技术项目)。这可能是现有或新成立的移动知识回收公司的另一个功能:在拆卸或报废时获取和回收工业业务知识。知识由知识回收公司重新获取和回收,并按需出售给 AM 制造商或经销商。大数据能够识别过时的产品流,并对其进行优先排序,夕阳公司则没有这样知识或归档手段。人工智能的知识捕获将识别和备份关键的工业系统,这些系统需要在未来几十年内为关键功能提供服务,并支持对维修、维护和更换零件的持续需求。人工智能将创建"濒危基础设施"列表,保存和保护关键基础设施信息。

共享数据、公共数据库和云计算将允许免费访问,以满足全球设计需求。这将使发展中国家或服务不足的地区有机会跨越那些因传统基础设施的惯性而受到阻碍的国家和经济体。物联网将扩展到各个零件和关键部件，从桥梁和建筑物到AM制造的艺术品，集成传感器可以将每个部件变成数据收集节点。

AM 的大型数据库将被填充，使人工智能系统能够确定哪些是有效的，哪些是无效的，以及如何优化和满足全球各地对部件的需求。预测需要什么，在世界的哪里需要，将有助于推动当地的供应需求，并为全球决策者提供服务。

在《大数据：一场将改变我们生活、工作和思维方式的革命》（Mayer-Schönberger et al.，2013）中，作者写道：

预测分析，什么但不是为什么，将"足够好"地基于非常大的数据集进行优化。UPS 监控 60000 辆车。取证和经验教训……根据相关性与第一性原理理解接下来会发生什么。在某些情况下，如 AM，用第一性原理对所有物理和材料性质的理解可能是遥不可及的，但是近期，大数据可能提供一种方法来获得许多工艺参数到结果或零件质量的功能映射。数据驱动的决策可能胜过第一性原理的物理学理解，大数据极客可能会战胜学科专家和学者。

Martin Ford（2015）在《机器人的崛起》中写道：

IBM 研究人员面对着大数据革命的一个主要原则：基于相关性的预测就足够了，而对因果关系的深刻理解通常既无法实现，也没有必要。

12.4   商业和商务

随着 AM 技术从示范到应用的发展，商业和商务部门正在注意到这一点。快速原型制作已被证明是这项技术的一个可行的应用，但是巨大的回报必须来自工业部门的应用。AM 金属机器、AM 金属原料的销售总量和收入正在迅速增长（图 12.5）。一旦企业开始赚取或节省大量资金，人们就会注意到。如前所述，技术和经济的繁荣与萧条周期是生活中的事实，因为没有人拥有"水晶球"，先知只有在研究过去时才会被认可。快速原型制作和 AM 技术的前景迟迟得不到实现，而回报远远超过过去投资的"杀手级应用"寥寥无几。话虽如此，在越来越多地认识到这项技术的好处并押注于未来回报的基础上，人们正在进行巨额投资和建造工厂。

在《重塑工业经济》中发表的一系列与 3D 打印效益相关的麦肯锡报告中，对世界制造业将如何因增材制造和全球经济而发生变化进行了专业评估[46]。当前的制

---

⑥   麦肯锡公司报告. 3D 打印成形. 2014 年 1 月，Daniel Cohen，Matthew Sargeant，Ken Somers. http://www.mckinsey.com/insights/manufacturing/3-d_printing_takes_shape(2015 年 3 月 27 日访问）。

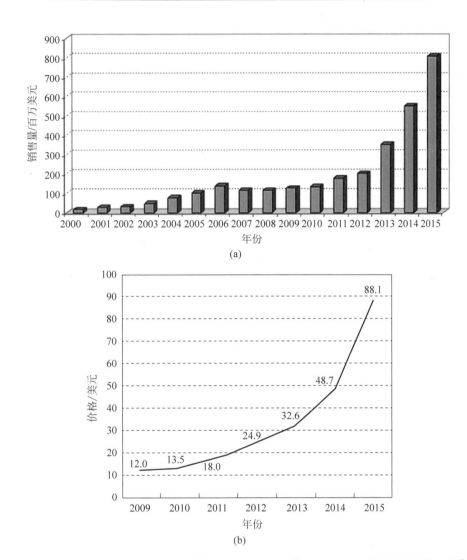

图 12.5　(a) AM 金属机器的年度销售量(2000—2015)[47]；(b) AM 金属原料的销售价值[48]

造、使用和处置的线性经济模型与循环经济模型形成对比，循环经济的反馈回路强调再利用、翻新、再制造，以及经济增长与材料摄入的脱钩，并对未来有限资源的世界进行了预测。在《下一个支柱》中指出[49]，随着发展中国家工资和生活水平差异

---

⑰　由《2016 沃勒斯报告》提供，经许可转载。

⑱　由《2016 沃勒斯报告》提供，经许可转载。

⑲　麦肯锡公司报告. 下一个支柱 CEO 指南. 2014 年 1 月，Katy George，Sree Ramaswamy，Lou Rassey. http://www. mckinsey. com/insights/manufacturing/next-shoring_a_ceos_guide(2015 年 3 月 27 日访问)。

的减少，制造地点靠近需求和创新地点与当前的离岸模式形成对比。他们表示，到2030年，将有30亿新消费者进入中产阶级。在资源有限的世界里，当前的供应模式和供应链必须改变。本书前面提到的麦肯锡的报告《颠覆性技术：将改变生活、商业和全球经济的进步》可以作为这些3D打印报告的补充阅读[50]。

增值流的变化将通过个性化、缩短上市时间、降低市场进入成本、使生产更接近消费地点、混合传统零售供需模式、无缝融合增材和减材制造来实现。正如后续的《麦肯锡全球倡议》报告所述，产品开发周期已经在通过快速响应不断变化的需求、预测和库存而改变[51]。

AM将通过快速原型加速产品开发，加快和测试采用曲线，并使用小批量生产工具将风险降至最低。此外，AM将有效地创建复杂的母模、夹具、固定装置和制造辅助工具，同时更有效地管理"市场尾部"，过渡到仓储虚拟设计和工具，减少过时库存，并为单批或小批量AM生产设计功能性替换零件，从而进一步加快产品上市速度。

例如，Senvol[52]提供了一个用于搜索机器和材料的免费数据库，并提供分析服务，帮助AM技术的用户和潜在用户选择机器、材料、服务机构和目标应用，并进行成本，市场和供应链分析。迄今为止，专有算法使用了30个搜索字段来帮助客户。在一个不存在的或假设的AM供应链中，很难确定可行的结果，例如服务提供商的成本与质量或成本节约的对比。材料、能源、计算和信息技术成本在整个供应链中的中断将使任何预测和分析的可行性受到怀疑。

可以建立私人会员数据库和网站，允许上传、共享和下载专有设计、设计信息或工艺信息，用于实现或验证这些设计。商业供应商可以赞助这种数据库，并制定正式的贡献规则和指南，以指导或帮助控制贡献的质量。设计信息的范围很广，从独特的应用到受控的测试条件、在役报告或正式的失效分析。根据内容贡献的数量和质量，可以为贡献者分配"会员积分"或"会员评级"。会员评级可用于帮助验证或支持其他商业利益。私营部门数据库可以使用其他选项来鼓励提交，例如直接支付或用积分支付设备、用品或服务。为产生知识产权而提交的材料可能值得在专利有效期内支付小额费用。

Gary P. Pisano和Willy C. Shih(2012)在《制造繁荣》一书中写道：

制造业已成为知识工作。制造业往往高度融入创新过程。

———————————

⑤　麦肯锡全球倡议. 颠覆性技术：将改变生活、商业和全球经济的进步. 2013年5月，James Manyika，Michael Chui，Jacques Bughin，Richard Dobbs，Peter Bisson，Alex Marrs. http://www. mckinsey. com/insights/business_technology/disruptive_technologies(2015年3月27日访问).

⑤　麦肯锡公司报告. 你准备好3D打印了吗?. 2015年2月，Daniel Cohen，Katy George，Colin Shaw. http://www. mckinsey. com/insights/manufacturing/are_you_ready_for_3-d_printing? cid＝other-eml-alt-mkq-mck-oth-1502(2015年3月27日访问).

⑤　Senvol 免费数据库. http://senvol. com/database/(2015年4月6日访问).

知识产权和信息可以跨行业流动,刺激跨行业创新。一个行业中的创新可以跨行业流动,永远不能被视为与其他行业发生的事情隔离开来。

Milken 研究所高级研究员 Joel Kurtzman(2014)在《解放第二个美国世纪:四大经济支配力量》一书中指出了四种转型经济力量:无与伦比的制造业深度、不断飙升的创造力水平、巨大的新能源和等待投资的巨额资本。他预测美国经济将拥有光明而强大的未来,并描述了生物技术、制药、计算机硬件、电信、先进制造、材料科学、航空和航天工程等增长最快的经济领域。他特别指出了 3D 打印的潜力,其可以在这些领域中发挥作用。这本书表明了政府和学术界高层对 3D 打印技术在未来美国制造业中的作用的认识。

Peter Thiel(2015)在《从零到一》中,讨论了创造一些全新事物的价值,而不仅仅是做其他人已经在做的事情:本质上讲,就是从 0 到 1 创造一个想法和一个行业。他讨论了专利技术的创造和保护,以及如何采取低调的态度来避免竞争,同时将产品、服务或现有解决方案彻底改进 10 倍。多种新技术的集成可以带来卓越的设计和产品。什么重要的事实是很少有人认同的?什么有价值的公司或产品是没有人构建的?物理世界中哪些未被发现的方面是可以实现的?在 AM 的背景下解读这本书时,可以重申这些问题,并借鉴你自己的知识、经验和这项新技术提供的可能性。也许这将激励你在车间后面的空间中建立自己的 AM"臭鼬工厂"。

许多公司都参与了这场游戏,但是他们更多地在告诉我们计划做什么,而不是他们正在做什么或已经做了什么。新闻稿或文章中充斥着以"预期""打算""计划""寻求""相信""估计""期望"等词语表示的前瞻性陈述,以及对未来事件的其他类似的引用。这种情况并不少见。买家应该当心吗?我们拭目以待。

移动或手持设备的消费者应用程序将出现,允许高度定制和个性化的规格,并在消费者需要时,可以随时随地购买消费品和定制产品。设计将在网上或移动设备上提供。个性化纪念品就是一个例子。它们将易于使用,可以根据个人选择定制,也可以根据你的历史偏好、搜索和购买数据提供。

一个设计的价值可能与其信息内容、下载的流行程度、公众吸引力或在行业中的有效使用有关。个人设计师已经可以将设计发布销售,并将其用于 3D 打印。团体资源设计允许参与,并奖励对设计过程的贡献,可以在组件的整个使用寿命期间进行小额支付。

群体思维和创新可以通过互相连通加以利用。如果有适当的激励措施,分散在各地的用户、发明家、工程师和创客可以迅速聚集在一起,加快产品推向市场的速度。网站 Quirky 经常作为这样的一个例子被引用。

消费者向开源数据代理提供的消费者特定数据将根据当前的风格和趋势提供折扣和定制交易,以满足你所需的规格和偏好。算法将能够设计虚拟产品并直接向你推销,其价格不仅反映了产品的成本,还反映了生产能力和市场其他变量的因素,如市场渗透率。举个例子,如果他们知道你是高尔夫球手,并且他们知道你喜欢高端玩具，而高尔夫俱乐部 AM 制造机器闲置，他们可能会给你一个巨大的折扣，以吸引你购买最新的推杆设计，可以在你的乡村俱乐部炫耀。

企业对企业（business to business，B2B）和机器对机器（machine to machine，M2M）的通信算法将通过制造和交付无缝地集成设计和销售。零件的制造将在不需要人为干预的情况下进行并完成。

将继续开发专门的"商业和工程应用程序"，将无缝集成的 CAD/CAE/FEA/CAM/AM/SM、材料选择、工艺定义的力量注入低成本但高性能的菜单驱动解决方案中，以满足专业应用的需求，如医疗设备、助听器、汽车和航空航天。这将为范围更广的中小型公司开辟这种能力，而这些公司无法支持掌握所有必需的 AM 技能的全职工程专家。

专门的"消费者网站"将提供定制的消费产品（如运动器材）和可以根据消费者要求和选择定制的虚拟商品仓库。消费者可以选择适合自己的款式、颜色和为他们量身定制的形状和尺寸的商品（一个尺寸适合一个人），并期待第二天交货。作为对隐私问题的直接冒犯，消费者可以提供个人数据的安全链接，包括全身扫描和其他可能与零售商和其他提供商共享的个人数据。扫描站和扫描服务将出现，消费者可以在那里对自己或自己选择的物品进行扫描，以实现设计的个性化。

制造链中的小公司、资源和服务网络将连接起来，以提供设计、制造和精加工方面的本地化能力。用户团体，如增材制造用户团体（additive manufacturing users group，AMUG）将继续提供网络和教育的年度论坛，以促进 AM 技术新用途和商业应用。正在建立独立的培训资源，帮助弥合 AM 行业和用户之间的差距，促进认识、安全、质量和创新[③]。

大型企业和投资者越来越感兴趣，并试图确定市场和趋势。这需要重新发展商业模式，以适应并最好地利用受这种新模式影响的从摇篮到坟墓的商品和服务供应链。正在建立咨询公司，帮助和指导企业与投资者识别及利用 AM 技术提供的机会[④]。

Lyndsey Gilpin 在 Techrepublic 网站上发表的一篇文章《3D 打印：以开创性方式使用的 10 家公司》报道称[⑤]，越来越多的创新型公司正在尝试使用 3D 打印机，推动该技术更加接近主流市场。

各国政府需要找出一些问题的答案，例如，工人如何过渡到其他工作岗位，或者如何利用世界新工人群体为社会作出有价值的贡献？AM 如何能融入这个大环境？随着新技术的引入，人们总是担心对劳动力产生负面影响。经常被引用的例

---

③ UL 增材制造网站. http://industries. ul. com/additive-manufacturing（2017 年 1 月 3 日访问）。

④ 德勤制造网站. https://www2. deloitte. com/us/en/industries/manufacturing. html? icid＝top_manufacturing（2017 年 1 月 3 日访问）。

⑤ 3D 打印：以开创性方式使用的 10 家公司. Lyndsey Gilpin. 2014 年 3 月 26 日. http://www. techrepublic. com/article/3d-printing-10-companies-using-it-in-ground-breaking-ways/（2015 年 4 月 12 日访问）。

子是卢德派：19世纪初的纺织工匠因担心失业而强烈抗议新纺织技术和机械的引入。在某种程度上，这种情况发生在所有新的或优化的工业工艺中，或几乎任何劳动力中，旧技能被新技能的需要所取代。AM并不是唯一需要建立学习和再培训渠道，以发展先进制造所需技能的领域。如何最好地做到这一点，这仍然是一个未解决的问题。

《LUX研究》中最近的一份报告《构建未来：评估3D打印的机遇和挑战》[56]，评估了AM的市场和商机。他们看到了以汽车、医疗和航空航天为主导的市场发展，但是也看到了重塑"制造业生态系统"的未来。

12.5　知识产权、安全和监管

信息推动着全球经济的发展。它是我们生活中越来越重要的一部分，我们对它的依赖也在不断增长，而且是没有限制的。信息是知识的重要组成部分，知识是权力的重要组成部分。AM被描述为个人赋权的手段，经常使用的术语有去民主化和独立性。信息是有价值的。创造、获取和保护信息的价值随着与我们的生计、福利和生活水平相关的信息比例的增加而增加。

专利、版权、商标和其他法律问题将促使法律迅速发展和应用，如《数字千年版权法》(Digital Millennium Copyright Act，DMCA)和《制止在线盗版法》。法律、安全和监管问题如图12.6所示。

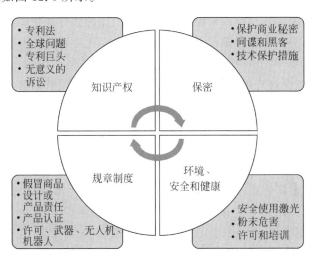

图12.6　AM的安全和监管问题

---

⑯　LUX研究. 构建未来：评估3D打印的机遇和挑战. https://portal. luxresearchinc. com/research/report_excerpt/13277(2015年3月27日访问)。

如果你在互联网上发布了一个独特的设计，然后从构建它的人那里收到小额付款，若有人在使用它时死亡，那么产品或设计责任可能会成为一个问题。你的法律风险是什么？你如何确保为他人制造的零件（如摩托车车轮）的性能与发布在互联网上的设计相同？ AM 产品、设计、材料和工艺的认证将是一个复杂的过程，它依赖于大量高质量的且目前还不存在的材料和工艺数据。

针对 3D 打印和 AM 的近期发展，版权法和专利法还有一些要做的事情。一般而言，版权涵盖艺术和表达，而专利涵盖实用作品，但是如果你扫描某一个形状并使用相同材料重新创建它，则是否存在侵权？材料、形状和工艺必须有多大的不同才能构成侵权？如果你创造了一种独特的设计、工艺、材料或最终产品，那么，你如何保护它？你如何分享它？有什么方法可以从其商业价值和使用中获益？法律体系以及州和联邦法律还有一些需要跟进的地方。

全球的专利法和版权法因国家而异，从而执法范围广泛。音乐和电影行业已经证明版权执法是多么困难。全球知识产权可能必须通过开发加盖印花ⓒ的设计、加盖印花ⓒ的代码或加盖印花ⓒ的内容来实现并得到保护。

对 AM 系统硬件和设计数据的监管将会出现。随着激光变得更小、更便宜、更强大，例如用于金属 3D 打印的激光器，这将需要监管，以对其使用进行更严格的控制。在足球比赛中，用手持式Ⅰ类激光指示器照射一名足球运动员是一个例子。滥用 AM 机器上的Ⅳ类激光器则是另一种情况。法律体系和执法部门是否准备好找到并没收不当或危险使用的Ⅳ类激光器？

有必要对使用劣质材料或未经认证的工艺制造的假冒消费品或工业部件进行检测。这个问题类似于假冒螺母和螺栓，但是可扩展到关键应用中使用的更复杂的部件。这就需要开发法律和技术手段，在复杂的供应链中检测、识别和跟踪劣质材料和货物，以确保最终用户的安全和性能，同时保护公司和品牌免受损害。

Clive Thompson 在《连线》杂志上发表的一篇文章"3D 打印的法律困境"[57]中提到了《数字千年版权法》和《停止在线盗版法》。3D 打印将对物理对象的复制和执法带来挑战，这是因为 3D 打印机就像扫描仪，成为 3D 复印机。他在文章中表示："专利通常涵盖物品的功能，并在 20 年后到期，但是不包括零件或替换件，而复制物品上的艺术图案或设计则受版权法保护。"在白皮书《版权和在线打印的交易是什么？》[58]中，Michael Weinberg 做了一件了不起的工作，讨论了什么是可获得专利的，什么可能受版权保护，什么可能不受版权保护，以及适用于创造性或功能性作品的可分割性和合并的法律概念。虽然扫描物体可能没有足够的原创性而无

---

[57]　3D 打印的法律困境. 连线. 2012 年 5 月 30 日. Clive Thompson. http://www. wired. com/2012/05/ 3-d-printing-patent-law/(2015 年 3 月 28 日访问)。

[58]　新兴创新研究所. 版权和 3D 打印是怎么回事?. Michael Weinberg. 2013 年 1 月. https://www. publicknowledge. org/ files/What. %27s%20the%20Deal%20with%20Copyright_%20Final%20version2. pdf (2015 年 3 月 28 日访问)。

法获得版权保护,但是有用的物品可能获得专利。要获得专利,则它必须是有用的、新颖的且非显而易见的。本书举了一个例子:一个 CAD 文件可能受版权保护,但是有用物体的 3D 打印件却不受版权保护。Michael Weinberg 在《公共知识》白皮书中提供了更多细节,详见其中的文章"授权 3D 打印物品的三个步骤"[59]。

为了跟上信息、隐私、网络安全、黑客和高度流动的全球劳动力的步伐,商业秘密法正在不断发展。美国政府已经研究了这个问题[60],制定了一项战略,并正在颁布法律,例如 2016 年的《保护商业秘密法》(Defend Trade Secrets Act,DTSA)[61],用以缓解这一问题。商业秘密由三个基本部分组成:①行业内通常不为人所知的信息;②为保护信息而采取的措施;③保密信息的经济价值。在题为"其他知识产权:商业秘密法和 3D 打印"[62]的文章中,Bryan J. Vogel 指出,该法律的组成部分包括:商业秘密法不需要申请或政府批准,为资金不足的小型创新企业提供保护,保护其知识产权,从而保持其竞争优势。

工业间谍活动将增加,从而用于应对这些威胁的努力和方法也将增加。正如 TE Edwards 在"3D 打印和工业间谍:前联合技术公司雇员被捕"[63]一文中所描述的那样,已经有人因此被捕。文章接着引述了信息安全研究的说法,"为了在设计的产品中造成异常和故障,假冒产品可能被引入供应链"。

美国政府充分意识到数字制造环境的潜在风险,并且正在努力保持领先地位,正如 NIST 直接数字制造(DDM)网络安全研讨会[64]所证明的那样,该研讨会涵盖了攻击场景、挑战、差距、其他潜在场景、威胁的范围和保护工厂车间内的技术数据。

数字企业间谍活动将迫使对信息进行越来越严格的控制,对更广泛的使能技术实施禁运。虚拟国家可能以分布式或地下的方式出现,拥有自己的公民、经济和电子国家利益。需要对抗、发现和防止对数字设计或构建硬件的蓄意破坏、渗透和文件损坏。

随着普通公民能够通过无线互联网云获取信息并制造出复杂的物体,与 AM

---

[59]　公共知识. 授权 3D 打印物品的三个步骤. 2015 年 3 月 6 日. Michael Weinberg. https://www. publicknowledge. org/documents/3-steps-for-licensing-your-3d-printed-stuff(2015 年 3 月 28 日访问)。

[60]　减少商业秘密盗窃的行政战略. 美国总统行政办公室, 2013 年 2 月. https://www. whitehouse. gov/sites/default/files/omb/IPEC/admin_strategy_on_mitigating_the_theft_of_u. s. _trade_secrets. pdf(2016 年 5 月 15 日访问)。

[61]　《保护商业秘密法》文章. 国家法律评论. 2016 年 5 月 12 日. http://www. natlawreview. com/article/protections-newly-enacted-defend-trade-secrets-act(2016 年 5 月 16 日访问)。

[62]　Inside3dp. com 文章. 其他知识产权:商业秘密法和 3D 打印. Bryan J. Vogel. 2014 年 12 月 3 日. http://www. inside3dp. com/ip-trade-secret-law-3d-printing/(2015 年 3 月 28 日访问)。

[63]　3dprint. com. 3D 打印和工业间谍:前联合技术公司雇员被捕. TE Edwards. 2014 年 12 月 11 日, http://3dprint. com/30297/yu-long-industrial-espionage/(2015 年 3 月 28 日访问)。

[64]　NIST DDM(直接数字制造)网络安全研讨会, 马里兰州盖瑟斯堡, 2015 年 2 月 3 日, 议程. http://www. nist. gov/itl/csd/cybersecurity-for-direct-digital-manufacturing-symposium. cfm(2015 年 3 月 28 日访问)。

相关的全球安全问题将显露出来。随着地面部队被机器人所取代,无人机或机器人结构可以在低成本的设施中制造和组装,其中可能会有少量的走私部件,并且有设备在隐蔽的地方(Schmidt et al.,2013,第 153 页)。

　　侵权和虚假广告的无意义诉讼也可能出现。若有人主张版权并声称被侵权,而情况可能并非如此。在这种情况下,来自用户社区或法律手段的一些研究或建议可能会提供不同的意见。不要盲目地认为版权涵盖一切。信息的完整性也可能发挥作用。专利保护的主张或广告并不意味着专利有效。美国专利商标局(U.S. Patent and Trademark Office,USPTO)提供了工具和网站入口,允许在线专利检索,以识别待批专利、已授予专利、因未能支付适当的专利维护费而过期的专利以及已被 USPTO 取消的专利。

　　由于技术的快速发展经常超出了保护它的法律手段的范围,专利巨头的定义及其不利因素已成为人们关注的焦点。专利巨头购买或滥用专利,试图提起诉讼或对簿法庭,破坏对发明人或知识产权所有者进行保护的意图。以此作为牟利的商业战略,他们可能会设置障碍,冻结或阻止其他公司实施或开发该技术。

　　人们只需要关注谷歌学术关于"增材制造"的提醒信息几个月,就可以了解与该技术相关的专利问题出现的频率:其中有多少最终会让发明家受益并得到保护,又有多少最终会落入专利巨头的手中? John Hornick 是一名专门从事 3D 打印法律的知识产权律师(Hornick,2015),在他的书和视频《3D 打印与知识产权的未来(或消亡)》中讨论了 3D 打印将给知识产权的未来带来的挑战[65]。

　　可能使人丧失生命或者关键能力的部件,如汽车动力、医疗或航空航天中使用的一些部件,都要受到多个管理机构的监管。这适用于所有常规加工和 AM 部件。与 AM 相关的更大风险是制造不受管制的部件在 AM 中变得更容易,而且更不容易被发现。

　　制造商可以采取技术保护措施(technology protection measures,TPM),防止打印机用户接受非制造商批准的原料。TPM 施加的使用限制可能会受到法律的质疑,因为公司利益或政府政策可能与公共利益相冲突。与 AM 开发和应用相关的问题包括技术创新、公共领域和合理使用。公共知识[66]是一个组织,其使命是维护互联网的开放性和公众获取知识的渠道。他们通过平衡版权来促进创造力,维护版权,并保护消费者合法使用创新技术的权利,倡导符合公共利益的政策。最近,一份要求 3D 打印机用户免于 TPM 对 3D 打印原料控制的请愿书已被批准[67]。

　　为了保护模型或构建序列的知识产权,需要提高数据安全性。可以创建认证

---

　　[65] John Hornick. 3D 打印与知识产权的未来(或消亡). YouTube 视频. http://www.youtube.com/ watch?v=JoIjUKlwFkA&feature=c4-overview(2016 年 3 月 23 日访问)。

　　[66] 公共知识网站. http://www.publicknowledge.org/about-us/(2015 年 3 月 28 日访问)。

　　[67] 案卷编号 2014-07. http://copyright.gov/1201/2015/fedreg-publicinspectionFR.pdf(2016 年 2 月 1 日访问)。

的安全制造中心,并依靠安全的数据存储、数据传输、云链接和加固的解密芯片,在机器上实时解码并保护加密设计和工艺数据,以帮助确保这些信息的保护和货币价值。可擦除可编程只读存储器(erasable programmable read only memory,EPROM)加密将创建和分离文件加密和硬件加密代码,仅在制造过程中进行组合和解锁。一个选择是数据消除,它将清除在构建序列期间传输或生成的任何信息痕迹。另一个选择是传递所有权密钥,以防止数据破坏,并允许随后构建或销售这些信息。这些制造中心可以全天候实时运行,云客户可以在任何地方了解资源可用性。从设计到零件的安全保护可以减少设计或加工流被黑客攻击的潜在风险。

例如,Authentise 公司[68]提供 B2B 云软件,以实现安全的 3D 打印。为保护知识产权、设计完整性和数据传输过程,他们开发了一系列安全措施,提供多种技术,可以将数据流安全地传输到打印机以便安全地打印设计。例如,Authentise 计算机视觉网络摄像头等产品可以提供构建时监控和交互式移动控制,以便安装和连接 3D 打印机。

对知识产权的保护必须扩展到全球和多个司法管辖区,它们之间目前仍缺乏协调。由于商业惯例通常滞后于新技术的采用,为提供此类保护而制定的国内外法律可能会滞后于技术发展。随着技术发展速度的加快,企业适应这些变化的速度也必须不断提高。各公司正在相互竞争,以评估 AM 对其当前和未来产品线的好处,并重新培训,重塑他们的设计知识[69]。正如工人需要不断发展他们的知识产权保护知识和技能一样,公司和企业结构也必须如此。

环境、安全和健康问题可能需要额外的监管和跟踪,因为制造业的民主化依赖于高能束和潜在的爆炸性或有毒粉末的使用。与办公室或车库中安装的 3D 塑料打印机不同,金属熔化系统和使用金属粉末的系统会带来更大的风险。对于非专业和未经许可的使用和访问可能需要更高程度的培训和合规性,才能安全、正确地操作。

量子材料公司与弗吉尼亚理工大学的关键技术与应用科学研究所增材制造系统设计、研究与教育(Design,Research and Education for Additive Manufacturing Systems,DREAMS)实验室合作开发了使用量子点技术的嵌入式安全技术。量子材料公司网站上发布的一篇文章[70]介绍了他们的量子点安全技术,该技术可以将量子点嵌入正在 3D 打印的物体中,从而产生物理上不可克隆的签名,帮助确保物体的正确身份。

---

[68]　Authentise 公司网站. http://authentise.com/(2015 年 3 月 28 日访问)。

[69]　麦肯锡公司报告. 下一个支柱 CEO 指南. 2014 年 1 月,Katy George,Sree Ramaswamy,Lou Rassey. http://www.mckinsey.com/insights/manufacturing/next-shoring_a_ceos_guide(2015 年 3 月 27 日访问)。

[70]　量子材料公司网站文章. http://www.qmcdots.com/products/products-3dprinting.php(2015 年 3 月 28 日访问)。

最后，当某些组织担心不可能或不太可能发生的事情时，经济安全就开始发挥作用了。例如，美国国土安全部询问，如果所有的 IT、网络和电网都消失了，那么 AM 会怎么办？虽然传统制造业不太可能很快消失，但是问一下 AM 是否会成为国家资源和国家安全风险还是有道理的。

12.6　社会和全球趋势

正如整个历史一样，技术的产生是为了服务社会和个人，有时是为了个人的提升，有时是为了所有人的利益，有时是为了获取优势或相互对抗。

《2030 年全球趋势：替代世界》为思考未来社会和全球趋势、可能的情景和潜在的结果提供了一个框架[⑦]。

本报告提供的框架分为四大趋势：

- 个人赋权、减少贫困、不断壮大的中产阶级、更好的教育、广泛的沟通和医疗进步；
- 权力、网络、联盟、多极世界的扩散；
- 人口结构、老龄化、城市化、移民；
- 食物、水、能源、人口增长、供应和需求。

我们认为这个框架很有用，并将在下文讨论 3DMP 和 AM 在每个类别中的潜在影响（图 12.7）。

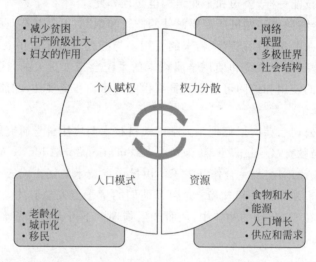

图 12.7　影响 3D 打印和 AM 的全球大趋势

---

⑦　国家情报委员会. 2030 年全球趋势：替代世界. 2012 年 12 月，NIC 2012-001，ISBN 978-1-929667-21-5. http://www.dni.gov/files/documents/GlobalTrends_2030.pdf(2015 年 3 月 28 日访问)。

12.6.1　个人赋权

正如前文所述：金属是有价值的，它使人们拥有物品，它使人们能够展示和投射权力。广泛的交流、网络访问以及信息和技术的进步将提高教育水平，减少贫困，壮大并重新定义一个新的全球中产阶级。AM技术提供的制造民主化将允许人们在需要的地方和需要的时候根据需要获得个性化的物品。这将提高全球人民的实用性、生产力和相关性。人们将通过更好的医疗保健和更长、更具生产力的生活获得权力。人们将可以使用个人无人机和机器人，扩展其能力和个人权力的范围。AM将在所有这些技术中发挥作用。

支持本地制造的商品和医疗保健产品将在以前无法获得的地方以低价提供。将在能源（水、风、太阳能、化石燃料、燃烧垃圾或甲烷）或原材料（金属、玻璃、塑料）来源（如回收站）附近建立本地甚至移动制造单元。基于卫星和无人机的互联网、云和网络访问将提供对各种消费品、建筑硬件和基础设施支持的开源模型访问。对基于网络教育的访问将提供远程学习的机会，对网络的访问还能提供就业机会，例如生产AM模型供全球使用，修改现有模型或定制模型用于特定的或个性化的应用。

在一个日益虚拟的人类环境中，专门为一个人的地理位置、社会环境以及个人愿望和需求而量身定制的商品将被提供。人类的本性仍然希望拥有、持有和占有事物，并赋予所有权。所有的商品都将越来越多地由数据驱动。许多商品的生产将超出控制或监督范围。

富裕人群将有机会获得高质量、独特的设计，这些设计符合个人需求，如优质医疗保健和生活质量硬件。外骨骼、植入物和人体增强装置将依赖于一组完整描述的个人数据集，直到你的DNA层次。你的身体和健康情况的完整数据集，如骨骼结构、年龄和健康状况，将用于制造定制设备。为使用而优化的合身服装和客户商品将基于陈述或预测的需求。

个人赋权将如何影响宗教观和对基本人性的诉求？这很可能由我们每个人来定义。个人赋权将使女性在社会、政治和世界秩序的各个方面发挥越来越大的作用。

12.6.2　权力分散

个人赋权的增加可能与政府权力的下降同时发生，导致个人自由的增加，并且提高了人们与非政府机构联系和联盟的必要性。如果各国不能克服分歧，并为共同的利益而共同努力，那么将出现志同道合的社会团体或专业团体形成的公司或组织，以填补这一空白。企业可以联合起来为员工及其家庭提供福利，为医疗、交通、住房、安全、信息、社会和生活质量提供解决方案，而不是由国家、州或市政府提供。这可能会导致社会分层。专业村庄和虚拟社区可能成为混合型社会单元，提供基于群体计划的替代社区结构，其人员的选择不受政府限制或监管。不结盟的社会结构将越来越依赖于资源和能源的产生，以及材料、商品和服务的垂直整合，如 AM 提供的服务。

第三世界的崛起将通过本地化的能源、食品生产和制造能力来实现，绕过了获取历史信息或历史制造基础设施的限制。太空军事化将如何影响力量平衡？企业进入太空会演变为个人进入太空吗？在《权力的终结：从董事会到战场，从教堂到州，为什么掌权不再是过去的样子》（Naím，2013）一书中预见了未来 30 年权力结构的不断变化。

12.6.3　人口统计、信息、流动性、教育、连通性

AM 技术的彻底采用将发生在服务水平较低的国家。比如芬兰，那里几乎没有固定电话服务的基础设施。在新技术的推动和技术需求的拉动下，加快了对新手机（诺基亚）技术的广泛投资和采用。

虽然人们的流动性越来越强，但是他们出行的理由也会越来越少，因为所有的基本必需品都将在他们的家门口提供。今天，地球上有 70 多亿人口；到 2030 年，预计我们将拥有超过 80 亿人口。这将促使我们重新思考：我们需要什么，以及如何最有效地利用现有的能源、材料和资源。我们需要提高所有系统的效率。AM 将如何参与其中？随着商品和工作按照需要直接送到家中，个人拥有汽车的数量和出行将减少。资源的时间安排和成本分担将降低维持相对较高生活水平的成本。全球对美好生活的定义，曾经被称为"美国梦"，这已经扁平化，变得更加信息驱动、更加专注，或者以越来越虚拟的方式满足个人需求。共享物品或服务，如自动出租车和送货卡车，将允许延长交货时间而不违反劳动法。人口老龄化将影响消费品、移动性、机器人、外骨骼、个人机器人和无人机的交付。

全球生活水平的扁平化将不可避免地导致未来全球 80 亿～90 亿人无法像今天的发达国家人口那样生活。全球基本需求的提供将出现巨大的改善，如食品、水、能源和教育，但是其他服务的获取、质量、数量或选择将发生重大变化。例如，医疗保健可能对所有人都是免费的，代价是向大数据提供你的 DNA、骨骼 3D 定义和个人活动印记。作为 80 岁调养的一部分，可能需要 3D 骨骼数据，以在一次手术中替换所有磨损的关节、牙齿或脆弱的骨骼。标准化和选项限制可能是另一项成本。当世界变得扁平时，它也将变得越来越小。扩展公共空间的概念将包括网络空间、外层空间、海洋和空域。

在过去的几十年里，与我们生活相关的信息比率和虚拟体验显著上升。我们的每一个行动都会更新关于我们是谁、我们是什么以及我们能成为什么样的信息。在大多数情况下，以个人信息为中心的虚拟体验将远远超过我们在现实世界中为自己提供的体验。

12.6.4　食物、水、能源、人口增长

人口向特大城市的转移和迁移将更有效地容纳迅速增长的人口。垂直城市温室和人工食品的生产将实现本地化,并优化生产和供应。为了支持人口增长,新的能源收集和生产方式,以及材料和水的回收利用方式已经发展起来。供求、生产和消费的过剩将缩小。资源和消耗将减少,并达到最小化。

12.7　增材制造的趋势

正如我们在本章中所看到的,发现 AM 技术发展的趋势并预测未来 5～10 年的发展方向是很容易的。但是,要把这一切都安排在一个时间表上,知道在哪里投入时间和金钱,在哪里和什么时候预期货币回报,以及如何权衡投入 AM 金属加工的机会成本,肯定会更加困难。随着公司的成立、拆分和收购,AM 技术和公司的格局正在不断变化。

12.7.1　AM 技术和市场的首要目标

在最后一章的结尾,我将列举对 AM 金属产生最大影响的技术目标和市场目标(图 12.8)。

(1) 更低成本、更高质量的材料和金属合金将推动高性能合金得到更广泛的应用。

(2) 从 CAD 到 AM 制造的软件和完全集成的基于参数化模型的设计和工程分析,具有通用的 CAD 文件格式和跨 AM 平台的翻译功能。

(3) 自动化的材料性质生成系统收集数据以填充数据库,提供预测模型,并将协助材料、工艺和部件的认证。改进模型以帮助理解复杂几何形状对材料性质和零件性能的影响。

(4) 开放式架构的 AM 系统将大量增加,能够实现过程中的数据收集,并链接到零件检查数据,反馈到设计和过程模拟中,并用于充实数据库和驱动预测模型。

(5) 现有 AM 技术的能力、速度和准确性将得到提高,可以减少 AM 制造过程中出现的故障和废品率,有助于推动 AM 技术的采用。

(6) AM 与 SM 的混合集成,在机和过程中的检测。

(7) 服务提供商提供的更大的访问权限和更低的成本,将极大地把快速金属原型制作扩展到中小型企业部门和个人。

(8) 先进的低成本、高精度 3D 扫描工具,允许与现实世界的几何形状、逆向工程进行交互,并完全集成到基于参数模型的工程环境中。

(9) 需要广泛扩大培训和 STEM 教育机会,不仅在学院和大学层面,而且在社区学院、职业学校、高中和小学层面。

（10）国际标准的不断产生，使 AM 技术更好地融入全球制造业经济的价值流中。

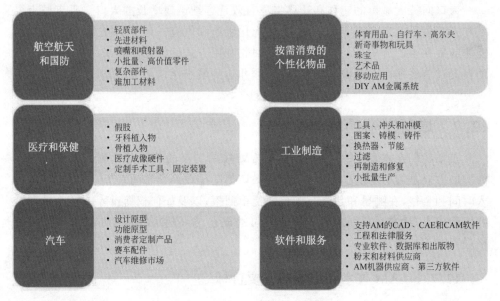

图 12.8　AM 技术及其市场目标

12.7.2　迈向 AM 金属的第一步

本书向你介绍了 AM 金属的语言，推出了一张地图，确定了目的地、前往主要景点的车辆、活动中心、学习和工业中心、高速公路和小路。从宣传广告牌上看过去，我们专注于街道标志，学习 AM 道路的规则和语言。我们已经确定了你在哪里上下常规制造的高速公路，以及在哪里探索兴趣点，并花费时间了解一种快速变化的新技术。我们连接到了最新的信息，这些信息显示了与其他相关技术的桥梁正在哪里修建；哪些道路正在建设中；哪些道路正在改善；哪些坑洼正在填补。我们在地图上描绘了技术的交叉点将创造增长和新的发展领域的位置。我们提供了一个坚实的信息基础，帮助你了解金融投资和掌握这些 AM 工艺的复杂性所需的技能，以及该技术可以带你或你的业务走向何方的现实预期。

读完这本书，你已经开始了知识和技能的提升过程，迈出了让 AM 金属技术为你服务的第一步。通过提供的网页链接，可以获得更多的阅读、指导性视频、信息来源，以及各种供应商、机器和服务提供商、管理机构、学习中心、最新媒体新闻等内容的介绍，最重要的是，志同道合的梦想家和思想家在这里相遇或交流。

我们希望这本书为你提供了 AM 金属行业的愿景，它提供了引导方向和决策的机会，以及你前进的第一步。你正走在探索 AM 金属世界的路上。我希望能在这条路上见到你。在到达目的地之前，梦想远大，一路远行。

专业学会和组织链接

ACGIH，American Conference of Governmental Industry Hygienists，美国政府工业卫生学家会议. www. acgih. org

AMT，Association for Manufacturing Technology，制造技术协会. http://www. amtonline. org/

ANSI，American National Standards Institute，美国国家标准协会. www. ansi. org/

ASM International，ASM 国际（前身为美国金属学会，American Society for Metals）. http://www. asminternational. org/

ASME，American Society of Mechanical Engineers，美国机械工程师学会. https://www. asme. org/

ASNT，American Society for Non-Destructive Testing，美国无损检测学会. https://www. asnt. org

ASTM International，ASTM 国际（前身为美国测试与材料学会，American Society for Testing and Materials）. www. astm. org/

AWS，American Welding Society，美国焊接学会. http://www. aws. org

CISRO，Commonwealth Scientific and Industrial Research Organization，联邦科学和工业研究组织. http:// www. csiro. au

CSA Group，CSA 集团（前身为 Canadian Standard Organization，加拿大标准组织）. http://www. csagroup. org

DARPA，Defense Advanced Research Projects Agency，国防高级研究计划局. www. darpa. mil

EWI，Edison Welding Institute，爱迪生焊接研究所. http://ewi. org/

ISO，International Organization for Standardization，国际标准化组织. http://www. iso. org/iso/home

LIA，Laser Institute of America，美国激光研究所. http://www. lia. org

MPIF，Metal Powder Industries Federation，金属粉末工业联合会. www. mpif. org

MIBP，Manufacturing and Industrial Base Policy office，制造业和工业基地政策办公室. http://www. acq. osd. mil/mibp

NIOSH，National Institute for Occupational Safety and Health，国家职业安全与健康研究所. http://www. cdc. gov/niosh

OSHA，Occupational Safety and Health Association，职业安全与健康协会. www. osha. gov

SAE International，SAE 国际(前身为汽车工程师学会，Society of Automotive Engineers). www. sae. org

SME，Society of Manufacturing Engineers，制造工程师学会. https://www. sme. org

TMS，The Minerals Metals and Materials Society，矿物、金属和材料学会. http://www. tms. org

USPTO，United States Patent and Trademark Office，美国专利商标局. www. uspto. gov

WIPO，World Intellectual Property Organization，世界知识产权组织. www. wipo. int

WTO，World Trade Organization，世界贸易组织. www. wto. org

AM机器和服务资源链接

焊接设备和耗材供应商

ESAB 集团. http://www. esabna. com/

Fronius. http://www. fronius. com/cps/rde/xchg/fronius_usa

林肯电气. http://www. lincolnelectric. com/en-us/Pages/default. aspx

Miller. http://www. millerwelds. com/

增材制造机器制造商和服务提供商

3D 系统. http://www. 3dsystems. com/3d-printers/production/overview

Arcam. http://www. arcam. com/

BeAM,Be 增材制造. http://www. beam-machines. fr/uk/en/

概念激光. http://www. concept-laser. de/en/home. html

DM3D 技术. http://www. dm3dtech. com/

DMLS. com. http://dmls. com/home

DMG Mori. http://us. dmgmori. com/dmg-mori-usa

EOS. http://www. eos. info/en

ExOne. http://www. exone. com/

Fabrisonic. http://fabrisonic. com/

混合制造技术. http://www. hybridmanutech. com/

线性模具与工程. http://www. linearmold. com/

Materialise,3D 打印和 AM 的软件和服务. http://www. materialise. com/

松浦机械. http://www. matsuura. co. jp/english/

MTI Albany. http://www. mtialbany. com/

Optomec. http://www. optomec. com/

实现者. http://www. realizer. com/

Renishaw. http://www.renishaw.com/en/laser-melting-systems-15240

RPM 创新. http://www.rpm-innovations.com/laser_deposition_technology

RP+M. http://www.rpplusm.com/

Sciaky. http://www.sciaky.com/additive_manufacturing.html

SLM 解决方案. http://stage.slm-solutions.com/index.php?index_en

Stratasys 直接制造. https://www.stratasysdirect.com/

Trumpf，沉积线，产品. http://www.us.trumpf.com/en/products/laser-technology/solutions/applications/surface-treatment/deposition-welding.html

Voxeljet. http://www.voxeljet.de/en/

金属粉末制造商

增材金属合金. http://additivemetalalloy.com/

AP&C，先进粉末和涂料. www.advancedpowders.com

Carpenter 技术. http://cartech.com/

H.C. Starck. https://www.hcstarck.com

Hoeganaes. www.hoeganaes.com

LPW 技术. http://www.lpwtechnology.com/

材料技术创新有限. www.mt-innov.com

Metalysis. http://www.metalysis.com/

纳米钢材. https://nanosteelco.com/

挪威钛业. http://www.norsktitanium.no/

Praxair 表面技术. http://www.praxairsurfacetechnologies.com/

Puris. http://www.purisllc.com/

Sandvik 材料技术. http://smt.sandvik.com/en/

其他提供 AM 信息、文章和链接的网站

3D 打印机和 3D 打印新闻. www.3ders.org

3Dprint.com. http://3dprint.com

《3D 打印和增材制造》杂志. http://www.liebertpub.com/overview/3d-printing-and-additive-manufacturing/621/

《增材制造》杂志. http://www.additivemanufacturing.media/

Authentise. http://authentise.com/

Autodesk Within. http://www.autodesk.com/products/within/overview

Delcam. http://www.delcam.com/news/press_article.asp?releaseId=2058

Engineering.com. www.engineering.com

Insidemetaladditivemanufacturing. com. http://www. insidemetaladditivema-nufacturing. com

《金属增材制造》杂志. http://www. metal-am. com/

Metalysis. http://www. metalysis. com/

现代机械车间. http://www. mmsonline. com

《TCT 杂志：3D 打印和增材制造情报》. http://www. tctmagazine. com/

OpenSCAD. http://www. openscad. org/downloads. html

Wohlers 联合公司. http://www. wohlersassociates. com/

附录**A**

配置3D金属打印车间的安全性

由于与 AM 材料和工艺相关的环境、安全，以及健康管理和控制非常重要，所以，AM 服务提供商或计划建立自身 AM 能力的企业应确保遵守所有 AM 制造商的建议和程序，以获得并保持安全的 AM 加工环境所需的技能和控制。

对于许多创客而言，实现对金属梦想的最佳方式就是根据本书提供的新知识选择一个 3D 金属打印服务提供商。采用这种方式时，最大的安全问题可能是你的计算空间的人体工程学设置。

那些考虑购买专业系统，但又不熟悉与激光、电子束发生器，金属和粉末处理相关的具体危害的中小型企业，应继续阅读下面的内容，以了解该技术带来的额外危害。当将 AM 添加到你的能力中时，你的车间运行的安全范围可能会大大超出你当前的职责范围。

对于我们这些 3D 硬件黑客和自己动手的人来说，构建和操作自己的基于电弧焊的系统的乐趣和诱惑将占据优先地位，但是需要安全地进行。这些人与那些制作自己的 Heathkit 立体声接收器的人、学习 BASIC 编程的 Altair 计算机的人，或者是把大众甲壳虫汽车变成了沙丘车的人是同一类型的(你的祖父母?)。

1. 焊接和基于电弧的增材制造系统的安全性

解决问题的最好办法是一开始就不要有问题。一个小知识就可以帮助我们走很长的路，而没有什么能够比一次事故让你的车间倒塌或烧毁更不幸的了。基于焊接的 AM 系统会有很多机会毁掉你的一天，而这种事情在家庭商店或艺术工作室中是不常见的。金属加工本身就有一个完整的危险清单，而焊接可以很好地将它们合并成一个清单，并且还增加了一些内容。联邦的职业安全与健康协会(Occupational Safety and Health Association, OSHA)为工业环境提供了指南、安全工程师和定期检查。为了每个人的利益，创客则必须为自身的利益自行承担责任，确保车间安全和操作安全。焊接安全信息和情况说明的详细清单可在《AWS

安全和健康情况表》①中和可以免费下载的 ANSI Z49.1 标准《焊接、切割和相关工艺中的安全》②中找到。功能齐全的 AM 焊接制造车间的建立和维护成本可能很高。避免所有这些成本的最佳方法之一是使用具有适当配置的制造环境中提供的空间。如果你打算自己动手，参加焊接课程是同时学习技术和安全实践的好方法。贸易学校、社区学院和创客空间，如 TechShop③，都能提供安全、配置良好的工作空间并配备知识渊博的人员。

　　笨拙的大汉（像我一样）不想听这个，但是在你家住宅的车库里焊接是不行的。形成火灾需要三个条件：热量、燃料和氧气。而一个住宅的车库把所有这些都塞进了一个小空间里，在那里飞溅的火花和可燃物构成了一个危险的组合。一个宽敞并且通风良好的车间空间，有水泥地面，并且没有可燃物，这是减少这些风险的良好开端。产生电弧和火花的操作，包括用于精加工的研磨机或切割炬，可以产生30 英尺或更长的火花。基于电弧的自动 AM 或 3D 金属打印系统可以提供无人值守操作的功能，但是若出现问题时没有适当的工程控制来实施停机，则可能存在危险。在自动化操作过程中，即使是短暂的干扰也会造成无法控制的危险。因此需要人工参与构建过程并在附近配备合适的灭火器。

　　当你佩戴了护目镜或电弧焊防护罩时，你无法观察火花的去向。工作台下的垃圾桶、煤气罐、油漆、报纸和锯末都可能会带来一场即将发生的灾难。即使是像钨极气体保护焊这样几乎不会产生火花的工艺，也需要将防火服、手套、长袖和衬衫领子扣好。创客们也不想听这些，但是若将一个脆弱的运动系统与一个低成本的焊接系统整合在一起，却不花费金钱或时间确保其安全运行，那只会自找麻烦。好了，这些建议应该足够了。下面提供了一些信息和网络链接，可以帮助你朝着正确的方向前进。

2. 设备安全性

　　控制热量和火灾风险是从控制能源开始的。你的电弧炬或热源应处于良好状态，并正确设置，因为旧的或损坏的设备可能会导致灾难。避免在车库大甩卖或跳蚤市场上购买这些设备。旧的电弧焊设备可能有磨损或断裂的电线、接头、软管、接地夹和不良接触。务必确保你的设备处于良好状态，并根据制造商的规范或推荐操作进行设置。

　　焊接过程中，熔融金属、火花、热液飞溅和不受控制的火焰或电弧可能会点燃操作场地附近的可燃物。令人惊讶的是，人们在焊接防护罩后面时，很容易注意不到焊接引起的意外火灾。一个好的电弧炬固定装置和一个没有可燃物的工作区

---

①　AWS 安全和健康情况表. https://app.aws.org/technical/facts/(2015 年 3 月 30 日访问)。

②　ANSI Z49.1 标准. 焊接、切割和相关工艺中的安全. 认证标准委员会 Z49, 焊接和切割安全. https://app.aws.org/technical/AWS_Z49.pdf(2015 年 3 月 30 日访问)。

③　TechShop 网站. http://www.techshop.ws/(2015 年 3 月 30 日访问)。

域，这个解决方案比假设你能控制火花或飞溅更好。

焊接后，应注意使焊接部件冷却，以防止在搬运过程中发生新的起火或烧伤。来自焊接电弧的强紫外线需要额外的控制，如焊接帘、防护罩和护目用具。而其他产生火花的操作，如研磨或切割，可能同样糟糕甚至更糟。这些安全信息的清单还在继续增加（例如将在后面讨论的激光），因此请务必阅读供应商为你的特定设备和焊接材料提供的安全信息。

自动操作，例如不需要操作员交互的基于电弧的 3D 焊机，可能会由于疏忽而导致火花或设备短路，或者是眼睛的意外损伤。尽管 3D 自动沉积可能在控制回路中不需要操作员，但并不意味着一名知识渊博的操作员应该让这个过程无人看管。

控制燃料或可燃物是防火的另一个关键方面。对于多用途的环境，工作环境中可燃物的控制是一个经常遇到的问题。金属屑和切削液在与焊接或其他产生火花或热量的操作相结合时，可能与木材或易燃液体一样危险。在焊接作业附近的任何位置不能有锯末、机油、金属屑、汽油、油漆和溶剂。最好的解决方案是在没有垃圾桶、溶剂和易燃物的专用焊接区域进行焊接。

3. 惰性气体和压缩气体

焊接过程中可能会使用多种工业气体，每种气体都有各自的危害。氩气、氦气、二氧化碳（CO_2）和氮气可用于屏蔽和保护熔融金属免受空气和氧气的影响，以避免氧化、熔渣形成和其他问题。但它们还能阻止空气和氧气被肺部吸入，这是件坏事。例如，氩气比空气重，会在你的肺里沉降并导致死亡。这种情况更可能发生在密闭空间中，但是在没有适当通风的足够小的车间中，这是一种真正的危险。这些气体通常装在大型高压钢瓶中输送。瓶中压力可以高达 3000 psi（1 psi＝6.89476×10^3 Pa），并且能够以惊人的方式减压，这在多年来的工业中已经得到证明。因此，在储存时要用安全帽将瓶子锁紧，在使用时将瓶子用链条固定在手推车或架子上。建议在室外安全存放。使用后，务必排空压力管路。仪表、管线、软管和配件的类型应符合气体和应用条件的要求。你当地的焊接用品商店应该能够提供合适的硬件。工业气体供应商 Matheson TriGas 在压缩气体的安全操作方面有一个很好的出版物，可在下面的链接中获得④，或者在《Harris 产品安全指南》中得到相关信息⑤。

密闭空间在加热时可能无意中存储了大量压力，或在冷却时产生低压（真空）条件。由于与加热和冷却产生的相对压差，可能会导致容器破裂或压碎。根据认证规范设计并使用焊接制造的压力系统，或通过压力测试进行检查和认证的压力系统，这通常超出了创客或爱好者的范围。自制的惰性气体室或外壳会隐藏大量

---

④　Matheson TriGas 公司出版. 实验室和工厂压缩气体的安全操作. 2012 年. http://www.mathesongas.com/pdfs/products/guide-to-safe-handling-of-compressed-gases-publ-03.pdf（2015 年 3 月 30 日访问）。

⑤　Harris 产品安全指南. http://www.harrisproductsgroup.com/en/Technical-Documents.aspx（2017 年 6 月 2 日访问）。

的危险情况。惰性气体室等密闭空间经常用于3D金属打印设备。对于多用途的车间区域,可能需要适当的上锁、标记和控制使用。掌握最新技能且知识渊博的操作员是安全操作的最佳保障,并能确保适当的危险控制水平。

4. 烟雾、颗粒、粉尘和蒸气

除上述工业气体以外,还可能存在与由工艺或相关产品(如清洁化学品)的蒸气产生的烟雾或颗粒相关的重大危险。与电弧焊或任何金属熔化过程相关的烟雾可能包括蒸发金属、焊剂和填充金属或电极涂层中的化学品。商用排烟机可以收集和过滤工作区域内的烟雾和颗粒。通风橱或通风罩,如3D金属打印机周围的防护罩,将用于防止工作区域受到污染。在工业环境中,这些外壳和罩由经过培训的职业安全专业人员进行检查和测试,以确保特定焊接操作的正确配置和流程。

AM金属工艺产生烟雾的其他来源可能包括蒸发和冷凝的金属液滴、灰尘、污垢、焊剂和烟尘。大型通风良好的工作区是一个良好的起点。了解你正在沉积的材料和危险是很重要的。务必阅读材料安全数据表(material safety data sheet,MSDS)和供应商为每种材料提供的信息。

为你的设备选择正确的清洁方法很重要,这是因为,如果你有一个需要使用溶剂清洁的腔室,那么可能会有危险的蒸气积聚。烟雾、颗粒和蒸气过滤器和抽气机需要专门为你的特定应用而设计,因此请咨询你的焊接用品商店,以确保你有正确的设备来完成工作。某些应用需要使用类型正确的、适用于蒸气或颗粒的口罩,因此请务必正确选择口罩,并正确佩戴和储存。林肯电气公司有一本优秀的出版物《焊接烟尘控制常见问题》[6]。

5. 有毒物质

一些材料,如锌、铬、镉、黄铜或铅,在焊接时会产生有毒烟雾。即使你不太可能3D打印这些材料,但是更常见的金属,如不锈钢,也可能含有铬或钒等合金元素,这些元素会蒸发并与空气发生化学反应,生成其他有毒化合物。可以在网上找到MSDS,即材料安全数据表,在处理或焊接你不熟悉其危害的焊丝和材料时,应查阅这些材料的危险性。可以在职业安全与健康协会找到这些信息的链接[7]。

6. 电气危险

电击可以使你的心脏停止跳动而致死,电烧伤或肌肉失去控制会导致摔倒。应使用正确的电线、插头、保险丝和专业的电气服务安装焊接设备。所有主要的焊接用品公司的网站都提供电气安全信息。这里给出了提供相关信息的林肯电气公

---

[6]　林肯电气公司出版.焊接烟尘控制常见问题(2014). http://www.lincolnelectric.com/assets/us/en/literature/mc0831.pdf(2015年3月30日访问)。

[7]　职业安全与健康协会. www.osha.gov(2015年3月30日访问)。

司焊接安全网页的链接⑧。更多的信息可以参考 ANSI Z49.1 标准《焊接、切割和相关工艺中的安全》(ANSI/AWS,2005)。

7. 机械危险

抬起或移动重物时可能会受伤，因此请记住穿结实的鞋子，戴好手套，在弯曲膝盖时只举起你容易举起的东西。用于研磨或精加工的旋转设备可能会抓住、卡住或夹住工具、身体部位等。应保持机械设备周围区域没有工具，并且避免绊倒的危险。自动运动系统和 CNC 控制设备也可能发生故障，或者是由编程错误导致的意外运动。应使用适当的防护装置和屏蔽，并应设置适当的联锁控制装置，以确保在违反安全条件时停机。商业集成系统通常遵守适当的国家安全规范，但是当黑客和创客能够自由地拼凑一个系统时，由于成本和经验不足，则很容易会偷工减料。

8. 对眼睛的危害

在金属和焊接车间，良好的眼部保护是必不可少的。适用于电弧焊的护目镜应清洁，尺寸合适，并且无凹痕或划痕。需要一个合适的焊接防护罩，其透镜的密度应适合焊接条件。即使是短暂的闪光暴露，电弧闪光也会导致眼睛的灼伤、疼痛。现代自动调节明暗的防护罩只要电池充电且处于开启状态就可以很好地工作。如果你不佩戴安全眼镜，就不能阻挡磨砂。在自动操作的情况下，即使你不直接参与操作，也需要使用防护罩、屏障或焊接帘来保护你或他人免受弧光的伤害。

9. 急性与慢性暴露

烟雾、噪声、电弧烧伤、灰尘和有毒物质可导致急性或慢性暴露。了解每种特定工艺和材料的危害非常重要。突然接触大量有毒物质，如吸入浓烟或空气中的粉末，可能会导致超出正常加工条件范围的急性暴露。它们可能是计划外事件，可能突破个人防护装备(personal protective equipment,PPE)并造成立即伤害。慢性暴露是指在较长时间内、较小水平的暴露，可能以不太明显的方式造成伤害。维护不善的 PPE 或操作员的忽视会导致长期暴露的危险。无论哪种方式，操作员都需要充分了解在特定的车间操作中存在的所有急性和慢性危害，并相应地保护自己和他人。

10. 金属粉末危害

3D 金属打印零件的粉末处理或后期加工可能是一项很脏的工作。根据你使用的材料和工艺，可能会产生大量的灰尘、蒸气和颗粒，它们从轻度危险到有毒。

---

⑧　林肯电气公司网页. 焊接安全常见问题解答——电击. http://www.lincolnelectric.com/en-us/education-center/welding-safety/pages/electric-shock-faqs.aspx (2015 年 3 月 30 日访问)。

确保了解你使用的材料,并一定要查阅材料安全数据表。在适当的工艺位置和源头控制可采用通风机、高效颗粒空气(high efficiency particle air,HEPA)过滤真空吸尘器、排烟或颗粒喷砂室。在处理、运输或清洁装配部件中的粉末时,对人员的适当控制和保护包括 PPE、个人呼吸器、防尘口罩和手套。需要正确的储存、清洁和废物处理程序。

金属粉末可能无处不在,不仅会造成吸入危险,还会有爆炸危险。此外,在加工前后,应经常用溶剂清洁腔室和表面。因为慢性吸入危害在车间中很常见,但是人们对其了解甚少,或者常常无法控制,所以采用保护措施非常重要。金属粉末会燃烧或爆炸,则需要使用接地的地板垫来抑制静电火花放电[9]。一个可供参考的资源是国家职业安全与健康研究所(National Institute for Occupational Safety and Health,NIOSH)[10]。又如,铝业协会的网页上有安全处理铝细粉的视频链接[11]。网上有记录在案的 AM 金属打印公司因不当的金属粉末加工行为而引发火灾和爆炸并导致人员受伤的案例。

11. 激光危害

激光加工会出现包括上文详述的大多数危害,如电气、火灾、机械等,但是也会出现与相干光束和激光的高能量、不可见、直接冲击、镜面反射和漫反射相关的一系列特有的危害。任何直接使用激光生产设备的人员都应根据《美国国家激光安全使用标准》(ANSI,2000)参加正式的激光安全课程学习,并遵循制造商的所有安全指南。AM 金属系统制造商应提供Ⅰ类外壳,即激光防护外壳,以确保安全运行。这些系统的维护和维修可能需要特殊的操作,操作过程中开放的激光和光束可能会带来危险。这些危险必须通过设备制造商提供的安全程序来避免,最好是由经过培训的服务代表来处理。

12. 电子束熔化和焊接设备

EBW 设备会造成许多大多数人不熟悉的危险。首先,电子束撞击金属会产生X 射线,因此供应商安装的所有腔室屏蔽装置在运行期间必须保持在原位。某些系统可能会产生高达 175 kV 的高压,需要特殊的接地和严格的维护程序,以确保日常服务和维修期间的安全。在供应商的资料和 AWS《电子束焊接推荐实施规程》(AWS C7 高能束焊接与切割委员会,2013)中可以找到关于 EBW 系统安全操作和服务的优质资源。这些系统的维护和维修需要特殊的操作,必须通过设备制造商提供的安全程序来避免危险,因此最好是由经过培训的服务代表处理。

---

[9]　美国劳工部,OSHA 网页. https://www.osha.gov/dsg/combustibledust/guidance.html(2015 年 3月 30 日访问)。

[10]　国家职业安全与健康研究所网站. http://www.cdc.gov/ niosh/contact/(2015 年 3 月 30 日访问)。

[11]　http://www.aluminum.org/resources/electrical-faqs-and-handbooks/safety(2015 年 3 月 30 日访问)。

附录B

金属熔合练习

本书提供了大量有关 AM 系统基本构建模块的信息。然而,除了阅读本书获得一些动手学习的机会能让你更进一步。对于那些有机会使用某种简单的电弧焊设备的人,这里有一些学习练习,可以帮助你直接体验所学内容。这些示例将演示局部热源与金属的相互作用、加热和熔化的效果、熔池的动态,以及冷却、收缩和变形的效果。你还将了解速度和功率等参数如何影响你控制熔池的能力。

你需要能够使用某种焊接设备。最好的类型是轻型气体保护钨极电弧系统。如果这是你的第一次尝试,则请确保有人向你讲述操作和安全原则。若他们能帮助你设置并进行这些练习那就更好了。

你开始可以购买几十块剪切和脱脂的 2 英寸见方的 16 号冷轧低碳钢,以及几十块 2 英寸见方、0.25 英寸厚的热轧低碳钢。它们不必是正方形的也不必须是 0.25 英寸的厚度,但是它们必须是干净的裸钢——脱脂的并且没有生锈或类似油漆的涂层。尺寸也不重要,但是如果所有的材料是一整片或一整块板,它将迅速变形,最终导致在原料用完之前就被丢弃。

1. 薄板点焊

一个好的开始是用 GTAW 焊炬熔化薄钢板上的焊点,并观察其加热、熔化和电弧熄灭后的冷却。将一块板放在焊接台上,不用固定,穿戴上 PPE,找到一个舒服的姿势,启动焊炬,用低电流电弧开始加热一个点。请注意板材颜色、形状或纹理的变化。观察焊点熔化,并观察试样在加热时的移动和变形。你通常可以看到一圈湿气或烧掉表面污染物形成一个扩展的环,改变了熔池周围的颜色或光泽。你可以观察熔池的形状,观察表面的光泽,以及液态金属的移动。将焊炬稍微移动一点,你会看到电弧最热的部分下方有一个凹陷,并跟随移动。这个压力或电弧力,是热气体和蒸发金属的组合作用,会产生局部凹陷,并导致熔池移动。这是一个重要的概念。随着熔池的增大,你可能会看到它下垂,这表明你已完全穿透或熔化了板材。表面张力会将液体保持在原来的位置,直到熔池中的液体变得过重,抵消了表面张力的作用,形成液体并滴落。当熔池开始下垂时,迅速移开焊炬,观察熔池的凝固情况。切断电弧电流后,请移开防护罩,这样便于仔细观察。当薄板冷却时,你可能会看到薄板边缘弯曲。在凝固点的中部可以找到凹陷。这个焊口位置有裂纹吗?

当焊炬加热板材时,金属膨胀,当温度接近熔点时,金属变软并停止膨胀,直到熔化时金属强度完全消失。熔化时,会形成一个熔池,周围是一圈橙色的、炽热但未熔化的软金属,再外围是一圈因金属膨胀而压缩的热金属。移除热源后,熔池凝固,软且热的淡橙色金属在冷却时开始收缩。先前膨胀并受到压缩力的环形区域逆转为收缩的环形受拉力的区域,直到工件完全冷却。这些由膨胀和收缩引起的动态应力会在焊接过程中扭曲和弯曲板材。通过焊点移动而释放的力会导致板材变形,而未释放的力会被锁定为零件内的残余应力。这是另一个重要概念,因为这些复杂的热-力过程在不同程度上存在于所有焊接结构中。即使是最聪明的材料科学家和机械工程师也无法通过测量或模拟而完全量化这些效应,但是他们在很大程度上能够了解残余应力发生的位置以及知道如何控制。创客们只需要知道它们的存在,并了解焊接(或 AM)导致零件变形的方式和程度,以便更好地规划零件设计或制造进度。

再次重复这个焊点熔化过程,这次让它熔化直至滴落。重复熔化另一个点,这一次使焊炬做圆周运动,或者来回移动。观察熔池的移动。添加一滴焊接金属填料,观察它熔化并滴入熔池中。将焊丝末端直接浸入熔池中,让熔池熔化填料。倾斜焊炬,观察熔池形状的变化。

2. 薄板线性焊接

现在你已经掌握了固定热源和点焊的外观和感觉,就可以开始移动焊炬,形成线性焊道。和前面一样,从熔化一个点开始。良好焊接开始的诀窍是不立即开始移动,而是停留足够长的时间以建立初始熔池的熔深。未熔合缺陷通常在焊接开始或停止区域产生。把板材翻过来,从背面看熔化痕迹。你能看到焊接开始时,由板中的热量积聚导致的焊道熔深增加吗?

如果你是手动添加填料,那么需要等到形成正确的熔池尺寸,然后开始移动并添加填料,方法是将焊条浸入熔池中熔化。将填料保持在电弧附近可提供间接预热,使熔池中的填料更容易熔化。冷的焊条可能会使熔池快速冷却,致使沉积均匀的焊道变得更加困难。对于自动送丝的焊接工艺,如 GMAW,由于焊接填料会立即开始添加,所以若要使焊道的起始就很平滑则困难得多。最终可能会得到一大块沉积物,或者是在焊缝开始处出现未焊透的情况。此时,读者可能会回想起与机器人技术和形状焊接有关的章节。

在开始添加填料之前,只需沿着工件一个方向施焊,保持恒定的焊炬位置、焊炬高度和行进速度,形成移动的感觉和控制能力。在移动到板的一半位置停下来,并观察板材在冷却过程中的变形。移动到板的另一侧完成焊道，并观察板的最终形状。在另一块板上，从边缘开始施焊，观察熔池形成的速度有多快。焊接整个钢板，直到到达另一个边缘。当接近边缘时，观察熔池如何变大，热量如何积聚。在不使用填料的情况下焊接更多的焊道，但是这次对焊炬高度、焊炬角度和速度要进行一些改变。观察熔池如何形成泪滴形状，并且随着行进速度的加快而变得越来越长、越来越窄。停止焊接并观察焊接末端的焊口。

在熔池的前缘添加一些填料，观察其流动并被热源推动的现象。观察它向前延伸成焊道，并观察焊接波纹如何随添加填料的频率而变化。焊道外表面并非完全平坦，由于表面张力，其容易形成弯曲的凸面。除非是烧结材料，否则所有这些过程都将在 AM 中以某种程度发生。

停止焊接，在第一次焊接留下的焊口处重新开始。在焊接结束时，练习用一滴额外的填料填充焊口，以获得熔合良好的端部焊点。拿一块湿抹布，选择一个位置进行淬火，观察热金属冷却时的收缩和变形。

3. 部分对接焊缝和根部断裂熔深研究

首先，取几块较厚的板材，将两块板材并排放置，不要夹紧或固定。观察焊接过程中焊接形成的焊缝和两块板对齐情况的变化。现在，将两块板并排夹紧，沿直线对接焊缝进行部分熔透焊接。当表面张力将焊缝的熔融边缘拉开时，观察焊缝的打开情况。观察焊条的熔化端也被表面张力拉成球状或液滴状。焊接后观察板材的形状和变形。你可以将这个工件放入虎钳中，用一对虎钳或锤子试着使工件沿焊缝表面弯曲。然后朝着焊缝根部的另一个方向弯曲，你可能会看到焊缝的断裂和撕裂，这是因为当受到来自背面的载荷时，焊缝的强度会弱得多。在相同的焊接设置下再次进行此操作，但是这次用约 1/16 英寸宽的小间隙固定板材（对于 1/4 英寸厚的板材）。再次尝试根部断裂，并比较有无焊缝间隙时的熔深。观察熔池前缘处焊缝熔化两侧的钢板边缘。最后翻转其中一块焊接板，并从另一侧焊接。你将看到，第一次焊接所产生的变形被背面焊接所产生的变形部分地抵消了。使用金属刷清除焊缝表面的任何氧化物和变色点，以获得更好的外观。你的焊道表面有多光滑和一致？你是否看到前面提到的任何其他缺陷？

以 T 形接头的形式夹紧并固定一些板材，以不同的焊炬角度和速度焊接。试着在一侧焊接两道 1 英寸长的焊道，然后完全焊接另一侧。注意通过偏移相对的焊缝以减少变形。将两块板立起来，将顶部外缘的两个角固定，沿顶部边缘焊接。停下来并观察与对接焊缝相比的变形情况。观察焊道的圆形形状。将一块板平放在焊接台上，沿外边缘焊接直到一个拐角的位置，然后沿下一个边缘退出来。当你进入拐角处时，你观察到热量的积聚了吗？当你进入和离开拐角时，你需要补偿你的速度变化吗？当熔池接近拐角时，拐角是否变圆或熔化？

4. 被覆熔接和 3D 堆积

通过选择较厚的金属板,并通过逐个焊道地进行被覆熔接,这样可以演示构建形状的过程。在熔透下面一层沉积物的同时,确保将每个焊道熔合到相邻焊道中。然后在上面再铺一层。你会马上注意到的两种现象分别是热量积聚和严重变形。让沉积物冷却,然后再添加一些。你将发现逐渐难以保持边缘圆滑。随着后续层的氧化,会开始累积并形成其他缺陷,你可能会看到一些气孔和熔渣。重复上述操作,但是在随后的每一层中的焊道方向交叉。还可以以螺旋形路径焊接,从板材中心开始向外移动。从板材的外边缘开始焊接另一个螺旋。记下板材在各层之间冷却所需的时间,并比较沉积一层所需的时间。

接下来,找一块大厚板,通过沿着每层焊道移动来建立重叠的焊道,从而构建 3D 图案,形成一个大圆柱体或五角星。继续以一个焊道叠在另一个焊道上的方式描绘五角星,调整你的移动速度、弧长和其他条件,形成 3D 堆积。等待工件冷却,然后再沉积一些。你能沉积一个多高的堆积物?

创客们可以从这些练习中受益,因为现在你知道了 AM 工艺面临的一些问题。所有这些影响在应用某种 AM 工艺时都会在某种程度上发生,只是规模较小。

就这样吧。走出去,找一些有代表性的材料并开始焊接。当问题出现时,你就可以深入地挖掘材料和工艺的细节,从而扩充并完善你的技术。通过对金属熔合工艺和术语以及基本概念的深入理解,你可以更有效地利用网络上的主题,或者是与当地 AM 社区的成员进行技术交流。

附录 **C**

OpenSCAD编程示例

OpenSCAD 网站提供了对 CSG 脚本软件的访问,该软件可用于创建实体模型并转换为 STL 文件格式。他们提供了培训手册、视频和代码示例的链接。STL 文件可以随后导入其他 STL 文件处理软件,如 Materialise MiniMagics,用于修复、切片和转换为附录 F 中所述的各种常见的 3D 打印机格式。下面是两个示例,说明了如何重新创建一个过时的工具设计和重新创建一个自然演变的复杂设计。

```
// 1/4" crowfoot Whitworth wrench
// test part for 3D metal printing

drive =  9.6 ; // 9.6 mm , for 3/8" drive dpx =  10 ; // drive pad x
dpy =  10 ; // drive pad y box_h =  6 ; // Height
round_r =  2 ; // Radius of round
dps =  65 ; // Number of facets of rounding sphere
sps =  200 ; // Number of facets smoothing spanner
spr =  1.2 ; // radius sphere for edge rounding
dp_offset_x =  9 ; // x offset of drive pad for 3/8" drive
dp_offset_z =  0.7 ; // z offset of drive pad for 3/8" drive
drsz =  9.6 ; // 9.6 mm for 3/8" drive size hole
// drsz =  13 ; // 13 mm for 1/2" drive size hole

// make drive pad with 9.6 mm ( 3/8" ) drive and round edge

translate ( [dp_offset_x,0,dp_offset_z] )
{
difference ()
{
hull ()
{
```

```
translate ( [-dpx,-dpy,2.5] ){ sphere ( spr,$ fn= dps ) }
translate ( [-dpx,-dpy,-2.5] ){ sphere ( spr,$ fn= dps ) }  translate ( [dpx,-dpy,2.5] )
{ sphere ( spr,$ fn= dps ) }  translate ( [dpx,-dpy,-2.5] ){ sphere ( spr,$ fn= dps ) }
translate ( [-dpx,dpy,2.5] ){ sphere ( spr,$ fn= dps ) }
translate ( [-dpx,dpy,-2.5] ){ sphere ( spr,$ fn= dps ) }  translate ( [dpx,dpy,2.5] ){ sphere
( spr,$ fn= dps ) }  translate ( [dpx,dpy,-2.5] ){ sphere ( spr,$ fn= dps ) }
} ;
cube ( size= [drive,drive,10.0],center= true ) ;
} ;
} ;

difference ()
{
intersection ()
{
translate ( [29,0,0] )
{
cylinder ( 6,15,15,center= true,$ fn= sps ) ;
} ;
translate ( [17,0,0] )
{
scale ( [1.7,1,1] )
{
cylinder ( 6,15,15,center= true,$ fn= sps ) ;
} ;
} ;
} ;
intersection ()
{
translate ( [38,0,0] )
{
cylinder ( 7,14,14,center= true,$ fn= sps ) ;
} ;
translate ( [35,0,0] )
{
cube ( [25,13.6,7],center= true ) ;
} ;
} ;
} ;


// Rev A, Cholla Cactus skeleton. This example models a naturally evolved
// organic structure allowing the plant to expand significantly to store
// water while providing tall rigid structure.

module lig () // build a ligament
{
```

```
linear_extrude( height =  34, center =  true, convexity =  10, twist =  120, $ fn =  20)
//define rotation and height of ligment, enter on X,Y
translate( [4, 0, 0] )                 // translate 4
circle( r =  1.5) ;                    // ligament diameter 1.5
} ;
module leg()  // build a ligament in minus rotation
{
linear_extrude( height =  34, center =  true, convexity =  10, twist =  - 120, $ fn =  20)
//define rotation and height of ligment, enter on X,Y
translate( [4, 0, 0] )                 // translate 4
circle( r =  1.5) ;                    // ligament diameter 1.5
} ;

// build 4 ligs in positive rotation
for( i =  [1:1:4] )
{
rotate( a= [0,0,90* i] ) lig() ;
}

// build 4 legs in positive rotation for( i =  [1:1:4] )
{
rotate( a= [0,0,90* i] ) leg() ;
}
```

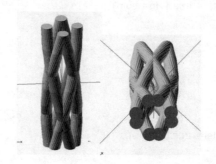

附录D

3D打印机控制代码示例

```
; generated by Slic3r 1.1.7 on 2014-08-04 at 14:26:25
; perimeters extrusion width =  0.50mm
; infill extrusion width =  0.52mm
; solid infill extrusion width =  0.52mm
; top infill extrusion width =  0.52mm

G21 ; set units to millimeters
M107
M104 S205 ; set temperature
G28 ; home all axes
G1 Z5 F5000 ; lift nozzle

M109 S205 ; wait for temperature to be reached
G90 ; use absolute coordinates
G92 E0
M82 ; use absolute distances for extrusion
G1 F1800.000 E- 1.00000
G92 E0
G1 Z0.500 F7800.000
G1 X75.290 Y84.199 F7800.000
G1 E1.00000 F1800.000
G1 X75.911 Y83.722 E1.04948 F1080.000
G1 X76.499 Y83.355 E1.09322
G1 X77.152 Y83.028 E1.13929
G1 X77.890 Y82.747 E1.18921
G1 X78.556 Y82.564 E1.23277
G1 X79.154 Y82.454 E1.27119
G1 X104.832 Y78.850 E2.90857
G1 X107.018 Y78.893 E3.04662
G1 X108.368 Y79.158 E3.13351 F1080.000
```

附录 E

构建基于电弧的3D形状焊接系统

密歇根理工大学（Michigan Technological University，MTU）开放式可持续发展技术实验室[12]以不到 2000 美元的价格构建了一个基于焊接的 3D 金属打印形状焊接系统。它使用气体保护金属极电弧焊（GTAW）的焊炬和 Rep-Rap 型运动来实现 3D 打印金属形状。设计细节见 Appropedia. org 的开源 3D 金属打印机网页[13]和 IEEE 技术报告[14]（Anzalone et al. ，未注明出版日期）。

本书提供了构建你自己的基于 GMAW 和 Rep-Rap 的打印机所需的信息，但也可以作为其他基于电弧的成型焊接系统的起始平台。最近的一份报告详述了基底释放机制（Haselhuhn et al. ，未注明出版日期）。随着 MTU 继续参与"美国制造"项目，我们将继续关注该项目。

MTU 正确地指出了商业 AM 的缺点，因为高成本和低容量沉积而限制了中小型企业和发展中国家获得该技术并形成内部能力。他们提供了材料清单以及制造其中一种机器所需的所有指导。近净形状的零件可以显著降低打印成本，特别是如果该设计已经存在于一个免费数据库中。开源设计和免费建模软件将为低资本化的工厂提供额外的机会。各种焊丝的现有来源将降低一些成本，并避免了对基于粉末的工艺关注的一些问题。对于这个演示级系统的局限性，这些人是坦率且现实的。他们很好地概述了相关的冶金问题以及进一步开发更高鲁棒性配置的必要性。有了"美国制造"项目的资金支持和一支充满激情的开发团队，这项技术必将在基于模型的焊接沉积中引入 AM 方面取得巨大进步。

---

[12] 密歇根理工大学开放式可持续发展技术实验室. http://www. mse. mtu. edu/～pearce/Index. html（2015 年 3 月 30 日访问）。

[13] Appropedia. org 开源 3D 金属打印机. 密歇根理工大学. http://www. appropedia. org/Open-source_metal_3-D_printer（2015 年 3 月 30 日访问）。

[14] 一种低成本开源 3D 金属打印机. https://www. academia. edu/5327317/A_Low-Cost_Open-Source_Metal_3-D_Printer（2015 年 3 月 30 日访问）。

附录F

3D打印练习

获得 3D 打印实践经验的一种方法是查找并下载 2D 和 3D CAD 软件,学习创建自己的模型,将其转换为 STL 文件,并将其发送给 3D 打印服务提供商。另一种方法是浏览提供免费访问 3D 计算机模型和低成本 3D 打印服务的各种网站。第三种方法是下载或创建自己的 3D 模型,并在家中、图书馆或其他可用的创客空间中的个人 3D 打印机上打印。这些练习可以使用免费或低成本的软件和塑料或金属以外的其他材料来进行,从而降低练习成本。我们将提到一些可以免费使用的入门级开源软件的链接。

练习 1 找到并评估 2D 和 3D 建模软件。

与附录 B 中介绍的金属熔合练习一样,这些练习旨在为读者提供机会,探索3D 设计创作,学习并练习找到一个设计并将其提交至个人打印机或打印资源的过程中。在这些练习中,塑料和金属 3D 打印之间的区别仅仅是菜单选择和成本的差异。

可以在 RepRap. org 网页上找到 2D 和 3D CAD 软件的列表:http://reprap. org/wiki/Useful_Software_Packages ♯ 2D_and_3D_CAD_software,http://reprap. org/wiki/Useful_Software_Packages。

可以在下面这个链接中找到平面扫描到 2D CAD 矢量文件并转换为 DXF 文件的软件,从而可以用 OpenSCAD 编辑:http://3dprint. com/54483/reverse-3d-printing。这样允许在 2D CAD 软件中设计更复杂的几何图形,并将其导入参数化3D CSG 脚本环境中。

使用搜索词,如"3D CAD 软件""3D 实体建模软件""开源 3D CAD""开源 3D 建模软件",在网络上搜索其他可用的软件包,或者在 YouTube 上搜索视频和教程。

练习 2 找到并评估用于模型检查、修复和切片的 STL 软件。

一个例子是免费的 STL 查看器:Materialise 公司的 MiniMagics 软件.

http:// software. materialise. com/minimagics(2015 年 4 月 25 日访问)。

STL 切片软件的一个例子是 Slic3r：http://slic3r. org/(2015 年 4 月 25 日访问)。

在 RepRap. org 网页上可以找到开放源代码和封闭源代码的 STL 软件列表：http://reprap. org/wiki/Useful_Software_Packages。

使用搜索词，如"STL 软件""开源 STL 切片软件""开源 STL"，在网络上搜索其他可用的软件包，或者在 YouTube 上搜索视频和教程。

练习 3   访问 3D 打印服务提供商，找到模型并获取报价。

在你的计算机上，上网搜索"3D 打印服务"，可以找到许多可以提供服务的网站。浏览其中的　些网站，查看提供的服务范围。其中一些网站提供查看和购买模型设计的功能，这些模型设计可以被购买、打印并运送到你的家中或公司中。一些网站提供学生折扣，许多网站提供从零开始的教学视频来帮助你。在网站上可以浏览各种可用的材料和颜色。有些还提供金属打印。他们允许你建立账户、提交 STL 模型并获得报价。若要提交模型，通常需要创建一个包括用户名和密码的免费账户。他们通常提供从许多不同 CAD 格式到 STL 格式的翻译。还提供 STL 文件检查和修复，以及对打印设计在材料、尺寸和设计特征方面的价值提供设计指南和专家建议。一些网站提供材料样本(塑料和聚合物)，一些网站提供小样本零件。一些网站提供额外的设计服务和用户群、社交群和社区论坛的链接。提供商业软件和免费软件的链接可用于下载设计、修改设计和学习软件。还可以提供对现有设计和产品的定制。提供专业设计服务和编程服务的链接，如应用程序接口(application program interface，API)。网上商店允许你成为你自己的设计的卖家，或创建一个虚拟的网上工厂。

正如你将看到的，这些网站中有许多专门从事塑料、聚合物和金属以外材料的服务。当你提交模型设计并获得报价时，你将看到与材料类型和所需精加工选项相关的一个很宽的价格范围。请注意，如果你从不同的供应商订购"相同"的零件，那么它们可能看起来并不完全相同。你还将注意到不同供应商之间的尺寸限制和交货时间的差异。考虑到成本，则塑料是一个很好的起点，但是请回想一下你在本书中学到的东西。这些工艺之间可能存在显著差异，尤其是金属和非金属的工艺之间。如果你是一个新手，则塑料和开源软件是一个开始学习的好地方，但是不要迷失在技术中，因为若学习很多你最终不会使用的技术，会带来机会成本。

https://www. stratasysdirect. com/promos/3d-printing-services. html? gclid = CIeigJn418QCFQcvaQodJmIA7g

http://www. shapeways. com/

http://www. ponoko. com/3d-printing

http://i. materialise. com/

http://www. sculpteo. com/en/services/

练习4　找到 AM 金属打印服务提供商并评估选择。

专门从事 AM 和金属打印的服务提供商将这些服务提升到更高的专业水平。打印和材料成本也大幅度增加。你找不到可用的社交链接、网上商店或市场，并且大多数产品都不是消费品，除非你是在购买珠宝或小型展示品。如前文所述，材料是受到限制的，不过可以有更加多样的后处理精加工选项，如热处理和 HIP 处理。在网上可以找到设计指南，并获得其他专业服务或作为参考。若使用通过认证的材料，则零件质量可以达到更高的水平，在某些情况下能够符合行业标准。一些网站可以提供即时报价，但是大多数网站在上传候选设计模型的同时仅仅给出职业化的安慰信息。许多目前可用的服务提供商还提供使用铸造和 CNC 加工的传统原型制作服务。应使用网络搜索查找新的 AM 和快速原型制作服务，以提供更多的选择。案例研究和示例零件经常出现在这些网站上。它们还可以提供材料数据表的链接。在本书的 AM 机器制造商部分列出了精选的一些 AM 机器供应商。机器供应商通常会给出指向首选服务提供商的网页链接。Wohlers 联合公司网站有另一个关于现有服务提供商的良好来源。

https://www. solidconcepts. com/3d-printing/

http://www. protolabs. com/direct-metal-laser-sintering/

http://www. nextlinemfg. com/metal-3d-printing/？gclid＝CNK_yd2H2MQCFYVAa QodHaIA6w

http://www. protocam. com/metal-prototyping/

https://www. stratasysdirect. com/materials/direct-metal-laser-sintering/

附录G

AM技能评分表

考虑到你的需求、对 AM 的兴趣和需要,你会如何衡量你的技能列表?你所在行业或领域内是否有成功的公司或个人的例子可以作为确定权重和排名的例子?选择不适用(non-applicable,NA)选项时,不计入排名。例如,如果你将始终使用他人提供的 CAD 设计,那么在评估你现有的 CAD 能力和外包 CAD 设计功能的需求时,你将选择 NA。

设计工程技能:(高、中、低、NA、低外包、高外包),(6、3、1、0、-3、-6)

相关检验能力:(全部、部分、中、低外包、高外包),(4、2、NA、-2、-4)

CAD:(全部、部分、无、部分外包、全部外包、NA),(6、3、0、-3、-6、NA)

CAM、CNC 工具:(全部、部分、NA、部分外包、全部外包),(6、3、NA、-3、-6)

塑料、其他材料的 3DP、STL、RP 经验:(全部、部分、无),(4、2、0)

常规金属制造:(全部、部分、无),(4、2、0)

相关的材料或冶金经验:(高性能材料、粉末、焊接合金),(2、2、2)

相关的加工经验:(成型、铸造、机加工、焊接、CNC、PM),(1、1、1、1、1)

相关的内部后处理:(机加工和切割、EDM、表面抛光、HT、HIP),(3、4、2、4、5)

相关的行业或市场部门:(航空、船舶、汽车、医疗、能源、模具、原型制作),(1、1、1、1、1、1)

现有客户需求:(原型制作、R&D、小批量生产、现有产品线、重复性),(2、2、2、2、2)

你的工作规程、规范或规定及其正式程度:(严格、中等、低、无),(3、2、1、0)

可用的占地面积和设施配置情况:(现有、可配置、扩展、无),(3、2、1、0)

词 汇 表

本书的一个重要目标是让读者熟悉与 AM 金属相关的文章、书籍和论文中的术语和行话。这类行话已经发生了变化和发展,因此许多术语的使用量在增加,而其他术语则在减少。这个列表无意与国家和国际组织(ASTM,2012)或 ISO/ASTM 52900《增材制造———一般原则和术语》在术语和定义的标准化方面相竞争,因为它们会持续演变。

abrasive wear 磨料磨损　由摩擦和接触导致的表面在使用中的侵蚀。

additive manufacturing 增材制造　一个通用术语,用来描述增加材料而不是去除材料的制造过程。目前获得近净形状 3D 零部件的常见做法是从 3D 计算机模型开始,然后将原料,通常是粉末、丝或液体,逐层连接形成 3D 零件。

aging 时效　一种冶金工艺,在接近环境温度的条件下,某些合金的性质会随着时间发生变化,与热处理相比,这是一个慢得多的过程。

artificial aging 人工时效　通过引入热量加速时效过程。

alloy 合金　含有两种或更多种元素的金属物质,其中至少一种是金属。

amorphous metal 非晶态金属　通常通过快速冷却形成的非晶态结构的金属。

anisotropy, anisotropic 各向异性,各向异性的　在块体材料中,结构和性质随着方向的变化而变化,在各个方向上不同或不均匀,如各向异性的性质,参见"各向同性的"。

annealing 退火　一种热处理方法,使晶体结构发生改变、弛豫和释放内应力。

as-built parts 构建态零件　去除了基板或支撑结构的 AM 零件,没有其他后处理步骤。

atomization 雾化　通过熔化和凝固产生球形粉末颗粒。

balling 球化　一种不理想的、不规则的表面、沉积轨迹或沉积珠特征。

base component 基础部件　一个现有的部件,在其上沉积 AM 特征,例如修复。

base feature 基础特征　一个现有的特征部件,在其上沉积 AM 特征。

base plate 基板　构建室中的一块金属板，在其上沉积 AM 支撑结构或者零件。

bespoke 定制的　定制的，定做的，如服装或个人物品。

blade crash 刮刀碰撞　在 PBF 工艺中，粉末重铺刮刀与正在构建的结构发生碰撞。

bounding box 边界框　在构建体积内摆放 3D 模型的几何范围。

build chamber 构建室　一个密封的、通常是惰性的或者真空的空间，在其中构建零件。

build cycle 构建周期　从预热到冷却的整个构建序列。

build job 构建作业　准备加载和执行的 CAM 文件。

build orientation 构建方向　零件与构建体积参考系在 X、Y、Z 方向上的几何关系。

build platform 构建平台　或基板，可在其上沉积零件和支撑结构。

build-rate 构建速率　通常以立方厘米每小时为单位，描述构建一个 AM 零件所用的平均时间。

build speed 构建速度　参见"构建速率"。

build sequence 构建序列　从预热到冷却，构建零件所需的机器功能序列。

build surface 构建表面　可以在其上增加另一个 AM 层的表面。

build volume 构建体积　在 PBF 中，粉末床的体积或尺寸。

bulk material 块体材料　显示沉积物结构和性质特征的材料体积。

burned out 烧除　用加热炉处理的方式从生坯件中去除粘合剂的粉末冶金工艺。

buy-to-fly 买-飞比　在航空航天领域中，购买的材料量与航空航天部件的最终使用量的比率。

Cartesian space 笛卡儿空间　相对于指定的原点，用 X、Y、Z 坐标描述的体积。

certification 认证　与产品的质量、一致性或性能，以及工艺和人员相关的第三方证明或颁发的证书。

cladding 熔覆　将一层熔化材料添加到基础部件上，以赋予额外的表面性质。

coincident facets 重合面　STL 模型中的一种缺陷，三角形的表面切面占据相同的空间。

cold bond 冷粘接　没有完全熔化和凝固的粘合。

cold lap 冷搭接　在凝固过程中，相邻区域凝固时没有充分混合或氧化层没有完全破裂。

carrier gas 载气　输送气体，通常是惰性的或非活性的气体，利用加压进料的方式输送粉末原料。

casting 铸造　将熔化材料导入模具的一种 AM 制造工艺。

coalescence 合并　熔化区域或液态区域连接在一起,也指液体中气泡的连接。

corrosion 腐蚀　一种化学过程,通常是不受欢迎的,作用于材料表面并改变其性质。

consumable electrode 自耗电极　一种载流丝状填料,在电弧中熔化并转移材料。

contouring 轮廓绘制　在 AM PBF 中,对 2D 切片内零件的周长或外形进行跟踪。

contour path 轮廓路径　参见"轮廓绘制",通常可以定义多个路径、偏移量或其他条件。

cracking 开裂　(热、冷、凝固、熔坑),一种以萌生和扩展为特征的局部撕裂或分离。

crater 熔坑　在熔体通道末端的凹陷区域,具有局部收缩应力,有时会开裂。

crowd sourcing 众包　在 AM 中,一种非正式的人才自行聚集,以共同创造或解决技术问题。

crystal 晶体　原子或分子的有序结构,可以自组装或生长,并显示出长程有序。

curling 卷曲　在 AM 中,X-Y 平面上的收缩造成 Z 方向的变形,通常会导致从构建平台上剥落。

defect 缺陷　违反验收标准的、不希望出现的不连续区域。

densification 致密化　沉积物中孔隙和空洞的闭合。

deposition path 沉积路径　或轨迹,用于烧结或熔化材料的激光、电子束或其他热源的路径。

deposition rate 沉积速率　原料熔合或烧结形成零件的速率,通常以 cm^3/h 或 lbs/h 为单位。

deposition sequence 沉积序列　参见"构建序列"。

depth of fusion 熔深　熔池渗入基底的深度。

diffusion 扩散　原子或分子从高浓度区域向低浓度区域的运动。

discontinuity 不连续性　沉积物中不违反验收标准的不连续区域。

down facing surface 向下表面　参见"悬垂"。

ductility 延展性　材料受到拉力伸长时的变形能力。

dwell time 停留时间　运动序列中的延迟,允许发生其他序列功能,如预热。

elastic limit 弹性极限　拉伸材料将永久变形且不会弹性回复其原有形状的点。

electron beam 电子束　电子枪内的电子发生源产生的定向电子流。

elongation 伸长率　在拉伸载荷作用下伸长至破坏时材料的长度变化百分比。

energy density 能量密度　单位面积的能量,通常以 W/mm^2 为单位。

epitaxial growth 外延生长　凝固过程中，基于相邻晶粒的择优取向的晶粒生长。

F number or F♯　F 数或 F♯　一个用于描述聚焦激光束会聚条件的术语。

fabricate 制造　通过加工原材料生产零件。

facet 切面　在 AM 和 STL 文件格式中，CAD 模型表面的单个三角形近似。

feedstock 原料　在 AM 中通常是粉末或丝，加工后形成物体的原材料。

flaw 瑕疵　参见"不连续性"。

fully dense 完全致密　无明显空洞。

functionally graded 功能梯度　AM 沉积材料的化学成分、结构和性质的变化，可产生零件特征及其位置所需的功能。

grain 晶粒　具有相似晶相、化学成分和取向的有界区域。

grain structure 晶粒结构　晶粒和块体材料内的特征相、化学成分和缺陷形态。

green part 坯件　部分烧结的粉末构成的零件。

green shape 生坯形状　参见"坯件"。

hard facing 硬面　参见"熔覆"，用硬质材料熔覆以适应磨损或冲击。

hardness 硬度　对压痕、磨损或冲击的抵抗，通常与强度有关。

hatch lines 填充线　在平面或表层内，相邻的偏移沉积路径。

hatch pattern 填充图案　层内或层间相邻的填充线或轮廓路径的方向。

hatch spacing 填充间距　填充线之间的偏移。

heat treatment 热处理　将零件加热到低于熔点的温度，保持足够长的时间以引起微观结构的变化。

homogenization 均匀化　使微观结构和化学成分均匀的热处理。

hog out 剔除　在机械加工中，去除大量材料形成空腔，会导致材料浪费。

hot isostatic pressing 热等静压　在熔点以下施加高压和高温以固结粉末并封闭空洞和孔隙的工艺。

humping 驼峰　与不规则的焊道顶面相关的焊接术语。

in-situ 原位　就地，过程中。

infiltration 渗透　用低熔点金属填充多孔结构内孔隙的热工艺。

intensity profile 强度分布　入射激光或电子束在焦点内的强度变化。

interaction zone 相互作用区　在 AM 中，在焦点位置上方和下方能够熔化的局部能量区域。

interstitial elements 间隙元素　在晶体或晶粒内不属于有序结构的元素。

inverted normal 反向法线　在 STL 文件格式中，三角形切面的法线方向指向实体形状内。

isotropic 各向同性的　在所有方向上相似或一致，如各向同性的性质或行为。

keyhole 锁孔　由高能束在金属熔池中形成的蒸气空腔。

lack of fusion 未熔合 凝固前未能使熔化的界面合并,留下空洞。

laser 激光器 将光转换成相干高能光子束的光学装置。

laser cladding 激光熔覆 使用激光热源进行熔覆。

laser glazing 激光釉化 激光表面熔化。

laser intensity profile 激光强度分布 激光束路径内某个位置的空间能量密度。

layer 层 在模型的单个切片内,沉积材料相邻的轨迹在平面内或零件表面内熔合在一起。

layer thickness 层厚 Z 方向运动的深度,与前一层路径的偏移量或单个粉末重铺层的深度。

liquation 液化 先前沉积的层或基底中合金成分的部分重熔。

manufacturing 制造 制作或加工成品部件,通常依赖于已制造零件的组装。

metallic bond 金属键 具有电子迁移率和金属性质的金属元素间的弱化学键。

meta-stable phases 亚稳相 可以随着时间而改变,从而改变块体性质的复杂结晶相。

microstructure 微观结构 块体或区域的晶体结构、晶粒结构和缺陷形态特征。

multi-physics 多物理场 将力、热或流体流动等第一性原理模型结合米模拟 AM。

multi-scale 多尺度 原子、微观和宏观(零件)尺寸尺度模型的组合。

nd:YAG 钕掺杂钇铝石榴石 一种激光器。

near-net shape processing 近净形状加工 指形成零件的方法,可以优化原材料的使用,最大限度地减少为获得最终零件所需的材料、废料和后处理。

non-manifold edges 非交叠边 STL 模型中的一种缺陷,其三角形切面的边由两个以上的切面共享。

open architecture 开放式架构 在 AM 中,可供他人使用的系统的共享、定义、规范或设计。

open source 开源 可供用户或开发人员公开共享的信息。

overhang 悬垂 不直接位于前一层的上方或边界内的沉积路径或区域。

overlap 重叠 沉积轨迹宽度超过熔道间距或偏移量,通常以百分数定义。

parametric solid model 参数化实体模型 将尺寸定义为变量的实体几何模型。

perimeter path 周边路径 参见"轮廓路径"。

phase(crystallographic)相(晶体学的) 具有特定晶体结构和均匀物理性质的材料。

phase（of matter）相（物质的）   参见"物态"，如固体、液体、气体、等离子体。

porosity 孔隙   在 AM 金属中的空洞，通常为球形，由凝固过程中从熔体中逸出的气体形成，或者由未熔合空洞的重熔形成。

powder blend 粉末混合   多个粉末批次，包括原材料或回收材料，混合在一起。

powder feed rate 送粉速率   粉末原料的输送速率，可以用质量/秒或体积/秒为单位表示。

powder lot 粉末批次   粉末供应商提供的相同生产批次、化学成分和形态的材料。

powder necking 粉末颈缩   球形粉末颗粒在粉末生产或 AM 加工过程中熔合在一起。

powder satellites 粉末卫星   参见"粉末颈缩"。

powder virgin 原始粉末   从供应商处得到，经妥善处理和储存的未使用过的粉末。

precipitation hardening 沉淀硬化   在微观结构内形成强化相的热处理。

qualification 资格   保证人员或工艺能够按照规定的标准操作和执行。

quenching 淬火   用于锁定所需的微观晶相的快速冷却。

real time 实时   次要的或附加的进程，如监控或控制，与当前过程同步。

recoat layer 重铺层   粉末原料的薄层。

recoating blade 重铺刮刀   在 PBF 中，一种精密的机械铺粉装置。

recycle frequency 回收频率   在粉床熔合操作中原始粉末原料的使用次数。

recycle powder 回收粉末   在 AM 中，再次使用过筛和烘干过的粉末，用于 AM 加工。

recrystallization 再结晶   用于产生均匀微观结构的热处理。

RepRap   复制快速原型机器（源自 RepRap 项目），及其开放式设计的运动和控制软件。

residual stress 残余应力   在 AM 中，由于膨胀和收缩而被锁定在零件结构中的机械力。

reuse powder 再利用粉末   参见"回收粉末"。

scanning 扫描   能量束相对于零件表面的快速往复或相对运动。

scan pattern 扫描图案   参见熔道图案，即与一个或一系列层相关的计划沉积路径。

scan speed 扫描速度   光束焦点位置相对于零件表面的相对移动速度。

scan strategy 扫描策略   参见"扫描图案"，扫描路径的设计和选择，以优化精度、密度等条件，以及翘曲、卷曲和残余应力等控制条件。

scan tracks 扫描轨迹   沿着扫描路径的材料沉积、烧结或熔合。

secondary powder 二次粉 回收粉。

segregation 偏析 凝固过程中合金成分或杂质的分离和局域化。

shrink wrapping 收缩包装 用于使 STL 文件"水密"的软件方法。

single slice 单片 在 STL 模型中,定义特定零部件位置的区域和边界的平面横截面。

slicing 切片 从 STL 模型生成一系列等距平面切片和横截面的过程。

slice thickness 切片厚度 切片相对于零件 Z 轴方向上的偏移。

smoke 烟雾 AM 行话,描述了 EBM 中悬浮在束流撞击区域上方的带静电的粉末颗粒云。

soak time 保温时间 在热处理中,使整个零件达到均匀温度所需的时间。

solutionizing 固溶处理 使偏析的合金成分均匀分布的热处理。

solid state transformation 固态相变 在特定温度和时间范围内发生的晶相转变。

spot size 斑点尺寸 与聚焦高能束相关的直径或尺寸,存在多种技术定义。

stair stepping 阶梯 一种与层高有关的表面状况,在低角度的表面上最明显。

state of matter 物态 固体、液体、气体、等离子体,经常被称为材料的相。

stress relieve 应力消除 一种热处理方法,用以释放由于凝固收缩而在微观结构内锁定的力。

substrate 基底 参见"构建板"或"基础部件",也可以指先前沉积的层。

support structure 支撑结构 在零件设计中添加的结构,用于在构建过程中固定和支撑零件。

subtractive manufacturing 减材制造 一个通用术语,指去除而不是添加材料的工艺,如机加工零件。

surface treatment 表面处理 用于赋予零件表面特定的化学或冶金性质的加工步骤。

teeth 齿 一种支撑结构设计,用于在构建过程中提供支撑位置,有助于防止卷曲或翘曲,并便于从基板和构建态零件上移除。

topology optimization 拓扑优化 一种基于计算机的实体模型有限元分析方法,使用迭代模拟帮助设计人员去除不需要的材料、减轻重量,并优化设计其他功能。

ultimate tensile strength 极限抗拉强度 材料在拉伸破坏前达到的强度。

validation 评估 客观评价,通常由第三方进行,以确保设计或零件满足功能要求及其设计应用。

verification 验证 通过提供客观证据,如数据和分析,确认已满足规定要求,并且零件符合规格。

virgin powder 原始粉末　来自同一批次，经妥善处理和储存的未使用过的粉末。

voids 空洞　块体沉积物中的未填充、未熔合的局部缺陷区域，通常是由加工过程中未熔合或材料损失而造成的，孔隙是空洞的一种类型。

warping 翘曲　由热膨胀和冷却引起的卷曲或机械变形。

work hardening 加工硬化　通过变形增加材料的硬度和强度。

Yb:YAG 镱掺杂钇铝石榴石　一种激光器。

yield strength 屈服强度　材料被拉伸至弹性极限时的强度。

Young's modulus 杨氏模量　对材料弹性性能或拉伸材料所需的力的度量。

参 考 文 献

ANSI. 2000. *American National Standard for Safe Use of Lasers*, vol. Z136. 1. American National Standards Institute.

ANSI/AWS. 2005. *Safety in Welding Cutting and Allied Processes*, vol. Z49. 1. Miami, FL: American Welding Society.

Anzalone G C, Zhang C L, Wijnen B, et al. A low-cost open-source 3-D metal printing. *IEEE Access*. doi: 10. 1109/ACCESS. 2013. 2293018.

Ardila L C, Garciandia F. 2014. Effect of IN718 recycled powder reuse on properties of parts manufactured by means of Selective Laser Melting. *Physics Procedia* 56: 99-107.

ASTM. 2012. *ASTM Standard Terminology for Additive Manufacturing Technologies*, Vols. F2792-12a. West Conshohocken, PA: ASTM International. doi: 10. 1520/F2792-12A.

Atzeni E, Salmi A. 2012. Economics of additive manufacturing for end-usable metal parts. *The International Journal of Advanced Manufacturing Technology* 62: 1147-1155. doi: 10. 1007/s00170-011-3878-1.

AWS A3. 0M/A3. 0: 2010. *Standard Welding Terms and Definitions*. Miami, FL: American Welding Society.

AWS C5 Committee on Arc Welding and Cutting. 1980. *Recommended Practices for Gas Tungsten Arc Welding*, Vols. C5. 5: -80. Miami, FL: American Welding Society, AWS.

AWS C5 Committee on Arc Welding and Cutting. 1989. *Recommended Practices for Gas Metal Arc Welding*, Vols. C5. 6: -89. Miami, FL: American Welding Society, AWS.

AWS C7 Committee on High Energy Beam Welding and Cutting. 2013. *Recommended Practices for Electron Beam Welding*, vol. A/C7. 1. Miami, FL: American Welding Society.

AWS Committee on Methods of Inspection. 1980. *Welding Inspection*, 2nd ed. Miami, FL: American Welding Society.

Bostrum N. 2014. *Superintelligence: Paths, Dangers, Strategies*. Oxford University Press.

Boyer H E, Gall T L. 1985. *Metals Handbook*, Desk ed. Metals Park, OH: ASM International.

Boyer R, Welsh G, Collings E W (eds.). 1994. *Materials Properties Handbook: Titanium Alloys, ASM International, 1994*. Materials Park, OH: ASM International.

Brackett D, Ashcroft I, Hague R. 2011. Topology optimization for additive manufacturing// *International* Free Form Symposium, 348-362. Austin: University of Texas in Austin. http://utwired. engr. utexas. edu/lff/symposium/proceedingsArchive/pubs/Manuscripts/2011/2011-27-Brackett. pdf.

Brandl E, Baufeld B, Leyens C, et al. 2010. Additive manufactured Ti-6Al-4V using welding wire: Comparison of laser and arc beam deposition and evaluation with respect to aerospace material specifications. *Physics Procedia*, 5: 595-606.

Chang K H, Chen C. 2013. University of Oklahoma, 3D shape engineering and design parameterization. *Computer-Aided Design and Applications*, 8(5): 681-692. doi: 10. 3722/cadaps. 2011. 681-692.

Crawford M B. 2009. *Shop Class as Soulcraft*：*An Inquiry into the Value of Work*. New York：Penguin.

Duley W W. 1999. *Laser Welding*. New York：Wiley.

Dutta B，Froes F H. 2015. The additive manufacturing(AM)of titanium alloys//Qian M，Froes F H，ed. *Titanium Powder Metallurgy*. Elsevier：447-468. doi：10. 1016/B978-0-12-800054-0. 00024-1.

Easterling K. 1983. *Introduction to the Physical Metallurgy of Welding*. Butterworth &. Co Ltd.

Brynjolfsson E，and McAfee A. 2014. *The Second Machine Age*. New York，NY：W. W. Norton and Company.

Evans G M，Bailey N. 1997. *Metallurgy of Basic Weld Metal*. Cambridge：Abington Publishing.

Ford M. 2015. *Rise of the Robots*. New York：Basic Books.

Frazier W E. 2014. Metal additive manufacturing：A review. *JMEPEG*，23，(6)：1917-1928.

Freitas Jr R A. 1980. A self-replicating interstellar Probe. *Journal of the British Interplanetary Society*，33：251-264.

Freitas Jr R A. Merkle R C. 2004. *Kinematic Self-Replicating Machines*. Georgetown，TX：Landes Bioscience.

Fulcher B A，Leigh D K，Watt T J. 2014. Comparison of ALSI190MG and AL 6061 Processed Through DML//*International Solid Freeform Symposium*，404-419. Austin：University of Texas at Austin. http://sffsymposium. engr. utexas. edu/2014TOC.

Furrer D U，Semiatin S L(eds.). 2009. *Fundamentals of Modeling for Metals Processing*，vol. 22A. Materials Park，OH：ASM International.

Furrer D U，Semiatin S L(eds.). 2009b. *Metals Process Simulation*，*ASM Handbook*，vol. 22B. Materials Park，OH：ASM International.

Furukawa K. 2006. New CMT arc welding process—Welding of steel to aluminium dissimilar metals and welding of super-thin aluminium sheets. *Welding International*，20：440-445.

Gates B. 1993. *Business @ The Speed of Thought*：*Using a Digital Nervous System*. New York：Warren Books.

Gibson I，Rosen D W，Stucker B. 2009. *Additive Manufacturing Technologies*，*Rapid Prototyping to Direct Digital Manufacturing*. New York：Springer.

Giovanni M，Syam W P，Petrò S. 2015. Functionality-based part orientation for additive manufacturing//*25th CIRP Design Conference*，ed. International Scientific Committee of "25th CIRP Design Conference". Elsevier B. V. Procedia CIRP 36(2015)217-222. www. sciencedirect. com.

Gong H J. 2013. *Generation and detection of defects in metallic parts fabricated by selective laser melting and electron beam melting and their effects on mechanical properties*. Dissertation，Doctor of Philosophy，Department of Industrial Engineering，University of Louisville，Louisville，Kentucky.

Hamilton R F，Palmer T A，Bimber B A. 2015. Spatial characterization of the thermal-induced phase transformation throughout as-deposited additive manufactured NiTi builds. *Scripta*

Materialia. doi: 10. 1016/j. scriptamat. 2015. 01. 018.

Haselhuhn A S, Gooding E J, Glover A G, et al. Substrate release mechanisms for gas metal arc 3-D aluminium metal printing. 3D *Printing and Additive Manufacturing*, 1(4): 204-220.

Herzog D, Seyda V, Wycisk E, et al. 2016. Additive manufac-turing of metals. *Acta Materialia*, 117: 371-392.

Hornick, J. 2015. *3D Printing Will Rock the World*. Amazon: CreateSpace Independent Publishing Platform.

Kaku M. 2014. *The Future of the Mind*. New York: DoubleDay.

Kapustka N, Harris I D. 2014. Exploring arc welding for additive manufacturing of titanium parts. *Welding Journal*, 93(3): 32-36.

Kapustka N. 2015. Achieving higher productivity rates using reciprocating wire feed gas metal arc welding. *Welding Journal*, 94: 70-74.

Kovacevic R. 1999. Rapid prototyping technique based on 3D welding//*1999 NSF Design & Manufacturing Grantess Conference*, Los Angeles, C A: January 5-8. http://lyle. smu. edu/me/kovacevic/papers/nsf_99_grantees_1. html. Accessed 20 Mar 2015.

Kurtzman J. 2014. *Unleashing the Second American Century: Four Forces for Economic Dominance*. New York: Public Affairs books, Perseus Books Group.

Kurzweil R. 2005. *The Singularity is Near: When Humans Transcend Biology*. New York: Penguin Group LLC.

Lambrakos S G. 2009. General basis functions for parametric representation of energy deposition processes. *Journal of Materials Engineering and Performance*, 18: 1157-1168(2009).

Lambrakos S G, Cooper K P. 2011. Path-weighted diffusivity functions for parameterization of heat deposition processes. *Journal of Materials Engineering and Performance*, 20: 31-39.

Lachenburg K, Stecker S. 2011. Nontraditional applications of electron beams//Babu T, Siewert S S, Acoff T A, et al. *ASM Handbook Welding Fundamentals and Processes*. 540-544. Metals Park: ASM International.

Lancaster J F (ed.). 1986. *The Physics of Welding*, 2nd ed. Oxford: International Institute of Welding, Pergamon Press.

Lewis G K, Schlienger E. 2000. Practical considerations and capabilities for laser assisted direct metal deposition. *Materials and Design*, 21: 417-423.

Lienert T J, Babu S S, Siewert T A, et al. 2011. *Welding Fundamentals and Processes*, ASM *Handbook*, vol. 6A. Materials Park, OH: ASM International.

Lipson H. 2014. AMF Tutorial: The Basics (Part 1). *3D Printing*, 1(2): 85-87 (Mary Ann Liebert, Inc).

Mahmooda K, Ul Haq Syedb W, Pinkerton A J. 2011. Innovative reconsolidation of carbon steel machining swarf by laser metal deposition. *Optics and Lasers in Engineering*, 49(2): 240-247.

Mantrala K M, Das M, Balla V K, et al. 2015. Additive manufacturing of Co-Cr-Mo alloy: Influence of heat treatment on microstructure, tribological, and electrochemical properties. *Frontiers in Mechanical Engineering*, 1(2). doi: 10. 3389/fmech. 2015. 00002.

Mayer-Schönberger V, Cukier K. 2013. *Big Data: A Revolution that will Transform How We Live, Work, and Think*. New York: Houghton Mifflin Harcourt, Eamon Dolan Book.

McAninch M D, Conrardy C C. 1991. Shape melting—A unique near-net shape manufacturing process. *Welding Review International*. 10(1): 33-40.

Moylan S, Slotwinski J, Cooke A, K et al. June 2013. Lessons Learned in Establishing the NIST Metal Additive Manufacturing Laboratory. *NIST Technical Note 1801*, Intelligent Systems Division Engineering Laboratory, NIST.

Murr L E, Gaytan S M, Ceylan A, et al. 2010. Characterization of titanium aluminde alloy components fabricated by additive manufacturing using electron beams. *Acta Materilia*, 58: 1887-1894.

Murr L E, Gaytan S M, Ramirez D A et al. 2012. Metal fabrication by additive manufacturing using laser and electron beam melting technologies. *Journal of Materials Science & Technology*, 28: 1-14.

Naím M. 2013. *The End of Power: From Boardrooms to Battlefields and Churches to States, Why Being in Charge isn't what it used to be*. New York: Basic Books.

Norman D A. 2004. *Emotional Design*. Basic Books.

O'Brien A, Guzman C (eds.). 2007. *Welding Handbook, Welding Processes, Part 2*, vol. 3, 9th ed. Miami, FL: American Welding Society.

Palmer T, Milewski J O. 2011. *Laser Deposition Processes*, vol. 6A//ASM Handbook Welding Fundamentals and Processes, ed. Siewert T, Babu T, Acoff S, et al. 587-594. Metals Park: ASM International.

Pauly S, Lober L, Petters R, et al. 2013. Processing metallic glasses by selective laser melting. *Materials Today* 16(1-2): 37-41. doi: 10.1016/j.mattod.2013.01.018.

Pisano G P, Shih W C. 2012. *Producing Prosperity: Why America Needs a Manufacturing Renaissance*. Watertown, MA: Harvard Business Review Press.

Porter D A, Easterling K E. 1981. *Phase Transformations in Metal Alloys*. Workingham, Berkshire: Van Nostrand Reinhold Ltd.

Ready J F, Farson D F (eds.). 2001. *LIA Handbook of Laser Materials Processing*. Orlando, FL: Laser Institute of America, Magnolia Publishing Inc.

Hoffman, R, Casnocha B. 2012. *The Start-up of You*. New York: Random House LLC.

Sames W J, List F A, Pannala S, et al. 2015. The metallurgy and processing science of metal additive manufacturing. *International Materials Review*, 1-46.

Schmidt E, Cohen J. 2013. *The New Digital Age*. New York: Alfred A. Knopf.

Steen W M, Mazumder J. 2010. *Laser Material Processing*, 4th ed. London: Springer.

Thiel P. 2015. *Zero to One—Notes on Startups or How to Build the Future*. New York: Crown Business, a division of Random House.

Todorov E, Spencer R, Gleeson S, et al. 2014. *Nondestructive Evaluation (NDE) of Complex Metallic Additive Manufactured (AM) Structures*. Interim, Air Force Research Laboratory, AFRL-RX-WP-TR-2014-0162.

Triantaphyllou A, Giusca C L, Macaulay G D, et al. 2015. Surface texture measurement for additive manufacturing. *Surface Topography: Metrology and Properties*, May 5.

Vandenbroucke B, Kruth J P. 2007. Selective laser melting of biocompatible metals for rapid manufacturing of medical parts. *Rapid Prototyping Journal*, 13(4): 196-203.

Damiano Z, Carlotto A, Loggi A, et al. 2015. Definition and solidity of gold and platinum jewels produced using Selective Laser Melting technology//Bell E. *The Santa Fe Symposium on Jewelry Manufacturing Technology*. Santa Fe, NM: Albuquerque, Met Chem Research.

Damiano Z, Carlotto A, Loggi A, et al. 2014. Optimization of SLM technology main parameters in the production of gold and platinum jewelry//Bell E. *The Santa Fe Symposium on Jewelry Manufacturing Technology*. Santa Fe, NM: Albuquerque: Met-Chem Research.

索 引